| "数据要素×"未来展望"丛书 | 丛书主编 彭

U0666580

数据要素×

基础制度构建与市场化改革实践

石明磊 黄 蓉 等◎主编

中央党校出版集团

国家行政学院出版社
NATIONAL ACADEMY OF GOVERNANCE PRESS

图书在版编目（CIP）数据

数据要素 × 基础制度构建与市场化改革实践 / 石明磊
等主编 . -- 北京 : 国家行政学院出版社 , 2025. 7.
（"'数据要素 ×'未来展望"丛书 / 彭森主编）.
ISBN 978-7-5150-3029-6

Ⅰ . TP274

中国国家版本馆 CIP 数据核字第 2025B97N89 号

书　　名	数据要素 × 基础制度构建与市场化改革实践
	SHUJU YAOSU × JICHU ZHIDU GOUJIAN YU
	SHICHANGHUA GAIGE SHIJIAN
作　　者	石明磊　黄　蓉　等主编
统筹策划	陈　科
责任编辑	刘　锦
责任校对	许海利
责任印制	吴　霞
出版发行	国家行政学院出版社
	（北京市海淀区长春桥路 6 号　100089）
综 合 办	（010）68928887
发 行 部	（010）68928866
经　　销	新华书店
印　　刷	中煤（北京）印务有限公司
版　　次	2025 年 7 月第 1 版
印　　次	2025 年 7 月第 1 次印刷
开　　本	170 毫米 × 240 毫米　16 开
印　　张	19.25
字　　数	284 千字
定　　价	68.00 元

本书如有印装质量问题，可随时调换，联系电话：（010）68929022

本书编委会

主　　编：石明磊　黄　蓉

指导委员：高新民

执行委员：王　鹏　熊　婷　肖　云　余希朝

委　　员（按照姓氏笔画排列）

于小丽　王成军　王建冬　王项男　朱　民

刘心田　孙　静　苏　毅　李纪珍　时建中

吴志刚　吴明娅　宋雨伦　张向宏　张茉楠

张茜茜　张新宝　陆志鹏　陈　双　陈　劲

陈玉梅　林　海　欧阳日辉　明新国　周　君

赵公正　郝立谦　钟　宏　姜奇平　徐佳昊

涂　群　梁宝俊　潘　柳　潘伟杰

参编单位：

北京市政务服务和数据管理局

重庆市大数据应用发展管理局

福建省数据管理局

山东省大数据局

贵州省大数据发展管理局

杭州市数据资源局

总　序

作为数字经济时代的新型生产要素，数据要素通过自身价值释放和与其他生产要素的高效融合，推动生产要素创新性配置，提高全要素生产率，使得整体生产环节效率和效益提升，深刻改变着传统的经济运行模式和资源配置方式，有力促进新质生产力的高质量形成和可持续发展。

党中央、国务院高度重视数据要素市场化配置改革。党的十九届四中全会审议通过的《中共中央关于坚持和完善中国特色社会主义制度　推进国家治理体系和治理能力现代化若干重大问题的决定》首次将数据增列为一种生产要素。之后，党的历次重要会议都对此作出部署。中共中央、国务院印发《关于构建数据基础制度更好发挥数据要素作用的意见》，对数据要素基础制度作出系统决策。党的二十届三中全会审议通过的《中共中央关于进一步全面深化改革　推进中国式现代化的决定》明确指出，"完善要素市场制度和规则，推动生产要素畅通流动、各类资源高效配置、市场潜力充分释放"，"培育全国一体化技术和数据市场"，"建设和运营国家数据基础设施，促进数据共享"。

按照党中央、国务院的决策部署，数据要素主管部门着力推动数据要素化改革和市场化应用。2023年12月，国家数据局等17部门联合印发《"数据要素×"三年行动计划（2024—2026年）》，旨在探索数据要素结合多个应用场景的协同效应，大幅拓展我国数据要素应用的广度和深度，显现经济发展领域数据要素的乘数效应，凸显数据为经济赋能的提质增效作用。

我国是数据要素生产与应用大国。在党中央、国务院决策部署的引领下，在数据主管部门的大力推动下，在数字经济高速发展、数字经济产业不断涌现迭代的整体态势下，各部门、各行业全力加速数据要素产业布局，形成了百舸争流、万舰齐发的良好态势。

在此大背景下，数据要素市场化配置综合改革研究院联合多个方面策划主编了"'数据要素 ×'未来展望"丛书。本丛书内容涵盖了数据要素市场化配置改革的多个方面，包括了数据要素基础制度构建与市场化改革实践、数据要素与国有企业数字化转型、人工智能与数据要素资产化、数据要素产权流通与收益分配安全等多个主题，努力向读者提供关于数据要素的理论分析、政策解读及实践借鉴等多项内容，以期为各级党委、政府和社会各界提供理解数据要素理论和政策的参考，着力促进社会各界对数据要素的探讨和运用，为数据要素价值的释放提供支撑，为推动数据要素市场化配置改革尽绵薄之力。

在本丛书编撰过程中，多位作者积极来稿，提供了有意义的理论探讨和案例成果；各方面积极支持，为丛书的顺利出版贡献智慧和力量。在此，对各位来稿者，对为本丛书出版作出重要贡献的中央党校出版集团国家行政学院出版社和有关编辑人员，以及为本丛书出版作出贡献的其他各界人士，表示衷心感谢！让我们一起携手努力，着力推动数据要素市场化配置改革这场宏大的市场化改革事业，为推进中国式现代化建设作出应有贡献！

彭 森

中国经济体制改革研究会会长、数据要素市场化配置综合改革研究院联合理事长、国家发展改革委原副主任

前 言

在风起云涌的数字化转型浪潮中，数据已经成为推动经济社会发展的核心要素之一，在资源配置、产业升级、技术创新等方面发挥着无可替代的重要作用。

《数据要素 × 基础制度构建与市场化改革实践》作为"'数据要素 ×'未来展望"丛书的分册，汇集了众多知名学者和行业专家的智慧，从理论与实践两大板块展开论述，旨在为推动数据要素市场化改革提供理论支持与实践参考，帮助各级政府和相关机构准确把握数据要素的本质和发展路径。

第一部分为"数据要素 ×"理论篇。该部分聚焦于数据要素的产权、流通、安全等关键问题，深入探讨了如何在数字经济时代实现数据供得出、流得动、用得好、保安全。这构成了数据要素市场化配置改革的基石，为数据要素领域的理论创新和实践创新提供了有力支撑。

第二部分为"数据要素 ×"实践篇。该部分聚焦多主体数据要素市场化配置改革实践，展示了有关典型案例，反映了地方政府和企业的积极探索和宝贵经验，也揭示了数据要素市场化配置改革中出现的挑战，为进一步推进相关工作提供了有益借鉴。

本书的出版恰逢我国数据要素市场化配置改革进入关键时期，《"数据要素 ×"三年行动计划（2024—2026年）》正在全面推进。我们真诚地希望能够以此为政策制定者、理论研究者、企业管理者等提供有益启示和参考，推动数据要素市场化配置综合改革深入开展，进一步激发数据要素的乘数效应，为数字经济发展提供理论和实践支撑。

石明磊

中国经济改革研究基金会理事长、中国经济体制改革研究会副秘书长、

数据要素市场化配置综合改革研究院执行院长、CCF 数据治理发展委员会副秘书长

目录
CONTENTS

第二部分
"数据要素 ×"实践篇

第一部分

"数据要素×"理论篇

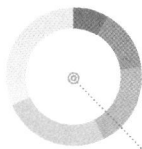

数据要素确权问题研究与未来发展探讨

李纪珍[*] 王鹏^{**}

摘要：中共中央、国务院印发的《关于构建数据基础制度更好发挥数据要素作用的意见》（简称"数据二十条"）提出要探索建立数据产权制度，推动数据产权结构性分置和有序流通，推进数据分类分级确权授权使用和市场化流通交易，健全数据要素权益保护制度，逐步形成具有中国特色的数据产权制度体系。在数字化时代，数据要素已成为推动社会进步和经济发展的关键要素，数据要素的合理流动和高效利用将有助于畅通数据资源大循环，实现数字技术转移，加快传统产业高端化、智能化、绿色化转型升级。但在数据要素的实践过程中存在不少痛点，数据要素确权成为当前亟待解决的问题。本文分析了数据确权发展现状、数据确权存在的难点、数据确权思路分析和央企数据确权实践案例，并针对性地提出了数据要素确权的发展建议。

关键词：数据要素；数据确权；数据产权制度

随着大数据、云计算、人工智能等技术的发展，数据已经成为一种重要的生产要素。财政部印发的《关于加强数据资产管理的指导意见》明确了数据资产管理的目标、原则和主要任务，旨在推动数据资产的合规高效流通使用，明晰数据资产权责关系，完善数据资产相关标准，加强数据资

---

* 李纪珍，清华大学经管学院副院长。
** 王鹏，北京市社会科学院研究员。

产的使用和管理，以及稳妥推动数据资产的开发利用。"数据二十条"强调加强数据的合法、正当使用，保护个人隐私，防止数据滥用和泄露，促进数据安全和信息化发展。通过明确数据主体的权利和责任，规范数据处理行为，建立数据安全保护机制，构建健康的数据生态环境，推动数字经济和社会的稳定发展。

一、基于央企的数据要素确权内涵与发展现状

截至2023年，我国数据确权仍处于探索阶段。例如，《中华人民共和国数据安全法》和《中华人民共和国个人信息保护法》等相关法律法规的制定和实施，都在尝试对数据权益进行规范，以保护数据主体的合法权益。但数据往往是非中心的、跨界的，这给数据确权带来了挑战。尤其是当数据与其他权益如知识产权结合时，如何界定数据的所有权和使用权变得更加复杂。数据权利冲突的首要原因，是缺乏对数据、信息、权利、权能等基本概念的一致性定义、共识性理解。"数据"与"信息"的关系，狭义看数据是电子化信息存储的载体，信息是通过电子化记录于数据的内容；广义看数据概念是分类信息的集合，如数据安全法中个人隐私、个人信息、保密商务信息是对数据按信息进行分类，全称应为个人隐私数据、个人信息数据、保密商务信息数据。而"权利"，狭义即"法律权利"，指依靠法律规范确定的权利，具有法律规定性、保障性、自主性等基本属性；但广义上的权利，即不以法律的存在为前提，存在于社会习惯、道德、法律等诸多领域，是以法律的保护为最佳方式，具体基于霍菲尔德8个法律基础概念进行细化定义。"权能"即权利的内容，是权利主体享有的权利内容和功能的概括，是权利进一步细分的权限。

国家数据法律制度是法律制度框架下由公权力明确认定和保护的稳态权利制度。央企数据权利体系是央企实际数据资源，在业务场景下多方数据权利博弈下的动态权利决策体系。外部法律框架与内部央企数据业务权

能框架动态调整构成央企确权外方内圆的动态决策。

央企数据确权路径分为被动确权和主动确权。央企被动确权是指央企在不主动参与的情况下，由外部环境或政策对央企数据资产进行确权的行为。这通常发生在央企并未积极主张自身数据权益，但在某些情况下，如法律法规的出台、行业标准的设定或是与其他央企、机构等的合作过程中，被动地获得了对其数据资产的权益认定，但目前国内缺乏明确的法律法规体系。央企主动确权是指央企针对具体业务、场景中的数据资源，精准识别数据权利主体，清晰定义权利关系，为央企数据权利关系获得法律认可与保护。央企主动确权的可行性相对更高。

二、数据要素确权的三大意义

数据要素确权的核心在于加速培育新质生产力，全面助力数据要素高质量发展。数据是决策制定、创新和竞争力的关键因素，已经成为一种重要的资产。数据确权帮助确定谁有权访问和使用特定数据，从而平衡数据的共享和隐私保护。数据精准确权，可以为数据要素纳入监管范畴提供理论基础，破解数据要素型央企的权属桎梏，促进关键行业数据要素价值化，推动合规决策科学化、精准化、智能化，加快资产化、资本化及证券化进程，因此数据确权的重要性不言而喻。数据的有形和无形特性共同构成了它的二元特性。一方面，数据的有形特性使得它可以像其他有形财产一样被存储、转移和交易；另一方面，数据所承载的无形信息使得它具有独特的价值和用途，这也是其他有形财产所不具备的。这种二元特性使得数据在财产领域中具有特殊的地位和作用。

（一）数据要素确权是破解数字化转型现实难题的关键环节

数据要素确权是数据产业发展的基础和前提，但目前在数据要素确权和处理数据资产化的过程中存在较多痛点，从而造成数据资产难以评估、入表。数据要素确权是数字化转型中至关重要的环节，因为它直接涉及数据的核心内容和管理权限。在当前数字化转型过程中，央企和组织面临诸多挑战，如数据安全、隐私保护及合规要求。通过数据要素确权，可以有效地管理数据，包括对数据的访问、修改、删除等权利，从而保护个人隐私和数据安全。此外，数据要素确权还能促进数据的合法合规使用，建立起可信赖的数据交换机制，推动数字化转型向更加健康可持续的方向发展。因此，将数据要素确权作为解决数字化转型难题的关键环节，破解数据要素确权问题，有助于构建安全、透明、高效的数字化生态系统，为央企数字化转型中的难点提供解决思路，推动各行业和领域实现更加可持续的发展，促进数据要素高质量发展。

（二）数据要素确权是建设数字中国的发展所需

通过明确数据产权，央企可以在数据创造过程中获得经济利益和回报，从而激励央企投入更多的资源和精力。随着中国数字经济蓬勃发展，数据已成为推动经济增长和社会进步的关键驱动力。在这一背景下，数据要素确权对促进数据资源合理利用及推动数字产业健康发展至关重要。同时，数据要素确权有助于建立公平、透明和规范的数据流通机制，促进数据资源有序共享，为数字中国的发展提供坚实法律和制度保障，为建设数字中国提供重要支撑，助力中国经济由大走向强。数据确权还可以为央企提供保护，从而鼓励央企进行更多的创新和实践。推动数据要素确权有助于提升数据要素管理效率，激发数据价值潜力，加速各行业数字化转型，打造一批具有国际竞争力的战略性新兴产业集群和产业链领军央企，助力建设数字中国。

（三）数据要素确权是培育新质生产力的基础条件

数据要素确权为数据流通提供了确定性和可预见性，减少了相应的法律风险，保护了数据所有者的权益。数据要素产权的激励效应可以激发数据生产者的积极性，明确对未来取得利益的合理预期，从而产生投资、生产数据的意愿，提高交易和流通的效率，降低成本，为加快形成新质生产力奠定产业基础，进一步更快、更好、更有效地促进我国数字化建设。数据要素确权可以实现数据的有效流通和价值最大化，提升生产效率和创新能力，推动产业升级和转型，促进经济持续增长。数据要素确权可以加强个人对数据的控制和保护，激发创新活力，推动科技进步，助力新兴产业的崛起。同时，建立健全的数据要素确权制度能够构建公平竞争的市场环境，激发各方投入数据资源的积极性，促进数字经济的健康发展。数据要素确权不仅是培育新质生产力的基础条件，也是推动经济社会发展的关键一环。

三、央企数据要素确权面临的"四大内部梗阻"和"三大外部困境"

数据要素如何确权一直争议较大，而数据要素的产权界定包含两方面内容：一是确定数据的权利主体，即谁对数据享有权利；二是确定权利的内容，即享有什么样的权利。数据要素确权难点就在于数据要素生成中所涉及主体的复杂性。数据要素生成过程中涉及信息提供者、数据采集者和数据使用者，确权的矛盾则主要产生于信息提供者和数据采集者之间。数据确权是一个多维度、跨学科的复杂议题，涉及法律、技术、经济、伦理等多个方面，近年来，央企在数据确权方面面临着诸多困难。国内正在积极探索数据确权的法律框架，以期建立健全数据权益保护体系，而数据的非中心性和跨界性给数据确权造成了不少阻碍。

（一）央企内部数据确权的"四大梗阻"

一是多主体参与，数据权属不清。央企的数据资源是多种主体混合权利的集合体，央企数据种类和数据经营活动繁多且复杂，与数据生产环节相关的多元主体，数据处理过程相关的多维主体及数据权利治理相关的多方主体，尚未形成针对数据业务场景权责利分明的运行机制，面临数据全生命周期的"多元权利主体"困境，存在分工不够明确、合力有限，确权授权过程冗长、协调不畅，组织架构滞后、协同不足，数据对内确权困难、对外流通受阻及数据安全风险等问题，造成确定数据权属困难重重。没有法律明文的规定，央企注定对数据资源彼此争抢且各执一词，模糊了数据利益的主体，而忽视了央企的主要责任，从而形成了一系列利益争端。特别是在电力行业、电信行业、汽车行业中的国资央企，均存在数据种类多且复杂，涉及多元主体参与，权属不清晰且多权属掺杂、确权规则不清晰，分类交叉、数据权属划分困难等诸多问题。

二是使用场景多变，数据权属划分困难。在当今数字化快速发展的时代，使用场景多变、数据权属划分困难成了普遍存在的挑战。随着各行各业对数据的需求不断增长，数据在不同应用场景下的使用变得日益复杂多样，涉及多方利益关系和所有权问题。例如，在跨境数据流动、数据共享合作等方面，数据的所有权、控制权和使用权往往难以明确界定，容易引发争议和纠纷。这种情况给数据的合理利用和保护带来了一定困难，也制约了数字经济的发展潜力。数据的价值实现依赖于特定场景的汇总、组合和分析，不同场景下数据的权属难以界定。数据科技的发展使得数据价值成倍增长，央企更多地拓展数据应用，延伸出更多样的数据特定场景，更多变的信息应用环境，为数据权属判断带来了更大的挑战。

三是数据流通规则不明，缺乏参与者激励路径。目前在数据要素流通和价值实现过程中，未能给央企数据要素流通过程中的参与者提供一个较好的激励模式，导致数据加工者和信息提供者不愿参与、不敢参与。许多潜在的数据参与者缺乏积极性，数据流通受到限制。同时，数据涉及多方利益，在流通过程中往往存在隐私保护、安全风险等问题，导致各方对数据流通的信任度不高，阻碍了数据资源的充分利用。

四是数据要素确权协商成本较高。数据要素确权涉及数据的所有权、控制权、使用权等方面，而这种确权往往需要通过协商来达成共识。然而，数据要素确权的协商过程存在着成本较高的挑战。首先，由于数据涉及多方利益相关者，涉及不同组织和个人之间的权益纠纷，需要进行复杂的协商和沟通，协商成本较高。其次，数据要素确权涉及数据价值、隐私保护、安全性等多个层面，各方需就不同问题展开讨论和协商，增加了协商的复杂性和耗时成本。最后，由于数据要素确权可能涉及法律法规、标准规范等方面的约束，需要保证确权过程的合法性和合规性，这也增加了协商的困难和成本。数据要素的生成是去中心化的，需要协商的数据主体数量非常庞大，且数据要素价值有着较强时效性，确权协商所需要的时间成本会对数据要素的价值造成显著损耗，致使数据确权难度升级。

（二）央企外部数据确权的"三大困境"

一是要素市场建设进程缓慢，央企数据确权陷入"发展困境"。数据要素具有非竞争性的特性，其价值不会因为重复使用而减少，这与传统生产要素不同，这种特性使得数据要素市场在建立过程中难以借鉴其他要素市场的经验，造成数据要素市场建设相对缓慢，一定程度上阻碍了数据要素确权。首先，要素市场不完善会使得央企在数据确权过程中面临较大的制度性障碍和不确定性，并且缺乏明确的规则和标准指导央企如何合理获取、使用和共享数据，进而陷入确权困境。其次，要素市场建设缓慢也影响了数据要素的交易效率和公平性，央企在进行数据确权时可能受到信息不对称、交易成本高等问题的困扰，导致数据确权过程复杂耗时，阻碍了央企数据活用的发展。

二是政策法规制度不健全，数据要素归属及确权规则陷入"模糊困境"。国家政策和法规层面尚未明确区分央企数据与公共数据的具体标准，缺乏统一的数据交易法律制度，对市场缺乏有效管理规范，使得央企在数据权属划分上存在模糊性。由于缺乏明确的政策和法规，央企在数据要素确权时难以确定数据的归属权和使用权限，容易出现争议和纠纷。首先，缺乏清晰的数据要素权属界定和约束，央企难以准确把握数据的控制和使用范围，进而影响了数据确权的进行。其次，缺乏健全的确权规则也会导致央企在数据交易和共享过程中存在风险和不确定性，不利于数据要素的高效流动和利用。

三是数据安全技术发展滞后，数据流通权益保护陷入"流动困境"。在数据流通市场不繁荣和数据流通生态构建不全面的情况下，形成了少数大型央企对数据安全技术的垄断，导致数据安全技术的发展滞后于数据流通权益保护的需求。数据安全技术滞后将使得数据在流通过程中容易受到恶意攻击，隐私泄露风险增大，央企和个人的数据权益难以得到有效保障。首先，缺乏先进的数据加密、身份验证和访问控制等安全技术手段，造成数据流通的安全性无法得到有效保障，阻碍数据的安全流通和共享。其次，数据安全技术的滞后也会导致数据流通过程中存在合规风险和法律纠纷，影响数据流通权益的合法性和可持续性。

四、基于央企实践的数据要素确权的思路与分析

央企需要适合的理论与方法体系支撑，可以以央企数据活动作为解决数据权利冲突难题的突破口，识别数据权利主体。结合数据特性，可以将央企的数据社会行为划分为数据生产环节、信息处理过程、权利关系治理三大类型。针对数据物质体、信息价值体、权利关系体，在数据提供者、采集者、存储者、加工者、分配者、使用者等主体之间进行相应权利的确认、确定，以满足央企的数据治理需求，提高数据的质量和利用率。针对央企的数据要素确权问题，具体思路如下。

（一）优化央企数据确权的通用路径

一是央企数据规范确权路径。央企采用基于"理论－制度－实践"方式构建央企数据权利体系，根据法律法规制定、行业标准设定，被动地获得其数据资产的权益认定。二是央企数据精准确权路径。针对具体业务、场景中的数据资源，精准识别数据权利主体，清晰定义权利关系，为央企数据权利关系获得法律认可与保护找到确权依据。

（二）确立数据要素确权前置条件

央企在进行精准确权之前，需要进行以下准备步骤。首先，应该将数据归类、治理、盘点，将生成、收集、处理和应用的数据进行归集整理和结构化，对数据来源进行梳理。例如，数据归类可以按照与央企合作的个人和合作方的客户数据、企业数据、外采数据分类（见图1）。客户数据包含重要隐私数据，企业数据分为私有性数据和公用性数据。

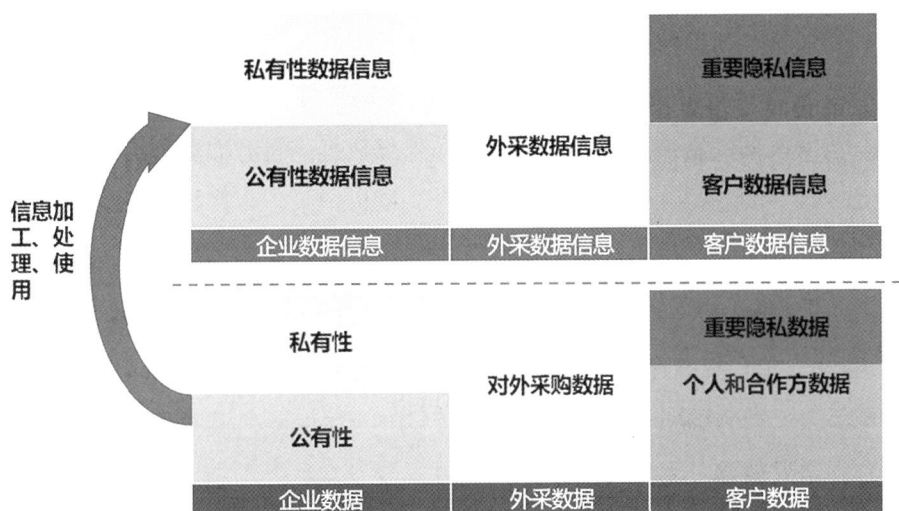

图1　数据归类

其次，央企需要对数据信息的重要程度按等级划分，重要程度越高等级越高（见图2）。为了更好地帮助央企数据资产变现，央企需要对数据进行价值分析与判断，区分出估值高于成本的可溢价的数据和估值等于成本的固定价值数据。央企应该首先考虑可以为自身创造资产变现的数据。固定价值数据的变现价值较低，可以采用成本法进行处理或者暂不处理；而可溢价数据能够为央企带来额外收益，变现价值高，该类数据采用精准确权方式可以更好地帮助央企实现数据资产化，完成数据资产变现。

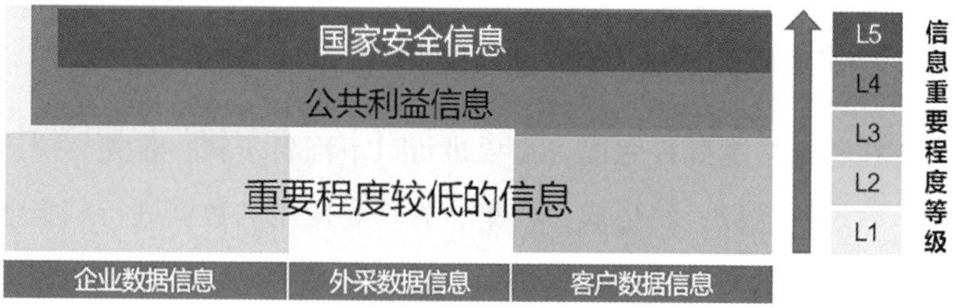

图2　信息等级划分

最后，进行场景识别，央企针对可溢价数据并结合自身业务进行场景识别，场景包括但不限于数据对外采购场景、数据自主生产场景、数据采集传输场景、数据加工使用场景、交易共享场景等。同时，在某一场景中，央企数据根据数据来源分为自有数据和外部数据。自有数据是组织内部生成或者收集的数据，通常包括客户信息、销售记录、生产数据、财务报表等。外部数据是指组织从外部来源获得的数据，可能包括政府发布的统计数据、市场研究报告、社交媒体内容、竞争对手的公开信息及行业新闻等。某个场景中会有如加工者、运营者、持有者、采集者等角色，因此，央企需要对不同业务场景中的数据产权进行界定。

（三）精准实施数据要素确权的三个步骤

一是基于"三权分置"实现数据权利主体识别。精准确权路径下，实现数据权利混合主体间法律关系界权的基础，是对数据权利主体的有效识别。可以依据"数据三体"，即数据物质体、信息价值体、权利关系体（见图3），反映央企数据权利基础、权益实现和权能调节的三阶梯权利体系结构，为数据权利主体的识别构建搭建框架。将央企数据社会活动分为数据生产环节、信息处理过程和权利关系治理三个层次，划分以二进制形式存在、占用存储介质的物理空间，可以度量并直接用于制作数据复本和数据传输的"数据物质体"，主要参与存储、采集、提供或传输等生产活动。对信息加工、分配、使用涉及内外部的各种"信息价值体"，包括信息来源主体、信息加工、使用过程涉及的内外部主体，主要参与加工、分配、使用等经营活动。信息价值体将央企特别关注的权利制度冲突，作为一个独立的层级，分析制度冲突风险、制定经营决策、设计合规方案。针对数据权利进行治理，需要央企内外部共同约束管理，相关管理部门包括央企内部权力部门，如战略、业务、管理等，外部社会权力和国家公共权力机构，如立法、行政、执法、司法机关等，对数据信息内容的公开行为进行规范、监管、解纷的一系列权利治理活动构成权利关系体。权利关系体从数据权利理论冲突的角度，针对不同层级和类型的数据活动，央企可以选择人格权、财产权、隐私权、商业秘密权、知识产权等理论体系，分析、主张和界定权利，以实现央企数据业务确权的目标。

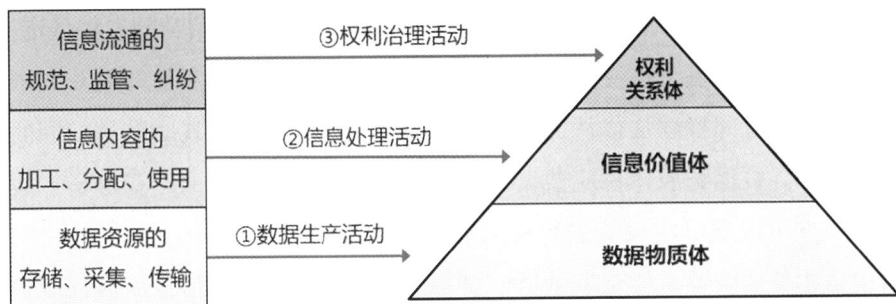

图3　数据三体模型

二是搭建基于九种央企数据社会活动行为的数据权能框架。央企的数据社会行为根据数据三体进行划分后，针对不同的行为，对应到不同阶层的权能角色中。以采集、存储、传输三种行为为主的数据物质"持有者"，以加工、分配、使用三种行为为主的信息价值"经营者"，以规范、监管、解纷三种行为为主的权利关系"规治者"（见图4）。对不同行为进行权能关系划分后，界定数据权利主体，由相应的法律法规进行约束监管。

第3阶——权利关系"规治者"		
规范者	**监管者**	解纷者
第2阶——信息价值"经营者"		
加工者	**分配者**	使用者
第1阶——数据物质"持有者"		
存储者	**采集者**	**传输者**

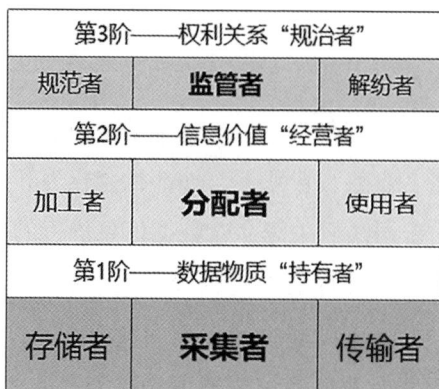

图4　央企数据权能框架

三是进行基于外部法律法规与内部央企权能框架动态结合的产权认定。基于已有法律制度，以协议等受法律认可的方式，约定权利法律关系。依托数据主体之间构建法律认可的权利关系和权利保障来实现对数据权利的规范监管。数据物质体对应数据持有主体，是物质存储体的产权逻辑，数据存储方可以通过物权法进行权属界定。信息价值体对应信息权益主体，与信息相关的权益主体对该数据信息都持有相关权益，当信息内容进行加工处理以后，可以根据如知识产权法、个人信息保护法等进行法律法规认定。当央企在数据交易流通环节中，固定价值数据的重要程度较低，但归为公共利益信息、国家安全信息等重要程度较高的部分可溢价数据信息进行私自交易时，则需要相关权利分配的有关部门根据数据安全法、电子商务法等相关法律法规规范监管（见图5）。

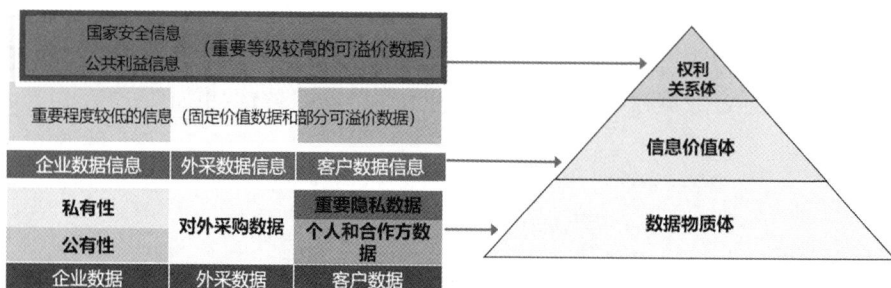

图5　按照数据三体对数据进行层级划分

（四）数据要素权属登记

央企按照法律规定的管理机构对数据产权情况进行记录，数据目录包括但不限于业务信息、技术信息、管理信息。管理信息中细分为数据归类、数据权属、共享类型、开放类型、机密类型等。根据数据三体明确数据确权主体，并且央企需要对可溢价数据和固定价值数据的重要程度进行等级划分，在各场景中，对涉及国家安全信息和公共利益信息这类等级较高的数据信息不能进行交易。权属登记帮助央企明确数据权属关系，进一步完善数据化发展路径。

（五）基于电力央企实践的数据要素精准确权案例

通过数据三体对电力央企的数据活动分类，将电力央企的数据按照数据物质体分为电网公司自身业务形成的数据、外购产生的外部机构数据、用户形成的电力客户数据三类。电网公司独有的数据具有排他性持有权，而电力客户数据根据用户自身对电网公司的服务选择具有非排他性持有权，外部机构数据的持有权特性根据与电网公司的交易情况会发生变化。按照信息价值体分类为电网公司数据信息、外部机构的数据信息组成的其他信息、由法人信息和个人用户信息组成的电力客户数据信息。同时，电网公司的所有信息属于混合状态，对所有信息进行分级，信息重要程度越高等级越高，等级中等及以上的数据信息划分为公共利益信息和国家安全信息。

依据信息价值体的权利划分，电网公司对自身经营信息具有自主经营权，电网公司与多方经过合约持有的数据信息具有合约经营权，而针对央企所持有信息的重要程度等级规定合规经营权，等级越高的央企，数据交易过程越严格。

电力企业数据的权利关系体可以分为一般信息、公共利益信息和国家安全信息，数据的规治权分为内部主动约束和外部强制约束，不同权属通过相应法规进行治理活动（见图6）。

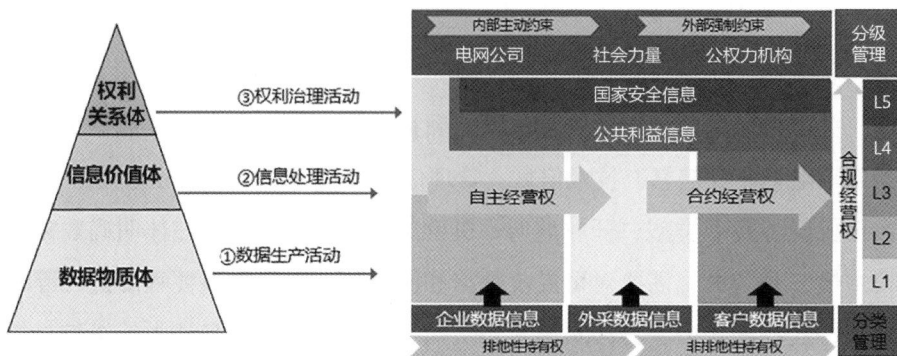

图6 电力企业数据"三权分置"权能体系框架及应用

五、数据要素确权展望与发展建议

（一）数据要素确权的展望

随着政策的持续推进，数据治理、确权及使用原则、公共数据授权运营等方面会加速发展。与此同时，人工智能技术的发展将进一步推动数据要素确权的进程，特别是从数据采集、储存、加工、分析到管理和应用各个环节。伴随着技术的进步和政策的支持，数据要素确权将逐步完善，以适应数字经济发展需求。

数据要素确权将推动数据产权结构性分置和有序流通，并继续推动数据产权的结构性分置，即数据资源持有权、数据加工使用权、数据产品经营权等分置的落地举措，以促进数据的高效利用。央企探索数据产权结构性分置制度，建立数据资源持有权、数据加工使用权、数据产品经营权"三权分置"的数据产权制度框架，有助于更好地发挥数据要素的作用，为其他企业的数据资产化提供借鉴思路。

数据要素确权将加强数据分类分级管理，完善数据资产权利体系，建立数据资产分类分级授权使用规范，以确保数据资产得到合理管理和保护。

央企要结合各地区数据要素确权的具体实施细则及公共数据的授权运营，明确央企数据确权授权的主要任务，对自身数据产权建立基础保障，进一步助力数字经济的快速增长和数据价值的日益提升。

数据要素确权将推动央企的数据要素市场体系建设正式进入实质性启动阶段，通过建立数据要素流通标准体系，明确数据要素流通准入原则，以及建立健全数据权益、交易流通、数据安全保护等基础性规则，来推动数据要素市场的健康发展。

（二）未来发展建议

一是加快顶层设计探索，健全行业政策指引。重视国家层面在数据产权制度领域的顶层理论研究，尽快健全数据产权、流通交易、收益分配、安全治理等方面的制度和指引细则，出台相关政策法规以规范央企数据要素确权实践的原则、规则与流程，探索符合央企特点的制度体系；制定数据隐私政策和保护措施，规定数据合法性、隐私性和安全性要求，明确违规行为的法律后果，促进数据市场化流通与合规发展。继续推进数据基础设施建设，为央企数据确权实践提供坚实"硬件"支撑。

二是发挥试点标杆效力，组建协会赋能发展。在内部由主管部门牵头，联合多家央企分区域、分行业打造央企数据改革试验点，形成"试点先行，标杆引领"的推进机制，通过定期召开试点工作研讨会议、举办经验学习交流活动，以掌握进展动向、及时解决问题、共享经验成果；在外部组建主管部门领导下的央企数据资产改革协会，积极参与行业相关政策、法规的制定过程，负责监督、指导、推动央企数据确权授权实践合规化发展，为各大央企提供经验交流、业务合作、资源共享的官方组织平台。

三是夯实技术安全能力，统一数据标准体系。通过集中央企科研力量，围绕数据安全利用各项要求，建立与制度流程相配套、符合主管部门监管需求、服务于央企权属实践的技术研用体系，实现主管部门监管流程、策略内容的电子化、信息化升级；依托电子政务现有基础，由主管部门主办建立央企一体化数据目录登记机制，建设数据要素统一登记平台，通过构建数据分级分类体系，探索数据认定准入机制，夯实数据要素流通互认基础，确保数据要素登记平台规范运作，建立以主管部门监管为引领的央企数据治理机制。

四是建立数据管理体系，完善数据管理制度。加快央企数据合规管理制度体系建设，探索建立包括制度、策略、工具、组织在内的数据合规管理体系，完善数据确权、认责、合规的全流程管理机制；落实"按贡献分配"和"事前确权"的关键性制度安排，形成数据采集、存储、加工、流通各环节的正向激励机制与合法利用流通基础。

五是细化数据资产目录，基于场景确权授权。制定统一的数据资产管理办法，规范央企数据资产目录、共享开放、跨境认责等方面管理细则，进一步细化"三权分置"的产权制度框架，基于数据业务场景制定数据分类分级标准、开展确权授权实践，将不同类级数据及合规要求同具体业务场景相结合，以满足不同类型的数据确权授权需求，促进数据资产化合规发展。

六是抓好内部试点工作，建立向外对接机制。根据央企自身情况，依托现有资源，系统整合优势，在央企内部分阶段、有步骤地纵向深入对组织架构、责任体系、运作机制、风险管理、确权授权等方面试点改进工作，横向扩展央企与外部机构的联动效应，鼓励央企同外界产业部门、科研机构、高校组织建立深度广泛的长效对接机制，形成数据资源共享、业务深度融合、信息实时联动的"产－学－研"友好合作关系，共同推动央企数据资产化实践的高标准、高价值、高质量稳定发展。

面对数字经济的发展，央企应积极探索数据产权界定的理论实践与方法，为我国其他企业提供有益的借鉴，不断推动数字确权落地，创造公平、有序的数据市场竞争环境，从而助力数字经济高质量发展。

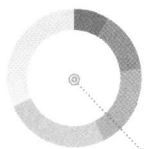

数据要素流通过程中若干制度问题的初步研究

时建中 *

摘要： 本文指出，随着信息和通信技术的进步，数据作为一种资源的重要性日益增加，并经历了历史演变和市场化的过程。本文强调，为了更高质量和更高效地流通数据，进而促进经济和社会发展，实现数据要素化是必要的。本文在法律框架方面重点讨论了数据主体、客体和行为的必要制度结构，呼吁明确数据主体和客体的定义和分类，以确保权利和义务的合理配置。本文还针对性地指出不同数据形式需要具体的法律考虑，提出建立一个全面的数据基础制度对促进有效且安全的数据要素流通至关重要。

关键词： 数据要素；数据主体；数据基础制度

一、数据要素流通概述

据载，早在 17 世纪数据就已经有了英文用语词汇，直到 1946 年才首次被用于表示"可传输和可存储的计算机信息"，在随后的数十年间，数据科学、数据挖掘、大数据等语词相继涌现并逐步引发全球数据热潮。数据热来得虽晚却十分迅猛，这与信息及通信技术的发展密不可分。信息技术的发展使得信息记录、存储与传输问题被相继解决，一条条数据承载着信

---

* 时建中，中国政法大学副校长。

息在网络空间中流动、读取、汇集，加速完成了数据在量上的原始积累并初步显现出资源性价值。得益于数据处理技术的迭代升级，零散杂乱的数据可以进一步被转化为半结构化、结构化数据，满足数据相关性挖掘和分析的基本条件，数据资源性价值得到更大发挥。当数据资源能够融入市场、赋能社会生产生活和治理时，数据也就被要素化了。"数据—数据资源—数据要素"的演变是数据初始自然流通的必然结果，前述演变过程表明数据流通会加速数据汇集和强化数据处理需求，带动数据相关性挖掘进而产生新质数据重新进入流通，形成"正反馈循环"，流通即是数据要素化的本质原因。数据实现要素化也意味着更高水平的数据流通，相较于数据自然流通，数据要素流通要更加注重以市场现实需求为导向、生产应用场景为牵引，实现更高质量数据在更大范围内更高效率、更加稳定地流通，更大程度地赋能经济社会发展。

从市场角度出发，数据要素流通具有明显的衍生性和协同性。就数据产业而言，数据要素流通会加速数据迭代和融合进而形成高价值的"数据资本"，以此衍生出特定数据产品或提供定制化服务；就非数据产业而言，数据要素极易与技术、人才、管理等传统生产要素相互融合，以数据赋能生产质效、催生新商业模式、驱动经营决策精准化。数据虽具有非竞争性，但数据要素化进入市场后又会引发激烈竞争，为维持竞争优势，大量企业"只想要数据，不想给数据"，形成数据流通壁垒，直接造成了"有市无数"的窘境。从安全角度出发，数据要素高速频繁流转会加剧信息安全隐患，一旦敏感数据因处理不慎未有效脱敏便进入流通就可能引发系统性安全风险。企业既负担着高额的敏感数据处理成本，又承担着沉重的数据流通安全责任，必然进一步打压企业流通数据的积极性。可以说，我国数据要素尚未实现真正流通，高质量数据供给严重不足，数据要素流通范围小、不循环。

想要有效解决数据要素流通不畅的问题，必须在充分尊重数字经济发展规律、技术创新驱动规律和数据法治规律的前提下加快数据基础制度建设，推动形成较为成熟的数据要素市场供需机制、价格机制、竞争机制、风险机制等。就数据法律制度而言，需要在数据安全立法总体框架下，以构建数据权属规则体系为核心，数据行为规则体系为主体，兼顾数据要素流通安全与效率。

二、数据要素流通本体制度

数据要素流通法律制度的构建仍要依托于传统法律关系的范式，基于不同数据流通行为在不同数据流通主体之间科学地配置权利和义务。权利义务科学配置的前提有三：一是廓清权利义务配置的主体，二是明晰权利义务指向的客体，三是确定权利义务配置的行为场景。因此，数据要素流通主体、客体和行为制度是讨论权属制度、责任制度的重要前提。

（一）数据要素流通主体相关制度

从全球范围来看，欧盟的《数据保护指令》最早提出了数据主体的概念，但从文本上看，欧盟语境下的数据主体仅指自然人。在欧盟随后颁布的《通用数据保护条例》和《数据法案》中相继出现了控制者、处理者、接收者、用户等有别于数据主体的主体概念。欧盟实质上是区分了个人数据主体和非个人数据主体，而数据主体是专指个人数据主体。国内亦有学者基于欧盟数据立法，将以上概念区分为了数据来源主体和数据处理主体。

无论作何分类，在中文语境下谈及数据主体概念时都应谨慎，避免与欧盟法语境中相关概念混同。在逻辑上，中文语境下数据主体理应是数据法律制度中的最上位概念，任何能够落入数据法律制度规制范围的主体都应是数据主体，数据要素流通主体亦不例外。可惜的是，我国数据安全法、个人信息保护法等上位立法文本中并未明确数据主体的概念。这也直接导致在各级各类数据相关规范性文件中涌现出了一大批与数据主体高度关联的概念，如数据生产者、数据采集者、数据使用者、数据开放主体、数据开发主体、数据授权运营主体、数据流通交易主体、数据买/卖方、数据提

供 / 需求方、数据经纪人、数据交易平台运营者等。这些概念显然是数据主体的下位概念，但是由于缺乏分类标准而导致概念之间相互交叠，不仅无法据此廓清数据主体的概念边界，反而造成了语义理解上的障碍与紊乱。主体不明则权利义务便会不清，对于数据主体概念内涵和外延界定十分必要，也有利于统一规范性文本的用语表达。

值得肯定的是，部分省市先行探索尝试对数据主体的概念进行了界定，如《广东省公共数据管理办法》中明确规定，数据主体，是指相关数据所指向的自然人、法人和非法人组织……从表述上看，该规定中的"数据主体"主要回答了"关于谁的数据"的问题，可以将其归结为数据内容相关的主体。但显然，这一概念界定仍存在片面性。数据主体不仅应该涵盖"关于谁的数据"，还应该明确"谁能处理数据和怎么处理"，大部分数据相关规范性文件中所提及的主体概念（数据使用者、数据采集者、数据开发者等）均属于后者。由此，基于数据基础原理与客观规范现状，可以尝试将"数据主体"进一步区分为数据内容相关主体和数据行为相关主体：前者是指数据所载内容的利益相关者，包括自然人、法人和非法人组织；后者则是指数据处理行为的利益相关者，包括数据收集者、传输者、使用者、加工者等。

数据要素流通主体作为数据主体的下位概念同样可以参照上述分类方法，区分为数据要素流通内容相关主体和数据要素流通行为相关主体，只不过在构建数据要素流通基础制度时必然更加关心流通行为相关主体，应基于具体的数据要素流通场景进行更为细致深入的分类。举例而言，在数据交易场景中，数据要素流通行为相关主体可以具体解构为数据买方、数据卖方、数据交易中介服务方；在公共数据开放场景中，数据要素流通行为相关主体则是指数据收集者、数据提供者、数据使用者。在数据要素流通过程中，只有基于场景精准识别和廓清不同数据利益主体，才有可能清晰合理地配置不同主体间的权利和义务，有效保护各方主体的正当数据利益。

（二）数据要素流通客体相关制度

法律关系的客体是权利和义务指向的对象，客体的特点和属性不同会直接影响不同的权利设置，典型如在有体物上设置了所有权，而在作品、商标等无体物上则设置了知识产权。数据能否成为产权的客体始终存在争议，反对者认为数据因缺乏独立性和特定性而不具有客体性。但随着研究深入和实践发展，更为普遍的观点是数据具有财产属性而应被归入权利客体的范畴，只不过数据由于其无形性、非排他性、可复制性等独特的特征，而应是区别于传统民事权利客体的一类新型客体，这也直接造成数据之上如何赋权应被重新讨论，不可径直套用传统民商事法律制度。数据客体的法律转化尚未完成，中共中央、国务院印发的《关于构建数据基础制度更好发挥数据要素作用的意见》（以下简称"数据二十条"）又紧接着提出了要建立数据资源持有权、数据加工使用权、数据产品经营权等分置的产权运行机制，问题也随之产生：数据、数据资源、数据产品三者是否属于不同的权利客体，是何关系，又为何要赋予不同的权利？显然，这些问题需要被认真对待和深入研讨。

首先，不能割裂对待数据、数据资源、数据产品等概念。从数据价值链理论上看，数据价值增值增生与数据流通是相互成就的关系。数据从生成开始便会反复经历收集、存储、处理、传输、应用等诸多环节，在数据全生命周期的流通过程中，数据会不断与各生产环节、生产工具及传统生产要素相互融合并创造价值，数据也因此成为一种新兴资源，数据资源的用语实质上就是对数据内在经济价值、社会价值和管理价值的肯定，其概念本身还是具有整体性、抽象性且不特定性的。当前还存在一种认知误区，即数据资源相当于原始数据，或是数据资源可以被认为是数据资产等，数据资源持有权的表达与此不无关联。事实上，数据资源仅是泛指，无论原始数据还是衍生数据，只要其能够进入社会生产流通环节，均可被视为数据资源，在市场需求导引下经过有效生产加工也就形成了数据产品。也就是说，数据流通过程是一个高度动态化的过程，数据形态也会不断相互转化，杂乱无章的原始数据可以经处理和分析转变为数据集合、形成数据库甚至转化为数据产品。如果数据产品能够符合会计准则可控可计量的基本要求，就可以被认为属于数据资产。可见，包括原始数据、数据资源、数据产品在内的诸多数据相关概念并不存在质的差异，虽不应被相互等同，但也不应被完全割裂。

其次，数据成为数据要素流通客体应在法律上作具体转化。数据、数据资源和数据产品的概念差异意味着将数据视为客体并纳入法律规则体系时不能一概而论，而要基于具体的制度目标和选择特定的规范客体。例如，在数据安全相关制度中，由于任何一条数据皆有可能引发数据安全问题，将数据作为数据安全法律关系的客体是合理的，使得数据安全法律的调整范围更大更全面；但在数据要素流通相关制度中，单条数据往往很难产生流通价值而不具有可流通性，选择将数据作为法律关系的客体虽在法理上说得通，但会提高制度设计的难度并降低制度适用效能。从数据要素流通相关制度的规范目的出发，其规范的对象应该是具有生产要素价值的数据，而这部分数据往往表现为量大或者质高的数据集合、数据库、数据产品等，此时将数据集合、数据产品等作为客体纳入制度考量时反而会使得制度设计更具针对性。但值得一提的是，无论数据集合还是数据产品都只是不同阶段数据的不同表现形态，其本质还是数据，不应被割裂看待。应避免将数据集合、数据产品和数据等视为不同权利客体而各自进行独立的制度设计，否则制度反而会束缚它们之间的互动和互相转化，不利于数据要素的流通。

（三）数据要素流通行为相关制度

数据要素流通和数据行为是深入理解数据要素流通行为的两个前提性概念。

关于数据要素流通。截至目前，无论是实务界还是学术界都未形成一致的意见，既可以将数据要素流通狭义地理解为数据交易，也可以广义地认为数据要素流通的过程就是指数据要素在不同主体之间传递的过程。但数据要素流通的广义理解则更为普遍，《数据要素流通标准化白皮书（2024版）》中提到数据要素流通是以公共数据、企业数据、个人数据为主体，数据供需方、数据商、第三方机构和监管机构为主要参与者，促进数据供需方互通对接，释放数据价值的过程。从描述上看，公共数据、企业数据和个人数据的要素流通已经成为数据要素流通的三个典型且重要的场景。

关于数据行为。数据行为即数据处理行为，数据安全法中明确列举了收集、存储、使用、加工、传输、提供和公开7种数据处理行为。随后颁布的个人信息保护法在此基础上又增加了"删除"行为。但显然"7+1"种行为并不足以涵盖所有的数据处理行为，以"数据二十条"为例的重要政策文件中从不同维度创设了托管、应用等数据处理行为；而在地方性数据相关立法文件中亦创设了删除、销毁、归集、整合、开放、共享等数据处理行为。从规范层面上看，数据行为的内涵和外延十分混乱，有必要在尊重技术规律、经济规律、法治规律的基础上对数据行为的概念进行系统化再造，构建数据行为体系。在数据行为的概念尚未被完全厘清时，想要通过法律推演明晰数据要素流通行为这一下位概念是十分困难的。此时，基于具体的数据要素流通场景对流通行为进行具象化的描述与分析会是可行的选择。而公共数据授权运营、企业数据流转交易和个人数据许可使用是当前数据要素三大主要流通场景或模式。

在公共数据授权运营的数据流通场景中，数据开放和数据共享是核心相关两种数据行为。公共数据开放是指公共管理和服务机构面向社会开放可供社会化利用的公共数据的行为，公共数据共享则是指公共管理和服务机构因履职需要在内部共享数据的行为。至于公共数据授权运营与公共数据开放究竟是何关系尚无统一的定论，二者在行为外观上具有高度相似性，均是公共数据从政府侧向市场端流通的重要数据行为。但理应承认在公共数据授权运营行为中的市场主体的参与程度更高，还涉及数据加工、数据处理、数据标准化等与数据运营相关的行为，这些行为显然在制度中需要被进一步明确。

在企业数据流转交易场景中，很显然，数据交易是重要的数据要素流通行为。但我国法律文件并未对数据交易的内涵作出明确的规定，数据安全法第19条仅抽象地提及要规范数据交易行为，培育数据交易市场。国家标准委发布的《信息安全技术数据交易服务安全要求》（GB/T 37932—2019）中提到数据交易是指数据供需双方以货币或货币等价物交换数据商品的行为；但在全国信安标委2023年发布的《信息安全技术数据交易服务安全要求》征求意见稿中，则规定数据交易是指以数据产品为标的，以货币或货币等价物交换数据使用权和市场化流通的行为。可见，数据交易行为在定义上仍存在一定分歧，主要体现在交易对象上。但除了交易对象之外，想要厘清数据交易行为的内涵还应更加关注交易模式的界定，典型如数据交易到底是指数据买卖还是数据服务，是合同交易还是集中交易等，因此在数据交易行为内涵的界定上仍需结合数据要素流通实际，进一步深入探讨。当然在企业流转交易场景中还可能存在数据登记、数据经纪、数据托管等其他数据行为。

在个人数据许可使用场景中，应注意区分数据行为和非数据行为。知情同意规则是个人数据许可使用过程中的重要规则，但授权行为或同意行为并非数据行为，应避免将其与数据行为混为一谈。事实上，个人数据许可使用场景中的数据行为主要是指被许可方依照许可范围对个人数据进行采集、持有、托管、加工、使用等。

三、数据要素流通效率促进型制度

数据因其可复制而具备物理上的非消耗性，这导致当数据一旦进入流通领域，原权利人很容易丧失对数据的控制。数据流通主体可能会存在隐私侵犯、商业秘密泄露、被"搭便车"等诸多方面的担忧，其数据流通意愿就会被抑制。正因如此，有必要在明晰数据要素流通主体、客体和行为的基础上进行更为具体的制度设计，核心目标是解决数据要素流通的"信任"问题，提高数据要素流通主体的流通积极性，促进数据要素流通效率。

对此，明晰的数据权属是前提，可信的数据流通环境是保障，合理的数据收益分配是兜底。

（一）前端：数据权属相关制度

数据确权是数据要素流通的前端保障，数据权属制度也被视为数据基础制度"四梁八柱"的第一梁。科斯定理表明只要交易成本不等于零，产权的初始配置就会直接影响资源配置的效率，因为通过市场交易使得产权的初始配置状态向最优状态转变时必然要付出或高或低的交易成本，包括但不限于信息成本、决策成本、议价成本、监督成本等。这意味着法律对数据产权的初始界定如果无法匹配数据要素的特征、遵循数据要素的流通规律不仅无法促进数据要素的充分流通，反而会使数据要素流通失序。例如，如果对数据要素作所有权安排，就意味着数据请求权人要承担较高的议价成本，在数据进入流通后由于数据被不断复制，缺乏可控性，还会产生较高的监督成本，显然，这样的权属制度安排并不符合数据快速迭代和频繁交易的数据要素流通规律，制度所引发的过高交易成本反而抑制了数据要素的生产供给，大大降低了数据要素市场的经济效率。

究竟何为恰当的数据权属制度安排？放眼全球，不存在一个可供参考借鉴的成熟制度经营，我国数据权属制度目前也处于"酝酿"状态。近年来，无论是实务界还是理论界都对数据权属制度展开研究和探讨。数据的特征导致了数据权利化的复杂性，核心要解决的问题主要有两个：一是数据产权的归属，二是数据产权的规范模式。在数据产权的归属上，有人认为数据是公共产品，应属于不特定多数人，也有人认为应根据对数据进行处理的劳动投入进行赋权，还有人认为数据仅有持有权。在数据产权的规范模式上，合同规范、物权规范、知识产权规范、反不正当竞争规范均有学者主张。可见，数据的权属问题在我国远未达成共识。"数据二十条"的出台也增加了权属问题的研讨难度：第一，公共数据、企业数据、个人数据的分类对权属制度无疑产生了影响，这意味着可能要对不同类型的数据作不同的权属制度安排；第二，对数据资源持有权、数据加工使用权、数据产品经营权分置的产权配置方案亦有影响，这意味着要针对不同数据形态作不同的权属制度安排。随着探讨的深入，数据权属制度并没有越来越清晰，反而因为复杂的数据要素流通模式，制度设计的颗粒度要求越来越细而更加模糊了。

在探讨越发深入与激烈的当下，有必要保持共识。首先，数据确权本身不是目的，而是促进数据要素的流动与开发，发挥其赋能效应的手段。对于部分数据权属配置方案，还是要从结果看待其合理性。例如，数据资源持有权、数据加工使用权、数据产品经营权的结构性分置方案，一方面将数据资源、数据和数据产品与三权进行僵化的一一对应显然不合理，就数据产品而言，其不仅可以被使用，还可以被持有、再加工；另一方面，就市场交易而言，除了持有权、使用权、经营权外，至少还应有收益权，这说明三权的配置也并不周全。其次，务必把握数据的特性和数据要素流通的规律，不能完全照搬套用传统产权制度，如避免数据所有权的设置。最后，为保障数据权属制度的针对性，应结合数据种类和数据流通应用场景具体讨论，避免"一揽子赋权"。

总结而言，数字经济的发展已经对数据权属相关制度提出了新的要求，法律有必要作出适时回应，在数据权属制度安排过程中注意数据的本质特性，兼顾数据不同利益主体的正当利益，最大限度地发挥数据价值，构建公平、正义又有效益的数据权属制度。

（二）中端：数据可信流通相关制度

"数据二十条"明确提出要建立数据可信流通体系，增强数据的可用、可信、可流通、可追溯水平。从域内外客观数据流通实践来看，着力建设数据流通基础设施、推动数据流通标准化、引进数据第三方登记制度是营造可信数据流通环境的重要举措。

关于数据基础设施制度。在国家发展改革委办公厅联合国家数据局综合司发布的《数字经济2024年工作要点》中，明确指出要全面发展数据基础设施。在我国，数据基础设施并没有被明确定义，大体是指能让数据供得出、流得动、用得好、保安全的关键载体，如数据空间、公共数据授权运营域、高速数据网、数据交易所等。以数据空间为例，2016年欧盟率先提出建立国际数据空间，其本质上是一个以用户为中心，促进数据供需双方连接的低成本、低门槛的数据生态系统和市场，其中包含应用商店服务、结算服务、认证服务、数据交易监管服务等。截至目前，国际数据空间协会成员已有130多个，主要以欧洲企业为主，最新生效的《数据法案》中也明确将欧盟共同数据空间纳入规范范畴。相比之下，我国目前主要是致力于兴建集约高效的数据交易场所，全国已有超过10个省（自治区、直辖市）的数据地方性立法文件中明确强调要鼓励引导设立数据交易平台或服务机构，北京国际大数据交易所、上海数据交易所已正式上线运营，深圳数据交易所、广州数据交易所等也已成立。当然，我国可信数据空间已经处于筹备之中，未来可期。随着数据基础设施的不断发展，在制度层面仍应坚持鼓励并引导其发展的基本原则，但势必要进一步细化落实包括数据空间、数据交易所在内的具体数据流通规则，典型如数据交易第三方服务规则、数据基础设施运营者的权责体系等。

关于数据要素流通标准化制度。第七届数字中国建设峰会上，《数据要素流通标准化白皮书（2024版）》正式对外发布。相较于2022年版，这一版白皮书更为精细化、更具针对性，其中提及了诸多与数据要素流通相关的重点环节和领域的标准化工作现状与工作重点方向，包括数据估值定价标准、数据产品标准、数据流通技术标准等。值得肯定的是，数据标准化制度对于规范、引导数据要素有序高效流通具有重要影响，可以节约因标准不统一而引起的技术成本和制度成本。但值得警惕的是，目前数据标准化研究存在"多头多线并进"的现象，即多家科研院所、事业单位在各自独立地推进数据标准化工作，各类白皮书层出不穷，反而会引发标准重叠和冲突的问题。这预示着数据标准管理制度的重要性，以促进数据标准科研单位的研究合作为目的，加快推动全国统一性数据标准的制度出台，真正打通数据底层的互通性。

关于数据登记制度。"数据二十条"强调要建立健全数据要素登记及披露机制。数据登记制度属于产权公示机制，通过登记行为披露交易信息，并以登记机构的社会公信力为背书，进而降低数据要素流通信息识别成本、强化数据要素供给者对流通中数据的控制能力、增强交易信心，最终实现提升数据要素流通效率的目的。但从全国各地区的数据登记实践来看，绝大多数情况下的数据登记工作起到的是类似于"产品目录"的信息展示和宣传功能，并未实现对数据交易活动的存证功能。这一方面是因为数据登记行为未被上位立法确认，数据登记机构颁发的登记凭证缺乏公示力和权威性，这直接造成数据登记凭证只具有宣示效果，并不能对数据要素流通中的权益保护产生实质作用；另一方面是由于缺乏全国统一的数据登记机构，各省（自治区、直辖市）分别建立本地区的数据登记机构，反而造成了重复登记、登记效力范围受限等诸多问题，可见在我国有效的数据登记制度尚未形成。对此理应进一步凝聚共识，推动制度成形。首先，要明确数据登记制度不是为了创设权利，而是为了证明和保护权利，数据权属问题不能依靠数据登记制度加以解决，不应本末倒置；其次，要推动建构全国性的数据登记制度规则，就包括进行统一的数据登记机构设置，明确数据登记的对象，建立一体化数据登记审查流程机制等。

（三）后端：数据收益分配相关制度

获得收益是数据要素流通的重要激励。"数据二十条"明确强调要建立体现效率、促进公平的数据要素收益分配制度，按照谁投入、谁贡献、谁受益的原则，探索以市场化评价机制，实现个人、企业、公共数据价值收益共享，同时发挥政府在数据要素收益分配中的引导调节作用，探索建立公共数据资源开放收益合理分享机制。从"数据二十条"的内容上看，一方面要构建以"市场为主导，政府做引导"的数据要素收益分配模式，另一方面应基于不同类型数据的特征构建具体的数据收益分配制度。

理论上，数据要素收益分配制度仍然处于争议之中，其核心问题有三：一是数据要素收益"因何分配"，二是数据要素收益"向谁分配"，三是数据要素收益"如何分配"。目前较为普遍的观点认为，"劳动价值论"是数据要素收益初次分配的理论基础。围绕着该理论，数据要素收益分配的对象自然而然地指向了所有为数据要素流通付出过实质劳动的"人"。付出劳动多少的判断标准则应交给市场，通过市场测算数据要素流通所产生的实际价值，即市场评价贡献、按贡献决定报酬的初次分配机制。至于收益分配的实现方式则较为多元，包括数据产品定价交易、数据入股分红、劳动报酬支付等。

实践中，数据要素收益分配规则的探索主要聚焦于公共数据领域，数据财政的问题广受关注。以公共数据授权运营为例，包括安顺市、长沙市、长春市、杭州市、温州市在内的多个城市相继开展地方数据立法，强调公共数据有条件有偿使用，政府向社会提供有偿数据服务、产品或者数据授权运营所得收入应反哺财政预算收入。不得不说的是，作出如此制度安排的合理性应被深入探讨和论证。在数据化时代，公共数据往往是承载着重要信息的高质量数据，对于赋能数字社会发展具有关键性的作用；公共数据无疑具有公共产品属性，消耗大量公共资金取得的数据还要向社会索取高额的数据使用费用显然并不合理，以数据"变现"增加财政收入亦不符合服务型政府的基本定位。为此，理应在确保国家数据安全、个人信息安全和企业秘密安全的前提下，加大公共数据开放的广度和深度，放"数"养企，坚持技术上便利企业、价格上让利企业。

四、数据要素流通安全保障型制度

想要实现数据要素更大范围、更高质量、更加稳定地流通，在关注数据效率的同时还应该关注数据安全。数据安全法第1条便开宗明义，明确了"保障数据安全，促进数据开发利用"的规范目标；2022年中宣部和中央国安办组织编写的《总体国家安全观学习纲要》中又特别增列了人工智能和数据安全，数据安全之于数据流通发展的重要意义不言而喻。数据要素流通安全相关制度的研究与建构应立足于我国数据安全立法的总体性框架，结合数据要素具体流通场景具体展开。数据安全法规定，数据安全要求数据处于并持续处于被有效保护和合法利用的状态。数据要素流通中的持续安全，不仅要确保作为信息资源的数据本身始终处于合法合规流通利用的状态，还要确保作为信息载体的数据的安全。

（一）作为信息资源的数据安全相关制度

数据本身具有信息属性，保护负载于数据之上的信息安全就是在保护数据安全。数据安全法中引入了数据分级分类保护制度、国家数据安全风险机制、国家数据安全应急处置机制、国家数据安全审查制度、数据出口管制制度等基础性数据安全制度，以上制度的核心目标本质上还是围绕着负载于数据之上的信息展开的。以数据分级分类保护制度为例，基于数据可能对国家安全和社会公共利益所产生的风险影响，区分为一般数据、重要数据和核心数据三级，而风险的判断与数据本身所负载的信息有关。例如，我国军事活动数据、人口流动数据、商业热力数据、工信数据等在研判时通常会被认定为重要数据或核心数据，这些数据一旦发生泄露，负载于数据之上的信息被读取分析和非法利用，就会严重威胁我国政治安全、经济安全，因此要对这些数据采取更为严格的安全管理和实施更加严密的安全监控。

而个人信息、商业秘密在我国则被予以特殊保护。数据安全法第53条第2款明确规定，开展涉及个人信息的数据处理活动，还应当遵守有关法律的规定，可见个人信息保护法在某种程度上属于特别法。个人信息保护法通过细化个人信息处理规则、强化个人在个人信息处理活动中的权利、明确个人信息处理者的义务、落实个人信息保护有权机关的职责等为个人信息提供了较为完善且充分的保护。值得注意的是，民法典中同样有关于个人信息保护的相关规定，如民法典第111条明确规定，自然人的个人信息受法律保护，不得被非法买卖、提供和公开，应确保信息安全。至于商业秘密则可以通过反不正当竞争法中的相关规则加以保护。

总的来说，我国虽然信息资源的数据安全保护规则体系较为完善且多元，但随之而来的问题是要解决不同部门法规之间如何才能有效衔接、共同发力。例如，民法典认为私密信息属于隐私，应予以隐私权保护；而私密信息也可能属于个人信息保护法中的敏感信息而适用敏感个人信息相关处理规则，此时法律不同路径如何被更有效地选择和适用是一个值得深入研究的问题，强化不同部门法规范之间协同配合的重要性可见一斑。

（二）作为信息载体的数据安全相关制度

数据作为信息的载体还具有物理属性，对于数据载体的破坏同样会引发数据安全问题，如恶意软件、木马病毒等可能会从网络端渗透，进入数据存储系统后进行大规模的破坏，直接造成数据毁坏、数据泄露等问题。事实上，相较于数据的信息安全，数据的物理安全是更早被关注到的。国家安全法第25条载明，实现网络和信息核心技术、关键基础设施和重要领域信息系统及数据的安全可控。随后，网络安全法出台，对我国网络空间安全进行了明确的规范，在多层次网络安全管理概念的基础上，基本确立了一个广泛而刚性的国家管制架构，其中对关键信息基础设施的运行安全也作出了明确的规定。不可否认，网络安全法已经成为数据安全基础制度的重要支柱。但随着社会发展，数据的物理安全无法仅停留于网络安全层面，而应包括所有与数据要素流通相关的数据设施安全，如算力设施安全（超算中心、通用算力、云算平台等）、数据流通设施安全（数据空间、高速数据网、数据交易所等）。目前，有关政策性文件更多的将目光聚焦于如何利用数据基础设施促进数据高效安全流通，却忽视了作为数据存储、处理、传输和交换空间的数据设施本身的安全，对此还应予以充分关注与重视。

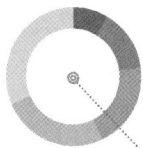

数据要素化背景下数据安全的内涵与路径

陆志鹏 *

摘要： 近年来，数据开发利用成为各国竞争的焦点，同时，以人工智能为典型代表的新一代信息技术取得关键性突破，也为数据安全保障带来了新的变量。本文研究了数据要素化背景下数据安全的内涵与目标，对数据要素化过程中面临的风险进行识别，在此基础上提出了基于数据元件的数据安全与数据要素化工程方案，并构建数据要素化安全模型，以期为数据要素化工作开展提供借鉴。

关键词： 数据要素化；数据安全；数据安全风险识别；数据要素化安全模型

党中央高度重视数据安全，数据安全是新时代国家安全的重要组成部分。根据国家安全部披露，近年来我国发生了不少数据安全事件。2020年，我国某航空公司信息系统遭到境外网络攻击，部分乘客出行记录等数据被窃取；2021年，某境外咨询调查公司与境内数十名人员建立"合作"，广泛收集我航运基础数据、特定船只载物信息；2022年，媒体公开报道了我国首例涉高铁运行数据的危害国家安全案件。我国是网络大国，也是网络攻击的主要受害国家，数据安全事件频发，不仅侵害个人隐私、商业秘密，更对国家重要数据安全带来了严重危害。维护数据安全就是维护国家安全，

---

* 陆志鹏，中国电子信息产业集团原党组成员、副总经理，CCF 数据治理发展委员会主任。

捍卫数据主权就是捍卫国家主权，保护数据安全就是在守护美好未来。

一、数据要素化安全的内涵与目标

（一）数据要素化安全的内涵

数据安全是指通过采取必要措施，确保数据处于有效保护和合法利用的状态，以及具备保障持续安全状态的能力。数据的存储载体是信息系统，因此信息安全是数据安全的重要组成部分。传统的信息安全是指保持信息的保密性、完整性和可用性。除此之外，还涉及其他属性，如真实性、可核查性、抗抵赖性、可靠性等。同时，数据本身具有隐私性、敏感性等特征，一旦泄露、滥用或篡改，对国家、社会和个人将造成严重影响。因此，数据的隐私安全与信息安全同样重要。

要保障安全，需要先识别安全风险并对风险进行防护和管理。风险是指不确定性对目标的影响，其中影响是指与预期的偏差，可以是积极的也可以是消极的。目标可以有不同的方面和类别，并可以应用于不同的层次。不确定性是指对某一事件的后果或可能性缺乏或部分缺乏相关信息、理解或知识的状态。风险通常以风险源、潜在事件、后果和可能性来表示。数据安全风险可以表示为不确定性对数据安全目标的影响，通常指负面影响，与数据资产的威胁利用或漏洞对组织造成损害的可能性有关。

安全风险管理围绕着安全的基本属性（以下简称安全属性，如保密性、完整性、可用性、隐私性）和安全风险的基本要素（以下简称风险要素）展开。首先，从每个安全属性的角度对各个风险要素及其相互关系进行识别、分析和评价，得出反映风险重要程度的风险等级，即风险评估。然后，对照事先确定的风险接受准则，判断风险是否可接受。对于不可接受的风险，针对各个风险要素分别采取相应的控制措施，包括针对资产的保护和备份措施、针对威胁主体的威慑和打击措施、针对威胁行为的防范和抵御措施、针对脆弱性的加固和补丁措施、针对影响的抑制和弥补措施，改进和完善现有的控制措施，即风险处置，包括风险规避、风险修正、风险保留、风险分担。

在数据安全和数据安全风险管理的基础上，定义数据要素化安全为：通过采取必要措施，确保数据要素化过程中各种形态的数据及相关处理活动处于有效保护和合法利用的状态，以及具备保障持续安全状态的能力。各种形态的数据安全指相应数据涉及的信息安全和隐私安全。相关处理活动包括数据输入输出、存储、加工、流通等过程，相关处理活动的安全是指控制处理过程中数据篡改、数据滥用、数据泄露等风险，确保转化处理过程的可信赖。为保障持续提供安全状态，需加强基础设施的安全管控，包含安全网络设施、安全计算设备和安全计算环境。

数据要素化涉及各参与方，各业务功能、数据的处理活动流程，信息系统及支撑环境等，数据要素化安全涉及上述各个层面，参考架构如图1所示。

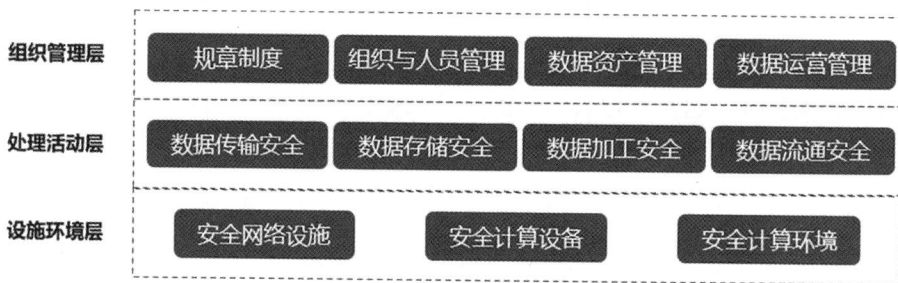

组织管理层	规章制度	组织与人员管理	数据资产管理	数据运营管理
处理活动层	数据传输安全	数据存储安全	数据加工安全	数据流通安全
设施环境层	安全网络设施	安全计算设备	安全计算环境

图1 数据要素化安全参考架构

组织管理层，包括在数据要素化治理过程中建立的规章制度、组织与人员管理、数据资产管理和数据运营管理；处理活动层，包括数据要素化治理过程中的数据传输安全、数据存储安全、数据加工安全和数据流通安全；设施环境层，包括支撑数据要素化业务的安全网络设施、安全计算设备和安全计算环境。数据要素化安全并不局限于其中的某一层，而是和每层都有关系，需要体系化地展开安全工作，将风险控制在可接受的水平。

（二）数据要素化安全的目标

与网络安全、信息安全相比，数据要素化安全涉及全主体、全周期，以各种形态的数据为管控对象，关注数据全生命周期安全管理，其技术特征为"隐私"，主要安全策略侧重于"隐藏"。数据要素化安全需要解决数据安全和数据流通之间的矛盾，实现数据要素安全流通。通过对数据要素化全过程的安全风险识别、分析和处置，将风险控制在可接受范围内。以下是实现数据要素化安全的一些关键安全目标。

信息安全。确保数据要素在传输、存储、加工和流通过程中的保密性、完整性和可用性，防止未经授权的访问、篡改或破坏。

隐私安全。保护数据要素中涉及的国家重要数据和个人隐私信息，遵循相关法律法规，实施数据脱敏、加密等技术手段管控，确保国家重要数据安全和个人隐私不被侵犯。

可信赖的处理活动。确保数据要素化的处理过程具有可信赖性，包括数据传输、存储、加工、流通等环节，确保数据处理的正确性和可靠性。

设施环境安全。确保数据要素化治理全流程的网络设施、计算设备和计算环境的安全。

从全流程安全合规管理的层面来讲，数据要素化安全主要包括数据要素化治理过程的合规性和风险管理。

合规性。遵循国家和地区的法律法规以及行业标准和最佳实践，确保数据要素化过程符合相关规定。

风险管理。通过对数据要素化全过程的风险识别、分析和处置，将风险控制在可接受范围内，提高数据要素化过程的安全性和可靠性。

实现这些安全目标可以帮助确保数据要素化过程中各种形态数据的信息安全、隐私安全、处理过程的可信赖，从而平衡数据安全和数据流通之间的矛盾，实现数据要素的安全处理和安全流通。

二、数据要素化安全风险识别

针对数据要素化过程中面临的风险，可从组织管理层、处理活动层、设施环境层进行识别。

组织管理安全风险。首先，数据在众多不同利益主体之间进行规模化流转，这些主体有各自不同甚至彼此冲突的利益诉求，共享、交换、流通过程中的权责边界模糊，缺乏明确的安全管理规章制度，彼此之间也缺少足够的信任和管理上的制衡与约束，容易引发敏感信息泄露等安全风险。其次，人为因素是组织管理安全风险中最难预防和控制的一环。内部人员可能无意中泄露数据，或者受到外部攻击者的引导，实施内部攻击。因此，制定严格的组织管理制度，加强组织和人员安全意识培训，实行数据分类分级管理和数据安全运营管理至关重要。

处理活动安全风险。数据具有部分非排他性、复制成本低的特点，导致未授权使用、数据泄露等违法违规行为难以察觉，以及数据要素化治理过程中的数据传输风险、数据存储风险、数据加工风险和数据流通风险。

设施环境安全风险。底层网络设施和计算设备等依然存在"卡脖子"现象，尚未实现完全自主可控，可能影响信息系统的持续稳定运行及非法入侵。安全计算环境依赖数据中心的物理安全、供电设施的稳定性、通信线路的可靠性等。信息系统可能会受到各种网络攻击，如病毒、蠕虫、僵尸网络等，这些攻击可能导致数据泄露、系统损坏或者业务中断。

三、基于数据元件的数据安全与数据要素化工程方案

一是定义数据元件，以"中间态"形式实现原始数据和数据应用"解耦"，解决数据安全和数据要素市场化配置的关键问题。数据元件是通过对

数据脱敏处理后，根据需要由若干相关字段形成的数据集或由数据的关联字段通过建模形成的数据特征。在确权方面，将数据相关权利在数据资源、数据元件、数据产品的三个阶段分别进行确权，能够降低确权复杂度；在流通方面，以数据元件作为数据交易标的物，能够实现数据要素的安全流通与高效配置；在定价方面，数据元件使数据价值评估有了计量单元，在三个阶段可分别采用成本法、收益法和市场法进行定价；在安全方面，数据元件可以有效去除危害国家安全和个人隐私的信息，显著降低信息泄露风险。

二是研发数据金库，构建数据金库网和数据要素网，解决数据安全和数据要素市场化配置的基础问题。数据金库由政府主导建设、由主管部门监管，存储管理核心数据、重要数据和敏感数据，以及经过治理形成的数据元件，与互联网物理隔离。数据金库能够有效破解数据源分散、安全保障不足等问题，能够有效阻隔由内向外的关键数据外流风险，以及由外向内的数据窃取和滥用风险。通过数据金库网实现数据金库之间的数据共享和数据交换，通过数据单向网闸、数据摆渡的方式到数据要素网，实现数据元件的安全流通。

三是以"制度 + 市场 + 技术"三位一体的工程架构，形成城市数据要素市场化配置综合改革的优选方案。数据工程总体方案综合技术和市场路径优势，充分结合制度的引领和保障作用，将三者作为有机整体，进行三位一体的体系化探索和系统性创新。在制度体系方面，构建政府侧系统治理、有效监管，市场侧专业分工、高效配置的组织体系，编制"1+4+N"的管理制度体系，即统领性的数据要素市场化配置改革行动计划，面向组织、设施、数据和市场四个领域的专项制度设计，以及根据工作推进实际需要出台相关配套文件。在技术体系方面，构建数据要素存储、加工、流通应用、安全防护等全栈技术体系，涵盖数据要素（元件）加工中心、数据金库、数据金库网、数据要素网等核心技术和产品。在市场体系方面，打造数据资源、数据元件、数据产品三类市场，以城市数据创新中心为载体培育社会治理、经济发展、民生服务、科技创新等应用生态，以场景域拉动数据元件的创新应用和数据产业的快速集聚。

四、基于数据元件的数据要素化安全模型

基于数据元件的工程方案核心思想在于数据资源和应用的解耦及风险隔离。通过将数据资源加工成数据元件这一数据初级产品，隔离了原始数据与业务应用，面向原始数据通过脱敏和特征提取屏蔽了数据安全风险，面向业务应用又提供了高密度的信息价值。

（一）数据要素化安全总体模型

如图2所示，数据元件作为从数据资源到数据产品加工过程的"中间态"，遵循"数据可用不可见，数据不动程序动"的安全开发利用原则，不仅改变了数据的形态，实现了数据的标准化和规范化封装，还完成了对原始数据中敏感信息的过滤和特征的提取，使数据在应用过程中不直接流向应用端，隔离了数据泄露的风险；同时，数据应用端在数据使用过程中不直接接触数据，隔离了数据被滥用和篡改的风险。

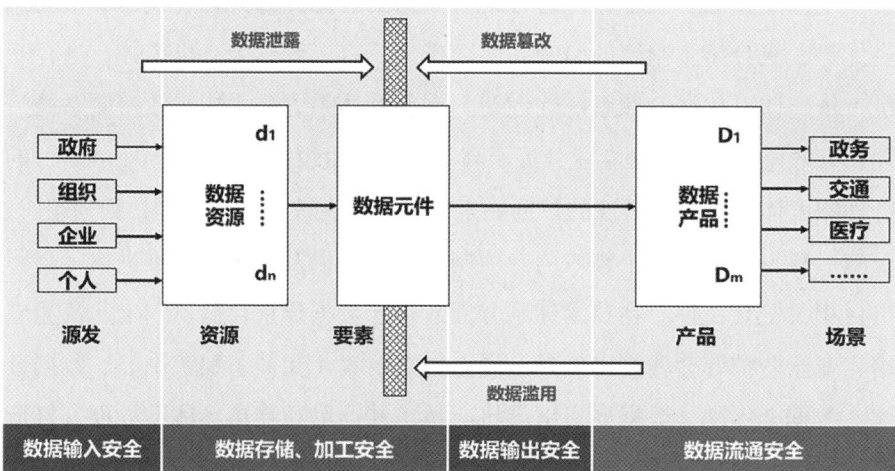

图2 数据要素化安全总体模型

数据元件在加工使用过程中还需要对信息过滤、场景分离、风险隔离等方面进行综合考虑，以保障其在风险防控方面的防篡改、防滥用、防泄露优势。

信息过滤。数据要素市场化的过程推动数据在众多不同利益主体之间进行规模化的流转，加剧了安全风险。数据元件可实现数据风险的双向隔离，降低数据泄露、数据滥用、数据篡改等风险。在进行数据元件的封装过程中，也需要妥善考虑数据安全和隐私保护等问题，通过筛选、组合、变换等手段，对涉及安全和隐私的数据进行过滤和脱敏。

场景分离。数据对象的应用与其场景密不可分，不同场景往往侧重于关注相同数据对象的不同属性和状态。同时，不同场景中相同数据对象的属性和状态也可能来源于不同的治理主体或利益主体。正是因为数据来源和应用方式随场景而改变，为便于后续的析权和应用，对于比较复杂的数据对象，可考虑按照场景域对数据的属性和状态数据进行抽象，封装进不同的数据元件之中。但在封装过程中需注意，必须确保不同元件中相同的数据对象具有相同的编码和标识，以免在元件组合应用时发生冲突。

风险隔离。对于复杂的数据对象，其众多的属性和状态数据敏感程度并不相同，泄露可能引发的风险也存在巨大差异。因此，将这些不同风险水平的数据封装进同一个数据元件并不合理，也违背了数据分类分级管理的基本原理。在此基础上，需考虑对同一对象不同风险等级的属性和状态数据进行脱敏、抽象，进而封装进不同数据元件之中，有效隔离了数据与应用之间的数据篡改、滥用和泄露风险。类似于场景分离，风险隔离时也必须确保不同元件中相同的数据对象具有相同的编码和标识。

（二）数据安全输入输出模型

如图3所示，在数据传输过程中应确保数据的完整性、保密性，防止数据被篡改和窃取，采用加密措施保证通信链路数据传输过程的安全性及传输数据的安全性。数据元件按需生产，通过单向光闸把数据元件动态摆渡到数据元件交易平台，实现"数据元件可控可计量、可信可溯源"。数据金库采用单向物理传输技术，数据经过深度净化处理后通过单向传输进入数据金库中实现归集存储，再以数据元件结果单向动态摆渡至数据元件缓冲区，通过数据要素网实现流通交易。

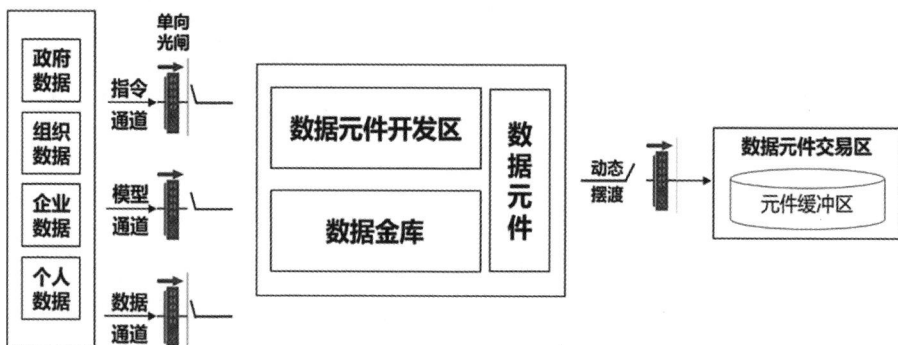

图3 数据安全输入输出模型

在输入机制方面，政府数据、组织数据、企业数据和个人数据，通过数据金库三个单向的传输通道进入数据金库进行归集存储。在输出机制方面，数据元件通过单向传输动态摆渡到数据金库外部的数据元件缓冲区，实现了数据金库"单向数据进、单向元件出"的安全管控和数据要素流通的市场化配置。

数据元件交易区位于互联网侧，提供数据元件的规模化流通和交易机制，属于数据金库的外部区域，数据元件通过市场反馈机制实施按需交易，通过单向传输动态摆渡到数据金库外部的数据元件缓冲区，数据元件在完成实际交付之后，从数据元件缓冲区实施物理销毁。

数据安全传输模型包括以下六个方面。

数据传输加密。在数据传输过程中，对数据进行加密是确保数据安全的关键手段之一。通过使用加密算法，可以防止数据在传输过程中被截获和解密。

安全传输协议。使用安全的传输协议，如 SSL/TLS、SSH 等，可以在数据传输过程中提供端到端的安全保障。这些协议可以确保数据的保密性、完整性和可靠性。

身份认证和授权。确保只有经过身份验证和授权的用户才能访问和传输数据。这可以通过使用用户名和密码、数字证书、双因素认证等方式实现。

访问控制。对数据传输的访问进行严格的权限管理，限制谁可以访问哪些数据，以及如何访问。访问控制策略可以包括基于角色的访问控制（RBAC）、基于属性的访问控制（ABAC）等。

审计和监控。对数据传输进行审计和监控，以检测和记录潜在的安全事件和异常行为。审计和监控可以帮助追踪数据的传输情况，及时发现并应对安全威胁。

网络安全。保护网络设备和基础设施，防止网络攻击，如分布式拒绝服务（DDoS）攻击、中间人攻击（MITM）等，从而确保数据传输的安全性。

（三）数据安全存储模型

如图4所示，秉承"数据可用不可见，数据不动程序动"的安全理念，基于隐私计算沙箱，既无须事先对数据脱敏以防丧失挖掘价值，也无须把原始数据发送给数据使用方以防失控。通过该创新技术，确保数据所有权和使用权分离，帮助合法合规安全地对外开放数据。

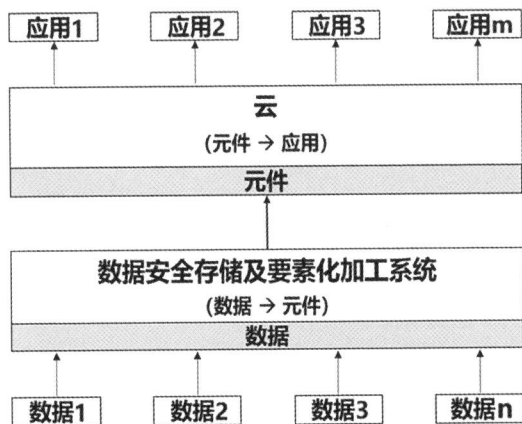

图4　基于数据元件的存用分离模型

基于调试环境与运行环境分离的技术架构，数据分析师在调试环境基于少量脱敏后的样本数据编写和调试数据分析程序，再将程序发送到运行环境执行全量数据进行充分的分析和挖掘，最后带走不含敏感数据的分析模型文件和分析结果，从而实现"数据可用不可见，数据不动程序动"。同时，支持对数据访问权限严格控制，支持对所有数据操作留痕审计，支持行为风险分析和识别，具备数据访问申请与授权体系和输出结果申报与审核机制，保证数据在访问、操作、存储、交互、删除等整个生命周期的安全可控。

为支撑数据要素化过程，解决目前关键数据过于分散、安全保障不足等难题，需建设形成由政府主导的数据要素运行的安全底座，即数据金库，存储影响国家及区域安全发展的核心数据、影响个人隐私及国家长期发展战略的重要数据，以及对数据进行治理形成的数据元件。数据金库同步建立配套的安全技术、法律制度、监管体系三位一体的保障体系，确保为数据要素提供强有力的安全支撑。

数据安全存储模型具体包括以下六个方面。

一是数据存储加密。对存储的数据进行加密是确保数据安全的关键手段之一。加密技术可以防止未经授权的用户访问数据。加密可以应用于数据的不同层次，如磁盘加密、文件系统加密和数据库加密等。

二是访问控制。对数据的访问进行严格的权限管理，限制谁可以访问哪些数据，以及如何访问。访问控制策略可以包括基于角色的访问控制、基于属性的访问控制等。

三是身份认证和授权。确保只有经过身份验证和授权的用户才能访问和使用数据，可以借助用户名和密码、数字证书、双因素认证等方式实现。

四是审计和监控。对数据存储和访问进行审计和监控，以检测和记录潜在的安全事件和异常行为。审计和监控可以帮助追踪数据的使用情况，及时发现并应对安全威胁。

五是数据备份和恢复。确保定期对数据进行备份，以防数据丢失或损坏。同时，需要制定有效的数据恢复策略，以便在发生意外情况时能够快速恢复数据。

六是安全标准和合规。遵循国家的数据安全标准和法规，以确保数据存储的安全性和合规性。

（四）数据安全加工模型

如图5所示，通过对数据资源、数据元件进行分类分级夯实数据安全合规的基础，对数据要素化过程的各个环节关键信息进行记录，使安全审计有据可依，对数据生命周期的各个环节应用不同的管控技术，实现数据要素生命周期的全流程管控。

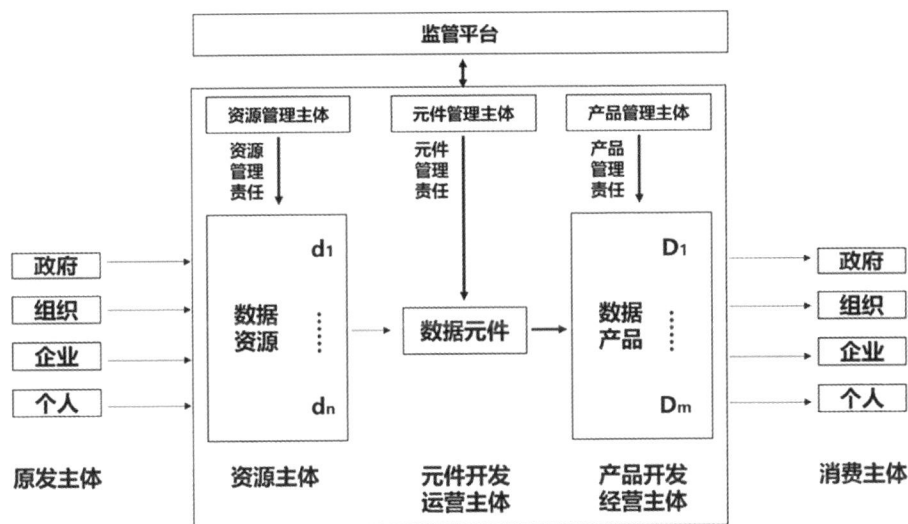

图5　数据安全加工模型

数据元件加工过程是对数据资源进行操作、加工、分析的过程，此环节面临较大的安全风险如数据非授权访问、窃取、泄露、篡改等。因此，应对数据进行安全治理并实现数据分类分级。对内部人员特权账号、特权权限、特权行为等进行严格安全管控和审计。数据元件的开发环境与生产环境物理隔离，数据元件开发商专柜专仓，平台对数据元件开发商的数据资源访问权限、操作进行严格安全管控和审计。采用数据样本脱敏、数据加密等技术确保数据开发利用过程中的安全性。采用数据防泄露技术防止数据泄露，采用数字水印技术为数据资产提供具有隐蔽性、安全性、鲁棒性、可证明性的水印，实现数据资产的版权保护和溯源追踪。

围绕技术环境、管理制度、流程审计三方面的措施，对数据资源、数据元件、数据产品进行安全管控。

在技术环境方面，依据不同的业务场景和安全程度选择区块链、沙箱环境、多方安全计算、联邦学习等安全技术，增强对数据资源、数据元件、数据产品的管控。数据处理采用数据资源和数据元件两种自动化分类分级技术、安全隐私计算技术、等保三级及以上标准、国产化数据安全产品及同等级双机房灾备设计，实现数据归集、数据清洗处理、数据资源管理、数据元件开发、数据元件流通全覆盖，细粒度、高可靠的过程安全。通过安全大数据支撑匹配三级两网的多级安全态势感知与安全运营平台，实现对安全事件的分层处置、协同响应，对整体事态进行研判处置，并持续优化安全策略，保障数据金库系统的持续、安全运行。

在管理制度方面，围绕数据和数据治理主体、设施、市场等方面，制定各项管理制度。每项管理制度均从不同维度并根据不同安全需求制定相应的安全管理措施，构建形成全方位、多层次的安全管理制度体系。配合整体制度法规体系，从组织架构建设、安全管理制度、安全监管制度三个方面建立全方位的数据安全制度和组织体系。结合具备强本质安全特征的数据安全防护体系，开展数据安全治理，完善数据资源和数据元件的分类分级、重要数据识别、数据合规监管等管理制度，形成管理、技术、运行的有效闭环。

在流程审计方面，构建数据"黑匣子"，用技术或人工的方式，围绕数据要素化治理的全流程，针对数据来源、数据流向、数据开发、元件开发、元件交易、产品开发、产品交易等方面的规范，进行定时和不定期的审查。通过对数据字段数量及其组合关系进行安全审查，消除数据元件交易中的隐私与安全风险，从而为高效流转提供市场和安全保障。

（五）数据安全流通模型

如图6所示，数据元件在使用过程中经过标准化和规范化封装，采用数字技术对数据元件进行标识，符合安全合规标准后便可进入数据要素网流通。数据元件在交付过程中，提供数据元件寻址技术和数据溯源技术，实现在数据要素网中对数据元件定位寻址和数据元件追溯等能力。安全流通模型保障了数据元件以安全的形态在数据要素网中流通，同时能够通过数据要素网协议和数据元件标识对数据元件寻址，采用智能合约技术和数字水印技术等对数据元件进行追溯和过程解析。

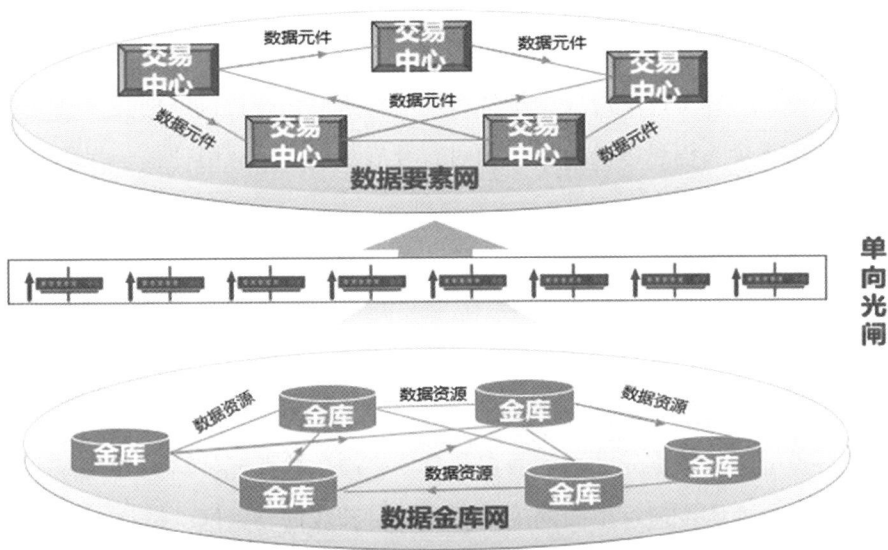

图6　数据安全流通模型

通过打造一张统一的、标准化的数据要素网，从而实现不同地域、不同平台异构数据元件库互联互通，实现跨异构数据库的连接。基于数据元件的标准、数据要素网协议、数据元件的核心元数据对数据元件进行标准化和规范化封装，构建数据元件的数字对象标识解析体系，通过数据元件的数字对象标识解析技术，为数据元件提供全网唯一的数字对象标识生成，设计构建数据要素流通协议，为全网数据元件流通提供统一的标准化协议，各节点基于流通协议接入数据要素网，对数据元件的数字对象标识进行解析，实现数据要素跨域互联和可信追溯。

数据要素网集成了多方面的先进技术。首先，基于区块链共识机制设计智能合约体系，可智能化生成数据元件的交易合约，为交易过程提供信用保障，有效提高数据要素流通交易效率。其次，构建基于数据元件的智能搜索引擎，为全网数据元件提供智能搜索功能的核心技术，便于数据元件的检索。最后，对于重要数据元件采用安全专用网络传输通信和国产加密算法加密传输，使用数据签名技术保证数据的完整性。数据元件进入数据要素网流通交易，原始数据不出数据金库网，确保原始数据安全可控。

安全监管层面，通过对数据要素化处理活动全流程留痕和安全审计，及时审查和发现存在的风险和安全问题，制定相关安全事件的应急处置机制和管理办法，迅速响应安全事件，同时为事后调查提供证据支撑。重要数据和敏感个人信息涉及跨境场景时，开展数据跨境风险评估，保障数据跨境安全合规。

通过以上技术体系的支撑和保障，数据要素流通整个流程才能安全高效运转。在数据元件流通过程中，数据应用开发商可通过元件标识在数据要素网进行全网搜索，利用数据标识解析系统、外网流通协议和数据元件搜索引擎，可实现数据元件的快速精确检索，并解析到元件名称、元件类型、分类分级等数据元件的元数据信息。生产的数据元件结果按照智能合约和内网流通协议通过单向网闸的方式交付到数据要素网，最终到达数据应用开发商手中，完成整个数据元件流通流程。

五、启示与展望

数据安全与数据要素化工程已在德阳、大理、郑州、徐州、温州等地试点推进并取得初步成效，综合试点情况，有四方面启示：组织制度体系是基础，需要建立健全权威高效、权责明晰的组织体系与制度规则，确保工程建设的顺利推进；技术创新是核心，需要通过创新技术理念和设计，打破数据安全和数据流通的矛盾困境；市场分类是重点，形成数据资源市场、数据要素市场、数据产品市场，分类管控和精准施策；工程路径是关键，制度、技术和市场三位一体的科学化工程路径，决定了数据安全与数据要素化工程建设有效落地。在数据安全方面，数据安全与数据要素化工程能够有效解决数据流通和数据安全无法兼顾的困境，有力推动经济社会高质量发展，打造数据安全"国之重器"，确保数据安全命脉牢牢掌握在自己手里。

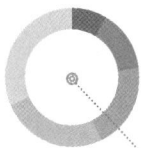

数据要素的收益分配与发展探讨

赵公正 *

摘要： 本文探讨了数据要素收益分配体系及其发展的相关问题，系统梳理了数据要素收益分配体系建设的路径及其重要意义。文章首先分析了数据要素作为新型生产要素在社会主义市场经济体制中的核心作用，指出健全数据要素收益分配机制对促进数据市场化、优化资源配置、推动经济高质量发展至关重要。基于此，本文构建了数据要素收益的三级分配体系：初次分配由市场主导，强调数据权属的明确和市场化价格形成；再分配则通过政府调节，注重公平性和社会保障；三次分配主要体现为基于道德自愿的社会捐赠。文章特别指出，数据要素收益分配的关键在于构建数据权利登记制度和数据价格形成机制，通过明确数据权属和市场化价格机制来保障各类市场主体的合法收益。

关键词： 数据要素；收益分配；市场化机制

2019年10月，党的十九届四中全会审议通过《中共中央关于坚持和完善中国特色社会主义制度 推进国家治理体系和治理能力现代化若干重大问题的决定》，提出健全劳动、资本、土地、知识、技术、管理、数据等生产要素由市场评价贡献、按贡献决定报酬的机制。2024年7月，党的二十届三中全会审议通过《中共中央关于进一步全面深化改革 推进中国式现代

---

* 赵公正，国家发展改革委价格监测中心综合业务处处长。

化的决定》，提出完善要素市场制度和规则，推动生产要素畅通流动、各类资源高效配置、市场潜力充分释放，再次强调健全劳动、资本、土地、知识、技术、管理、数据等生产要素由市场评价贡献、按贡献决定报酬的机制。此前，在2022年12月，中共中央、国务院印发《关于构建数据基础制度更好发挥数据要素作用的意见》（以下简称"数据二十条"），提出完善数据要素市场化配置机制，扩大数据要素市场化配置范围和按价值贡献参与分配渠道，建立体现效率、促进公平的数据要素收益分配制度。中央的有关决定和意见为数据要素收益分配提供了根本遵循。

分配制度改革是贯穿我国改革开放的重要命题。数据作为新型生产要素，是我国在国际上首先提出的重大理论和实践问题。充分发挥市场在资源配置中的决定性作用，更好发挥政府作用，正确处理好政府和市场的关系，是我国实现经济社会高质量发展的必然要求，也是构建高水平社会主义市场经济体制的必然要求。数据要素收益分配，也要处理好政府和市场的关系。既要坚持健全数据要素由市场评价贡献、按贡献决定报酬机制，又要更好发挥政府在数据要素收益分配中的引导调节作用，既要体现效率，又要促进公平，这为数据要素收益分配、激活数据要素价值创造和价值实现提供了理论指导，指明了政策方向。

一、数据要素收益分配体系建设的重要意义

健全数据要素由市场评价贡献、按贡献决定报酬的机制，建设高效的数据要素收益分配体系，对形成更加公平、更有活力的数据市场，实现数据资源配置效率最优化和效益最大化，激活数据要素潜能，做强做优做大数字经济，增强经济发展新动能，具有重要意义。

（一）完善社会主义市场经济体制的必然要求

中央提出，建设统一开放、竞争有序的市场体系，充分发挥市场在要

素资源配置中的决定性作用。市场体系是由商品及服务市场和土地、劳动力、资本、技术、数据等生产要素市场构成的有机整体，其中任一要素市场发展滞后，都会直接或间接影响其他生产要素功能，阻碍市场机制的有效发挥。目前，我国已有97%的商品和服务由市场定价，但生产要素市场化配置范围相对有限，特别是数据要素价格形成机制还不健全，收益分配机制还处于探索阶段。因此，为完善社会主义市场经济体制，发挥市场配置资源的决定性作用，需要深化数据要素市场化配置改革，构建数据价格由市场决定的机制。

（二）有效激发社会经济发展动力

党的十四届三中全会最早对按生产要素分配的理论进行了论述，提出收入分配理论，确立了"按劳分配为主体、多种分配方式并存"的基本收入分配制度。党的十九大报告指出，要坚持按劳分配原则，完善按要素分配的体制机制，促进收入分配更合理、更有序。因此，鼓励数据要素按贡献决定报酬，体现了数据市场参与者获取报酬的合理性。允许数据市场所有参与者参与分配，建立合理的数据要素市场评价和分配机制，才能充分调动数据要素产业链参与者的积极性，真正激发数据市场活力，为社会经济发展提供新动力。

（三）促进数据要素市场高质量发展

坚持"数据要素由市场评价贡献、按贡献决定报酬"的原则，将进一步提高数据要素配置效率。数据要素价格由市场确定，质量更好的数据产品可以获得更高的市场定价，数据相关方在收益上能享受更多的分配，在弥补数据相关方成本的基础上还有更大的利润空间，资金和技术也会随之流向这类数据相关方，鼓励其向市场供给高质量数据产品，进而促进数据要素市场整体高质量发展。

二、搭建数据要素收益的三级分配体系

马克思在《哥达纲领批判》中指出，"消费资料的任何一种分配，都不过是生产条件本身分配的结果"，其中的生产条件就是参与生产的各要素之间的权利关系。无论在任何社会形态下，土地、资本、劳动等生产要素都是有限的，然而有限的生产要素是人们投入生产活动创造物质财富的必要条件。各种有限的生产要素有复杂的权利关系，这决定了不同生产要素之间的让渡不可能是无偿的、不计报酬的。这种依据生产要素权利关系的分配，就是初次分配。初次分配主要由市场机制来实现，各种生产要素的价格由市场供求关系决定，由市场评价贡献、按贡献决定报酬，进而决定各要素权利所有者的收入。

初次分配是整个收入分配体系的基础，其分配结果直接影响到后续的再分配和第三次分配。由于市场分配存在着权力、垄断和不正当竞争等行为，容易导致市场失灵，因此初次分配的不公平，客观上需要政府介入，有再分配的必要性。再分配是在初次分配的基础上，由政府按照兼顾公平和效率的原则，通过税收、社会保障支出等手段对收入进行的再分配，体现了政府在收入分配中的调节作用。再分配在追求效率的同时，更加注重公平，通过税收等手段调节过高收入，通过社会保障等手段保障低收入群体。三次分配是在道德力量的推动下，通过个人自愿捐赠而进行的分配，体现了个人对社会责任的承担和对弱势群体的关爱。数据要素也要遵循传统生产要素收益分配的普遍规律，建立三级收益分配体系。

2013年11月，党的十八届三中全会通过的《中共中央关于全面深化改革若干重大问题的决定》明确指出，保护合法收入，调节过高收入，清理规范隐性收入，取缔非法收入，增加低收入者收入，扩大中等收入者比重，努力缩小城乡、区域、行业收入分配差距，逐步形成橄榄型分配格局。2021年8月17日，中央财经委员会第十次会议指出，要坚持以人民为中心

的发展思想，在高质量发展中促进共同富裕，正确处理效率和公平的关系，构建初次分配、再分配、三次分配协调配套的基础性制度安排，加大税收、社保、转移支付等调节力度并提高精准性。上述中央全会决定和有关文件精神，为建立数据要素三级收益分配体系指明了方向，即以注重效率的市场形成价格为主导的初次分配，以注重公平的政府调节为主导的再分配，以自愿、慈善为主导的三次分配。

三、初次分配：效率优先的市场主导分配

初次分配重点在于解决"向谁分"和"分多少"的问题，重点是保障不同市场主体按各自贡献获取数据生产要素、使用数据、处置数据并取得相应收益的权利。因此，数据要素初次分配制度建设的关键在于权利归属和价格形成问题。由于数据要素具备主体多元性，数据构成信息来自不同主体，并且在数据产品的生产过程中，数据劳动者、劳动资料和劳动对象相互结合，形成复杂的数据权利关系。因此，一是通过建立数据登记制度，明确参与主体使用数据、参与数据流通并获取利益分配的权利，解决"向谁分"的问题；二是通过建立数据市场化价格形成机制，使在市场流通中形成的价格成为数据要素收益分配的依据，解决"分多少"的问题。

（一）建立数据权利登记制度

"数据二十条"指出，建立公共数据、企业数据、个人数据的分类分级确权授权制度。同时，"数据二十条"跳出"所有权归属"的困扰，淡化所有权，提出"三权分置"产权制度框架，即建立数据资源持有权、数据加工使用权、数据产品经营权等分置的产权运行机制，推进非公共数据按市场化方式"共同使用、共享收益"的新模式，这不仅是构建中国式数据产权制度的有益探索，更是搭建初次分配的权利基础。

数据要素权利的形成链条包括确权、登记、评估、定价、入表等环节，需要出台与之相适配的法律、财税、金融、市场和技术支持政策。其中，数据要素权利的确权、登记是这一链条的基础环节。在数据要素市场价格形成过程中，最初由数据来源方提供或生产原始数据，数据持有方对其整理加工形成有潜在使用价值的数据资源，再经开发者转化为数据产品参与市场流通，最后买卖双方达成交易进入使用阶段，都需要国家认可的统一规范的数据要素登记平台存证，以确认各环节数据要素的价值增值和权益分配。因此，科学合理的数据要素权利登记制度，能够为全链条各主体的权益保障提供依据，也是下一步数据价值评估的重要参考，是数据资源化、资产化、资本化分配的重要凭证。

数据权利登记的主要目的是权利确认、权属界定和监督管理，重点是数据价值传递链条中数据形态和权利变更。不过，国内数据权利登记还面临不少技术层面、工作实操层面的具体问题。例如，目前分级分类的数据登记、确权授权仍然缺乏操作依据，还需要制定适用的标准、规范和操作规程等。建议有关部门尽快完善数据权利登记制度，出台数据资源登记管理办法，研究数据分类分级授权机制，建立互联互通的数据产权登记平台。

（二）建立数据要素价格形成机制

数据不同于一般的商品和服务，其价格形成既有特殊性又有复杂性。目前来看，数据定价难主要是由于数据要素自身的特点导致的。一方面，数据具有异质性和无限可重复性，这就造成同一数据在不同的使用场景中体现的价值不同，因此数据价值需要与具体应用场景结合；且同一数据可以在不同应用场景中重复使用，这和其他生产要素完全不同；此外，数据的有用性也很难事先验证，进一步增加了估值计价的难度。另一方面，数据产品生产的复杂性伴随产权的模糊性也增加了定价难度。数据的生产过程是数据价格和价值形成的过程，包含收集、清洗、加工等多个环节，每个环节均可形成阶段性产品并投入应用，这就导致数据价值构成复杂，并可能涉及多种交易产品、多个产权主体、多种交易形式，再加上数据持有权、使用权等都可作为交易标的，这些都在客观上增加了定价难度。

在定价方法上，"数据二十条"提出，推进非公共数据按市场化方式"共同使用、共享收益"的新模式，这为激活数据价格形成和价值实现提供了基础性制度保障。同时，一些地方对数据定价方法进行了多种探索，对应用成本加成法定价有了一定的共识，但基本上仍处于探索阶段。虽然有关机构提出了成本法、市场法、收益法等各种数据定价方法，但是这三种传统定价方法都没有很好地契合数据要素特征，在实践上也很难单独或直接应用。例如，应用成本法定价时，管理学和会计学对成本的核算范围是不一样的，特别是政务数据及企业管理过程中的伴生数据，其成本已经摊销完毕，数据成本可能只限于再归集再标注等，因此成本偏低。但从管理角度看，政务数据有共享开放的要求，而企业数据是企业价值的重要构成部分，甚至是构成企业核心竞争力的不可或缺的部分，应该有较高的价值。又如，市场法和收益法需要一个相对成熟的市场作为定价的基础，在数据市场发展初期，市场法和收益法基本不可用。因此，需要针对不同数据来源、不同市场发展阶段，采用相应的定价方法。

具体而言，针对不同数据分类（公共数据、企业数据、个人数据），在生产流通环节中存在的不同形式（数据资源、数据产品、数据技术或服务），以及数据要素发展的三个阶段（数据资源化、数据资产化、数据资本化），当前尚没有完全形成可复制可借鉴的定价路径和方法，建议结合数据市场分级分类、分阶段对数据的定价模式进行研究探索，提出相应的数据要素定价方法。下文主要以公共数据、企业数据的数据资源和产品市场来说明定价形成机制。

1. 公共数据一级市场实行政府指导定价，二级市场实行市场定价

"数据二十条"第8条提出"推动用于数字化发展的公共数据按政府指导定价有偿使用"，并开创性地将公共数据使用划分为"有条件无偿使用"和"有条件有偿使用"两部分，这为公共数据实行政府指导定价提供了政

策依据。借鉴我国公共服务领域实行政府指导定价的成熟经验，将成本加成法应用到公共数据定价中，目前来看是比较可行的办法。为了加快公共数据"供得出、用得好"，建议参考资源补偿类收费办法，建立公共数据成本核算机制和价格激励约束机制，对使用公共数据的企业收取数据使用费和技术服务费。

公共数据属于公共资源，按照有条件有偿使用的原则，建议对公共数据要素市场进行分级。一级市场（数据资源市场）重点解决公共数据安全和授信问题，通过授权运营使数据商获得数据资源持有权和开发使用权，以便进一步开发数据产品并在二级市场交易。一级市场的授权运营具有行政性垄断经营性质，且授权运营机构需要对公共数据的安全治理进行投入，建议参考公共资源的成本加成定价机制。以景区门票定价为例，门票价格构成包括直接为游客提供游览服务所发生的成本支出，以及自然、文化遗产等资源保护支出，依据景区服务成本制定门票价格的方法体现了使用者对公共资源依据使用量进行付费的原则，并通过价格发挥了市场约束和激励作用。因此，在确定公共数据一级市场价格时，以授权运营机构的数据归集治理等运营成本为基础，依照"准许成本加合理收益"的原则，在核定公共数据生产成本基础上，考虑授权运营机构合理利润，形成公共数据一级市场价格，其核心是既能保证运营机构的利益，又能维持公共数据的公共资源性质。

公共数据经过一级市场治理，并由授权运营机构根据市场场景需要进一步开发形成数据产品和服务，在二级市场（数据产品和服务市场）上交易流通。二级市场相较一级市场更注重市场的交易属性，需要对公共数据产品和服务进行市场交易计价。因此，在二级市场建议按市场法定价，后期可以探索收益法等考虑数据应用场景的估值计价方法，充分体现"数据要素由市场评价贡献"。

需要强调的是，公共数据相比企业数据，具有利益相关方多、权利界定复杂、公益与授权边界难界定等问题，特别是信息公开、免费共享和授权运营之间的边界问题。例如，相关主体包括公共数据产生者（如企业、个人、社会组织等）、数据提供部门（如政务部门、企事业单位）、数据管理和监督方（如数据管理部门、网信部门）、数据运营方（如授权运营机构、数据集团）、数据开发方、数据使用方、第三方服务机构。在构建公共数据登记、利益调节和分配机制时，如何兼顾不同环节相关利益主体之间的权利关系就非常关键，这对促进公共数据资源开发利用、提升各方参与积极性具有重要作用。

2. 企业数据实行市场化定价

企业在运营过程中产生的数据属于企业数据。前文提到，推进非公共数据按市场化方式共同使用、共享收益，即采取市场定价。市场定价可依据市场结构和发展阶段采取不同的定价方法。

依据市场结构进行分级定价。企业原始数据经过脱敏、清洗等处理形成数据资源，一般以数据集等形式存在，构成一级市场；经过进一步加工处理和开发形成的数据产品，可看作二级市场。一、二级企业数据市场，都由企业自主定价。从当前市场实际情况看，企业数据一级市场主流定价方法是成本法，成本法有助于达成交易，也是双方容易接受的方法。

依据市场发展阶段采取相应的定价方法。为更快形成由市场评价贡献的价格机制，对于企业数据二级市场，建议分阶段采取不同的定价方法，总体上是随着市场的不断成熟，由成本法逐渐过渡到市场法和收益法定价。一是当市场处于发展初期时，参考公共数据通过成本法定价，便于交易双方取得共识、达成交易。二是随着市场发展，构建包括数据要素价格监测体系、数据资产图谱网络等在内的基础设施，实现数据生产回溯和交易信息监测，为市场化定价措施奠定基础。三是当市场进一步成熟时，可基于收益法或市场法定价，同时引入价格评估机构或数据商等第三方机构，为市场提供交易信息辅助撮合交易。四是在数据市场完全成熟的阶段，可依据价格指数或其他技术手段实现自动定价，提高交易效率。

基于成本法，结合市场法，当前企业数据具体定价方法见表1。

表1 数据资源和产品市场化定价方法及优缺点

方法	优点	不足	突破点
协商定价	交易双方根据自身对数据价值不同的认可程度，通过协商取得对于数据商品价值的一致认可。适用于平台接口类、模型类数据	协商难度大，不易达成协议	建立双方协商的价格基准
挂牌价（固定价）、拍卖价	挂牌价适用于简单数据、廉价数据；拍卖价适用于复杂数据。适用于核验类、报告类数据，以及标准化程度高、交付时间固定的数据	有利于卖方的定价方式	及时调整挂牌价，完善拍卖形式
两部制定价	先向购买方收取一定数量的固定费用以获取使用数据产品的权利，然后按使用数量或者使用效益向购买方收取使用费或者收益分成，结合了成本法和收益法的优点	数据收益较难确定，容易产生纠纷	建立数据使用模型，解决双方对数据收益的确认问题
交易平台模型定价	数据交易平台针对数据产品设计的计价模型，适合比较简单、使用场景比较清晰的数据	对计价模型要求高，不适合复杂数据	持续完善计价模型
第三方评估定价	根据第三方的评估计价服务平台，通过评估数据质量、完整性、时间跨度、隐私性、稀缺性等指标，对数据价格进行评估，解决交易双方的互信问题，相对比较公平	市场认可、较为权威的第三方计价服务机构尚未出现	相关部门要扶持一批评估计价服务机构
指数定价	双方约定按市场机构编制的数据价格指数定价	市场缺乏较为权威的价格指数	鼓励相关市场机构编制数据价格指数

总之，当公共数据和企业数据形成合理定价机制，其贡献可以由市场评价时，才能形成流动通畅、配置高效的数据要素市场，充分释放数字经济发展潜力，推动信息化时代经济发展。同时，为促进数据要素合规高效、安全有序流通和交易需要，依托数据交易场所，培育一批数据商和第三方专业服务机构，对落实由市场评价贡献、构建有效的价格机制也非常重要。

四、再分配：公平优先的政府主导分配

随着数字经济的发展，出现数字鸿沟现象及带来的问题不可忽视。数字鸿沟是指对信息网络技术的拥有程度、应用程度及创新能力的差别而造成的信息落差及贫富分化的现象。在一个国家内部，数字鸿沟是指不同社会阶层、不同经济发展地区、不同民族和城乡之间在信息技术应用上的差异带来的贫富两极分化。在我国，弥合数字鸿沟不仅是为了帮助弱势群体跟上时代步伐，更是落实共同富裕发展战略的客观需要和迫切要求。通过数据要素提升新质生产力和优化生产资源配置，实现经济高质量发展的同时，将加速收入分配的不平等，并伴随数据资源垄断、数据隐私泄露、数据安全等问题，这种负外部性应由全社会承担相应治理责任和成本。因此，建立体现公平合理的数据要素收益再分配制度，不仅是国家数据安全的需要，对保障社会和谐稳定、弥合数字鸿沟、促进共同富裕也都具有重要作用。

数据要素收益再分配主要是通过增加财政收入、加大转移支付力度的方式，从政府财政预算收入和支出两侧设计适配数据要素市场发展的、兼具监管效力和激励机制的二次分配制度，目的是使数据收益分配相对公平，促进社会共同富裕。在政府收入端，建议设立数据财政税收项目，如在数据交易过程中征收交易流转税，或针对数据交易收入征收数据所得税，通过设立数据税扩大财政收入来源。在政府支出端，利用数据流通创造的税收进行转移支付来促进市场公平的实现。一方面，设立针对数据基础设施建设的专项支出项目，建设高质量数据交易场所；另一方面，设立针对数据要素产业发展的财政补贴，向数据要素产业链上各参与主体提供财政补贴或税费优惠政策。目前来看，我国数据收益再分配制度还没有出台，建议相关部门加快相关制度建设。

五、三次分配：社会主体自愿主导的分配

三次分配是在数据企业、公益机构和政府三方面力量配合下进行的，有别于初次分配和再分配，采取社会主体自愿形式，以募集、捐赠、资助等慈善公益方式，对全社会数据资源和收益财富进行第三次分配，是对初次分配、再分配的有效补充，有利于缩小社会差距，实现更合理的社会分配格局。三次分配是不同于市场主导的初次分配和政府主导的再分配的"第三类分配"，目的在于鼓励形成共享共建社会，进一步提高社会公平。在数据要素领域，重点在于发挥数据的非排他性、共享性，使全社会共享信息化发展成果。一是鼓励数据企业利用数字信息优势，参与社会公益事业，在医疗卫生、教育等方面加强信息共享、增强数字化技术应用。二是政府和企业应致力于缩小数字鸿沟，向受数字经济冲击的弱势群体提供更多帮扶措施。

总结来看，建立我国数据要素收益制度，需要强调的是：初次分配适当向价值创造者倾斜；再分配要更加发挥政府能动作用，特别是防止资本利用数据优势无序扩张；三次分配要突出数字社会，让全社会共享数字时代发展优势。总之，数据要素收益分配是一个崭新的课题，上述有关论述和观点不一定契合或满足数据市场发展的需要，有关部门和研究机构要紧跟市场形势的变化，深入研究，并随之调整相关论断和政策。

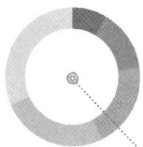

加快数据要素市场化配置改革，
为数字经济发展贡献"中国方案"

张茜茜[*]　涂群[**]　张向宏[***]

摘要： 数据是21世纪全球经济发展的"粮食"，谁掌握了数据，谁就掌握了未来。美国、欧盟、英国等世界大国和国际组织正积极建立数据获取、生产、流通新规则，构筑国家竞争新优势。我国将发挥新型举国体制、超大市场规模、海量数据资源、丰富应用场景等独特优势，加快数据要素市场化配置改革，建立形成以数据要素制度为基础、以数据资源开发利用为主线、以国家数据基础设施为载体的新格局，不断做强做优做大我国数字经济，为全球数字经济发展贡献"中国方案"。

关键词： 数据要素；数据要素市场化；数字经济

一、各国正建立数据新规则以获取全球竞争新优势

当今全球数据要素市场化配置规则基本上是由美国制定的。美国依靠20世纪90年代实施的"国家信息基础设施计划"（NII），建立起了覆盖全球的互联网，培养了一批全球性数据平台企业，形成了全球数据向美国单向

---

* 张茜茜，北京物资学院信息学院副教授。

** 涂群，北京化工大学经管学院副教授。

*** 张向宏，北京交通大学教授。

流动的数据流动体系，对其他国家数据主权、数据安全造成的危害越来越大。欧盟、英国、日本等国家和地区正通过立法、行政、技术等方法和手段，限制美国数字平台企业无序扩张，维护本国数字主权，发展本土数字经济。全球数据要素市场化配置新秩序正在重新构建之中。

（一）美国试图继续维持现有数据规则和秩序

美国凭借主导全球互联网建设的先发优势，将商业利益导向作为数据要素市场化的基本准则，提倡数据自由流动，尽可能多地获取和掌控全球数据资源，逐步形成"防止数据产权垄断，坚持公共数据开放，引导企业数据共享，兼顾个人隐私保护，布局全球数据规则，鼓励数据经济发展"的数据要素市场化方式和路径，极大增强了美国本土数字企业的全球竞争力和辐射力，推动了全球数据在美国跨国数字平台企业内部的全球流动，加速了世界各国的数据向美国流动，极大促进了美国数字经济的快速发展，进一步巩固了美国在全球数字经济发展中的领先地位。

（二）欧盟正全力构建全球数据治理体系平台

欧盟将数据保护，尤其是个人数据保护放在最优先地位，并通过建立可信共享的数据基础设施，一举扭转了数字经济发展水平不高的劣势，极大提升了在全球数据治理中的话语权，已对现有美国主导的全球数据要素配置规则造成冲击。一方面，欧盟已形成层次清晰、体系完整的数据要素治理法律法规体系。在数据安全上形成覆盖个人和非个人数据保护的《通用数据保护条例》（GDPR）和《欧盟非个人数据自由流动条例》（FFD）；在数据发展上形成了"一总四分"的数字战略和法律体系："一"是指一个战略，即《欧洲数据战略》；"四"是指四项立法，分别是《数据治理法案》（DGA）、《数据法案》（Data Act）、《数字市场法案》（DMA）和《数字服务法案》（DSA）。另一方面，欧盟正在建设覆盖制造业、绿色节能、交通、健康、金融、能源、农业、公共管理、技能、开放科学云十个领域的"共同数据空间"（IDS），作为欧盟成员国开展数据共享和交换的平台，实现了十大领域数据之间互联互通，构建起了相互信任的生态系统，为数据共享和交换创造了公平环境，打破了美国大型数字平台对数据的独家占有。欧盟在数据要素市场化方面的做法和经验，对许多国家的数据立法和实践树立了示范，在全球数据要素配置新规则形成完善过程中拥有了巨大话语权。

（三）英国采取与美国和欧盟双边接轨的方式

英国在数据产业规模、数据平台企业、数据市场容量、场景应用类型等数据发展方面远远落后于美国，而在个人信息和非个人信息保护方面完全照搬欧盟的做法，主要借鉴了美国倡导数据自由流动和欧盟严格保护数据产权的做法，选择形成了"公共数据开放透明，个人数据严格保护，部门分工协同共治，建设数据基础设施，探索数据跨境流动"的第三条中间发展道路，因而在全球数据要素配置规则方面的影响力远远小于美国和欧盟。

（四）其他国家多遵循美欧方式保持数据流动

与英国情况类似，其他国家和地区由于自身数字经济规模不大，数据市场规模有限，本土数据技术企业发育不成熟，在数据要素相关制度安排方面主要受美国和欧盟影响，大多数国家在全球数据要素配置规则制定方面缺乏影响力和话语权。日本、安道尔公国、阿根廷、泽西岛、以色列、瑞士、乌拉圭等已获得欧盟充分性认定的国家与地区已参照欧盟 GDPR 和其他法律法规，制定完善了本国的数据基础制度，贝林、泰国、突尼斯、智利、巴西、加拿大、印度等国家正在以 GDPR 为范本修改和建立本国数据保护法律制度。除此之外，其他大多数国家仍旧沿袭美国 20 世纪借助互联网优势建立起来的数据单向流向美国的机制。

二、我国具有构建数字经济"中国方案"独特优势

无论是与世界其他国家相比，还是与以前的农业经济和工业经济相比，

我国发展数字经济具有新型举国体制优势、超大市场规模优势、海量数据资源优势和丰富应用场景优势。

（一）新型举国体制优势

新型举国体制是我国在全球范围内独一无二的优势，主要表现在以下四方面：一是鲜明的目标导向优势。以习近平同志为核心的党中央的坚强领导、习近平新时代中国特色社会主义思想的科学指引、习近平总书记的系列重要指示批示，为推动建立数字经济"中国方案"指明了方向，提供了根本遵循。二是强大的组织动员优势。我国的中国特色社会主义制度具有集中和动员所有力量、调度全国所有财富和资源进行投入的优越性和先进性，为探索数字经济"中国方案"提供了前提基础。三是高效的创新协同优势。我国具有党领导下的政产学研用一体化协同的巨大优势，有利于快速提升数据技术基础研发能力，突破关键核心数据技术，为落实数字经济"中国方案"提供了技术支撑。四是完备的产业体系优势。我国工业体系拥有41个大类、191个中类、525个小类，是全世界工业门类最为齐全的国家，有利于数据技术大规模应用和快速迭代升级，也有利于数据新业态新模式创新发展，为实现数字经济"中国方案"提供了坚实市场支持。

（二）超大市场规模优势

2023年，我国网民规模达10.92亿人，互联网普及率达75.6%。移动电话用户总数达17.27亿户，其中5G移动电话用户达8.05亿户，在移动电话用户中占比46.6%，约占全球用户数量的3/4。5G基站数达337.7万个，同比增长46.1%；平均每万人拥有5G基站24个，较2022年末提高7.6个百分点；5G虚拟专网数量超3万个。移动物联网终端用户数达18.45亿户。各项数字化基础指标均占据全球第一，构筑起了我国庞大数据要素市场规模的基础。到2023年底，我国数字经济规模突破56万亿元，占GDP比重提升至45%，稳居世界第二。全国数据资产市场总规模8.6万亿元，带动相关产业数字化规模达34.4万亿元，数据资产衍生市场总规模将达到百万亿元规模。

超大数据要素市场规模为我国对外构筑起了国家竞争新优势、对内形成了经济增长新动力。

（三）海量数据资源优势

根据国家数据局发布的《数字中国发展报告（2023年）》，2023年数字经济核心产业增加值超过12万亿元，占GDP比重约10%。数据产量达32ZB，数据存储量达1.73ZB。我国已有226个地方建立了省市级公共数据开放平台，开放的数据集超过34万个，政务数据共享枢纽发布数据资源1.5万类，累计支撑共享调用超过5000亿次。此外，我国线上消费、生活、工作和学习生成的数据以每年30%以上的速度增长，3~5年内我国将会成为全球最大的数据资源库。海量数据资源为我国数字经济发展注入强劲动力，也为数字经济"中国方案"提供了强大支撑。

（四）丰富应用场景优势

我国具有人口规模巨大、地域差异显著、信息化普惠面广、市场需求层次丰富等特点，在电子商务、金融科技、智慧城市、数字政务、智慧医疗、智慧教育、数字社交等多元丰富场景营造方面居全球前列。全国每年开展远程医疗服务近3000万人次，电子社保卡领用人数达7.15亿，人社线上服务达141亿人次，在线教育人次已达到1.2亿人次。在电子商务、金融科技、智慧城市、数字政务、智慧医疗、智慧教育、数字社交等数据应用场景方面居于全球前列。今后，我国数据要素资源将持续应用于制造、金融、政务、农业、能源、物流、交通、教育、医疗、社保、健康、养老、旅游、社会保障、社会综合治理等国民经济和社会发展的方方面面。在政务领域，持续创新"最多跑一次""一网通办""一网统管""一网协同""接诉即办"等数字政府服务模式；在制造业领域，创新故障预警、远程维护、质量诊断、远程过程优化等在线增值服务，促进从制造向"制造 +服务"的转型升级；在金融领域，极大提升银行、保险、证券等金融机构的风险管理能力，降低获客成本；在医疗领域，提高医生病情诊断、治疗方案制定的效率，并实现远程医疗；在电子商务领域，极大提高电商平台获取客户、分析和掌握客户习惯与偏好的能力，实现精准营销和贴身服务，提高用户满意度和购物体验。

三、构建形成"四位一体"的数字经济"中国方案"

2023年3月，中共中央、国务院印发《党和国家机构改革方案》宣布组建国家数据局。将中央网信办承担的研究拟订数字中国建设方案、协调推动公共服务和社会治理信息化、协调促进智慧城市建设、协调国家重要信息资源开发利用与共享、推动信息资源跨行业跨部门互联互通等职责，国家发展改革委承担的统筹推进数字经济发展、组织实施国家大数据战略、推进数据要素基础制度建设、推进数字基础设施布局建设等职责划入国家数据局。2023年10月25日，国家数据局正式挂牌成立，2024年1月4日，第一个省级数据局——江苏省数据局成立，当前已形成"国家－省－市－县"四级数据事业管理体系。以此为新起点，全国范围内数据要素市场化配置改革进入快车道，并正在形成以数据要素制度为基础、以数据资源开发利用为主线、以数据基础设施为载体的新格局，不断做强做优做大我国数字经济，为全球数字经济发展贡献"中国方案"。

（一）建立数据要素基础制度

数据要素制度是数字经济"中国方案"的基础。目前，我国政府部门、平台企业和中介机构等各种单位拥有海量的数据资源，但由于存在权属不清、激励不足、约束刚性等问题，在数据加工生产和交易流通中存在两方面突出问题：一方面是不愿和不敢把数据拿出来的数据主体机构大量存在，导致大量高质量数据沉淀在政府部门和平台机构中而不能发挥其生产要素作用；另一方面是随意和无序使用的现象也很普遍，尤其是一些公共数据规模大、市场需求强烈的部门，仅允许个别企业经营本部门的数据，导致公共数据被个别企业垄断。因此，我国将从数据产权、流通交易、收益分配、安全治理等方面，建立数据要素制度体系，为数字经济高质量发展奠定坚实基础。

在数据产权制度方面，我国将逐步建立完善数据资源持有权、数据加工使用权、数据产品经营权等产权分置运行机制，逐步形成具有中国特色的数据产权制度体系。明确政府行业主管部门、地方政府和各类企业等数据主体对已有数据拥有数据持有权、相应的处置权和收益权。积极鼓励数据处理者对数据进行开发、利用和流通；在数据流通交易制度方面，我国将逐步构建促进使用和流通、场内场外相结合的交易制度体系，并建立起规范有序的数据跨境流通和交易体系；在数据收益分配制度方面，我国将逐步建立起数据要素市场化配置机制，按数据要素生产流通环节价值贡献参与分配，不断优化数据要素收益再分配调节机制，让全体人民更好共享数字经济发展成果；在数据安全治理制度方面，我国将逐步构建起政府、企业、社会多方协同的治理模式，形成有效市场和有为政府相结合的数据要素治理格局。

（二）加大数据资源的开发和利用

数据资源开发利用是数字经济"中国方案"的主线。目前，我国公共数据、企业数据和个人数据的开发程度还较低，利用水平也不高，普遍存在开发动力不足、利用活力不够的问题，导致大量数据沉淀在政府机构、国有企业和平台企业内，无法发挥其新型生产要素的作用。因此，我们将重点加大对公共数据资源和企业数据资源的开发利用，促进我国数字经济繁荣发展。

激发政府机构、国有企业和平台企业对数据资源的开发开放动力，是数据资源开发利用的重点。在公共数据资源开发利用方面，我们将形成开放透明、规范高效的公共数据授权运营机制，实现公共数据跨行业跨部门互联互通，不断扩大模型、核验、指数、API、研究报告等公共数据产品和服务的供给规模；在企业数据资源开发利用方面，我们将形成规范高效、回报合理、激励有效的企业数据授权运营机制、收益分配机制和激励约束机制，促进国有企业和数字平台企业与中小微企业双向公平授权，增大企业数据要素供给规模。

（三）夯实国家数据基础设施

国家数据基础设施是数字经济"中国方案"的载体。我国在信息通信网络和算力基础等数据硬基础设施方面已达到世界领先水平。建成了全球最大的光纤和移动宽带网络，光缆线路长度达5481万公里，已许可的5G中低频段频谱资源共计770MHz，累计建成开通5G基站196.8万个，IPv6活跃用户数达6.97亿；全国一体化大数据中心体系基本构建，截至2023年6月，我国在用标准机架超过760万架，机架数量年复合增长率超过30%，算力总规模达197 EFLOPS（百亿亿次/秒），存力总规模超过1080EB。今后，我国在继续保持适度超前部署网络和算力等数据硬基础设施建设的同时，应将重点转向数据流通利用基础设施建设和标准、规范、协议、工具等数据软基础设施建设。

党的二十届三中全会通过的《中共中央关于进一步全面深化改革 推进中国式现代化的决定》，首次将"建设和运营国家数据基础设施，促进数据共享"写入中央文件。国家数据基础设施建设和运营将为全国所有数据供给方、需求方及中介机构等各种数据主体提供开展数据开放共享、生产加工、交易流通的技术和工具，建立形成数据来源可确认、使用范围可界定、流通过程可追溯、安全风险可防范的数据安全可信流通平台。接入和认证是"国家数据基础设施"最关键的核心技术，"接入器"是各数据主体进入平台的数字身份凭证，包括唯一身份标识、接入器部署配置、证书安全设置标准和协议等，各数据主体通过各自的"接入器"对平台上所有数据进行安全可靠的浏览、加工、生产、交易等数据互操作。"认证器"是一套参与方都认可的标准、规范和流程，是数据基础设施平台的重要组成部分和安全保障，所有要加入平台的人、工具和数据产品，都要进行机构认证、工具认证和产品认证，以确保互操作性和安全性。

（四）做强做优做大数字经济

数字经济健康快速发展是数字经济"中国方案"的目标。习近平总书记指出，要构建以数据为关键要素的数字经济；做大做强数字经济，拓展经济发展新空间。这为我们发挥好数据这一新型生产要素的作用、推动数字经济健康发展指明了方向。

我们要统筹发展和安全，统筹国内国际两个大局，以数据为关键要素资源，以数据资源开发利用为主线，以数据基础设施为载体，不断做强做优做大我国数字经济。要全面赋能经济社会发展，发展高效协同的数字政务，打造自信繁荣的数字文化，构建普惠便捷的数字社会，建设绿色智慧的数字生态文明，构筑自立自强的数字技术创新体系，建设公平规范的数字治理生态，构建开放共赢的数字领域国际合作格局。

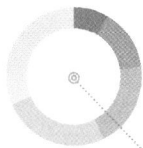

数据要素赋能新质生产力：理论逻辑、现实挑战与实现路径

陈劲[*]

摘要： 激发数据要素价值释放，能够赋能生成新质生产力，推动经济高质量增长。本文探讨了数据要素赋能新质生产力的理论逻辑、现实挑战与实现路径。在实际应用中，数据要素赋能新质生产力面临诸多挑战，包括数据要素规则不完善、市场不成熟，现代化产业体系不健全，新兴产业和未来产业新质生产力发展滞后等。为解决这些问题，本文提出了几个实现路径：完善数据要素市场体系，加强数据要素治理体系建设，促进数据要素价值充分释放，加快建设现代化产业体系，健全和完善科技创新体系，推动新兴产业和未来产业的发展。通过这些措施，可以有效激发数据潜能，加快形成新质生产力，推进经济高质量发展。

关键词： 新质生产力；数据要素；数据要素赋能

2023年9月，习近平总书记在黑龙江考察时首次提出"新质生产力"。新质生产力的提出，不仅指明了新发展阶段激发新动能的决定性力量，更明确了我国重塑全球竞争新优势的关键着力点。发展新质生产力是习近平总书记着眼于推动高质量发展、实现中华民族伟大复兴的重大战略要求。新质生产力的关键本质是要进一步强化科技与经济的深度融合，即加强以原创性、颠覆性科技创新推动我国现代化产业体系建设，以科技高水平自

---

* 陈劲，清华大学技术创新研究中心主任。

立自强赋能我国产业不断攀升全球价值链的最高端。

党的二十届三中全会指出，健全促进实体经济和数字经济深度融合制度。数据是数字经济的关键要素，是科技革命的又一次革命性突破，数据与土地、资本等传统要素相比，具有非竞争性、非消耗性、无形化、能被快速复制和传播、权属复杂等特征。同时，数据与其他生产要素深度融合，能产生巨大的规模效益。随着以人工智能为代表的第四次工业革命的来临，数据要素已经成为赋能新质生产力发展的关键要素和重要抓手。厘清数据要素赋能新质生产力的理论逻辑、现实挑战与实现路径，对激发数据潜能、加快形成新质生产力，推进经济高质量发展意义重大。

一、数据要素赋能新质生产力的理论逻辑

数据要素推动新质生产力的形成，不仅可以直接赋能生产力升级，而且可以通过赋能劳动资料、劳动对象、劳动力等生产力要素促使其发生改变，进而形成新质生产力。

（一）数据作为关键要素赋能生产力升级，形成新质生产力

数据作为一种特殊的生产要素，具有强大的溢出效应，能够对其他生产要素进行赋能，提升其价值与潜能。大数据资源以人工智能、物联网、互联网为支撑，通过融入生产、分配、流通、消费各个环节，赋能产生新的生产力形态，如数据生产力。数据生产力与科技创新的新技术结合，会推动劳动者、劳动资料和劳动对象的深刻变革，进而推动生产力升级，进一步形成新的生产力。在数字经济时代，数据驱动型创新，将成为创新的重要形式，这种创新易于产生从0到1的创新，更易于催生颠覆性、革命性的新技术。

（二）数据要素催生新质劳动资料，形成新质生产力

数据要素的强渗透性和低成本可复制性，使得其与生产生活各领域深

度融合。这种融合不仅优化了生产要素的配置方式，提升了配置效率，而且促进了产业的数字化转型。新质劳动资料是指在传统的劳动资料（如工具、机器、设备等）基础上，融合了数据要素的新型劳动资料。数据要素可以通过数据分析挖掘新技术，为新材料研发提供支撑，进而创造出新的劳动资料，也可以通过数据技术与其他技术的融合，推动劳动资料的功能升级和结构优化。数据要素与数智技术的融合，可以推动传统劳动资料的颠覆性创新。

（三）数据要素孕育新质劳动对象，形成新质生产力

数据要素的孕育始于对数据的采集、存储和处理。随着大数据、云计算等技术的发展，大量原始数据被转化为可利用的信息资源。与传统劳动对象相比，数据要素是虚拟的、非物质的，它不受物理形态的限制，这为生产活动提供了更广阔的空间和可能性。数据的广泛应用和深度挖掘、传输和处理的实时化，使得劳动对象能够快速响应市场需求，促进新产品、新服务、新业态的诞生。同时，新质劳动对象的形成反过来又促进数据要素的进一步发展与应用，实现相互促进的良性循环，成为新质生产力发展的不竭动力。

（四）数据要素培育新质劳动力，形成新质生产力

首先，数据要素能够提升劳动者素质和生产潜能。数据要素通过与劳动力要素的深度融合，为劳动者提供了新的工作方式和思维模式。劳动者通过培养数据思维和提升数字化技能，能够更有效地进行生产活动，实现劳动过程的智能化和精准化，提高劳动边际产出和再生产水平，从而提升劳动生产率和促进生产力的高质量发展。其次，数据要素能够扩展劳动主体范围。数据要素的融合和应用推动了人机协同，使得生产力要素的主体从劳动者扩展到人与人工智能相结合的新型劳动主体。这种人机协同不仅突破了人类的认知模式，还创造了新的组织学习方式，提升了劳动效率和质量。同时，数据要素的发展催生了新型自由职业者，拓宽了劳动主体的

边界，为劳动力市场注入了新的活力。最后，数据要素优化劳动力结构和就业形式。数据要素对劳动力就业的影响具有复杂性和多维性。它既与高技能、复杂劳动形成正向互补，提升这些劳动的效率和质量，推动劳动力结构向更高级形态发展；又能对简单和常规性劳动产生替代效应，促使低技能岗位的减少。此外，数据要素还依托数字平台衍生出高附加值的就业新形式，促进劳动力资源的优化配置和劳动技能的整体提升，推动劳动力结构向高级化发展。综上表明，数据要素培育新质劳动力，从而推动新质生产力的形成。

二、数据要素赋能新质生产力的现实挑战

基于以上数据要素赋能新质生产力的逻辑，随着我国成为世界数据资源大国，数据要素赋能新质生产力理应成效显著，然而在实际生活中，数据要素赋能新质生产力还存在着诸多挑战，制约着其作用的有效发挥。

（一）数据要素规则不完善、市场不成熟，导致数据要素价值未能充分释放，赋能生产力效果不佳

一方面，数据要素规则尚不完善。首先，数据确权规则不清晰。现有法律虽然对数据提出了一些原则性规定，但仍然缺乏明确的操作指南和实施细则；在数据的权利界定上虽然有所尝试，但受立法权限和视野的局限，难以具有普遍适用性。其次，数据交易规则不统一。当前数据交易所在制定交易规则时，受到自身业务模式和运营需求的影响，制定的交易规则往往难以适用于更广泛的交易活动，导致交易成本高昂、交易效率低下。如"数据二十条"对数据的分类、交易标准和合规性等要求有所界定，但因缺乏针对性而难以发挥有效作用。

另一方面，数据交易所没有统一规范的管理。首先，存在同质化竞争，造成资源浪费，阻碍了交易所功能的发挥和市场的健康发展。其次，市场

主体之间数据交流不充分，数据孤岛现象依然严重。再次，数据经纪商和第三方评估机构，在市场中发挥的作用十分有限，数据经纪商应该起到连接数据的供需两方实现数据优化配置的作用，然而在现实中很多数据经纪商以营利为目的，存在违规收集使用个人信息等现象，导致数据滥用和泄露时常发生。最后，政策激励和规范缺失。尽管数据要素市场的规模巨大，但缺乏有效的政策支持与市场引导，中介机构服务质量参差不齐，市场秩序混乱。

（二）与新质生产力配套的现代化产业体系不健全，致使数据要素赋能效果受限

首先，产业结构不合理的问题较为突出。尽管我国在部分高科技领域取得了显著成就，但整体产业结构仍然偏重于传统产业，高新技术产业和战略性新兴产业的比重较低。这种产业结构导致了资源配置效率不高，经济增长的内生动力不足，难以适应国际产业竞争的新趋势。同时，传统产业转型升级步伐缓慢，部分产能过剩和低效问题依然存在，严重制约了产业结构的优化升级。其次，产业链条不完整，尤其是在一些关键领域和核心环节，我国对外部技术的依赖度较高，存在"卡脖子"的风险。这不仅影响了产业链的安全和稳定性，还限制了我国产业在全球价值链中的地位提升。在一些高技术产业领域，如芯片制造、高端装备制造等，关键技术和核心部件受制于人，导致产业链条断裂，无法形成完整的产业链闭环。再次，区域发展不平衡问题显著。东中西部地区的产业发展水平存在较大差距，一些欠发达地区的新兴产业发展基础薄弱，缺乏有效的产业支撑。这不仅加剧了区域经济发展的不平衡，还可能导致资源错配和效率损失。同时，区域间的产业同构现象严重，缺乏特色和差异化发展，不利于形成全国范围内的产业协同效应。复次，产业创新能力不足也是现代产业体系不健全的重要表现。企业研发投入不足，创新主体作用发挥不够，导致产业技术水平和核心竞争力提升缓慢。基础研究和应用研究之间存在脱节，科技成果转化率不高，创新链与产业链衔接不紧密，这些因素共同制约了

产业创新能力的提升。最后，产业政策体系不完善，政策执行力度不够。一些产业政策缺乏针对性和有效性，难以引导资源向高效领域流动。同时，政策执行过程中的地方保护主义、行业壁垒等问题，也影响了产业政策的实施效果，使得产业体系的建设缺乏有力的政策支持。

（三）新兴产业和未来产业相对生产力发展滞后，使得数据要素难以发挥作用

新兴产业和未来产业是新质生产力的核心驱动力，同时也是数据要素影响力释放的关键途径。这些产业的发展对一个国家产业的持续进步和经济的长期增长具有至关重要的促进作用。然而，我国这些快速成长的产业在发展过程中遭遇了不少挑战。在产业政策层面，政策的制定与实施往往不够迅速，导致政府对新兴和未来产业的支持可能无法及时适应市场的动态变化和技术的发展速度。这种政策与实际需求之间的不匹配，束缚了产业的快速扩张。在传统产业设施方面，其升级改造的步伐较为缓慢，不能满足新质生产力的需要。例如，一些传统制造企业的生产线和设备可能已经落后，不适应新技术和新工艺的要求。而实施改造又需要投入巨额资金和资源，对企业来说是一项重大的财务决策。在激烈的市场竞争和利润压力下，企业往往选择延后或减缓改造步伐以降低成本。在数字基础设施方面，新质生产力的成长依赖于这些基础设施的支撑，如数字网络、智能交通系统和新能源供应等。但是，由于资源分配不均和规划落后等因素，数字基础设施的发展未能跟上需求增长的步伐。一些发达地区虽然设施较为完备，而欠发达地区则还未建立起完整的数字基础设施，这使得数据要素无法有效积累和利用，从而阻碍了其对新质生产力要素的支持。由于数据要素的积累和新质生产力的提升都高度依赖于新兴产业和未来产业的发展，产业载体的落后会导致数据要素无法完全发挥其潜力，进而制约了新质生产力的全面进步。

三、数据要素赋能新质生产力的实现路径

数据要素赋能新质生产力存在要素市场不完善、市场不成熟，与新质生产力配套的现代产业体系不健全，新兴产业和未来产业相对生产力发展滞后等制约数据要素作用有效发挥的现实挑战。本文将从以下四个方面提出实现路径，为数据要素有效推动新质生产力发展提供助力。

（一）完善数据要素市场体系，加强数据要素治理体系建设，促进数据要素价值充分释放

首先，要完善数据要素市场体系，完善的数据要素市场体系是数据要素有效发挥作用的重要保障，对于推动经济发展质量变革、效率变革、动力变革具有重要作用。需要建立一个要素价格由市场决定、流动自主有序、配置高效公平的要素市场体系，这包括完善市场运行机制、价格机制和监管机制，确保不同市场主体平等获取生产要素。保证数据的有效流动，建立统一的数据标准，推动数据格式、接口标准的统一，打破数据壁垒，实现数据的互联互通和共享利用。提高数据质量，加强数据采集、处理、存储和传输过程中的质量控制，确保数据的准确性和可靠性。

其次，加强数据要素治理体系建设是推动数据要素赋能新质生产力的重要保障。主要从完善数据要素立法、建立数据安全保障机制和推动数据跨境流动规范化着手。一是完善数据要素立法，加快制定和完善数据安全、数据交易、数据保护等方面的法律法规，为数据要素的安全流通提供法律保障；同时，鼓励数据交易平台的发展，建立数据产权保护制度，激发数据要素市场的活力。二是建立数据安全保障机制，加强数据安全防护技术的研发和应用，建立健全数据安全监测、预警和应急响应机制；对数据的存储与保管做好保障，对敏感数据做好加密处理，防止数据被盗泄密；实施数据定期有效备份制度，降低数据丢失风险。三是推动数据跨境流动规

范化，制定数据跨境流动规则，优化数据跨境流动程序，促进数据在国际间的合法有序流动。

（二）加快建设现代化产业体系，健全和完善科技创新体系，为增强数据要素赋能提供良好的基础保障

加快建设现代化产业体系，是推动经济高质量发展的核心任务之一，也是为增强数据要素赋能提供坚实基础保障的关键举措。科技创新体系是确保现代化产业体系跟上新质生产力发展步伐的重要抓手。首先，要强化企业科技创新关键主体地位，催生颠覆性技术创新，加大企业研发投入，支持企业建立研发机构，并通过技术入股、分红等形式鼓励企业创新发展，激发市场活力。其次，应推动数字经济与实体经济深度融合。现代化产业体系以实体经济为支撑，通过数字化手段改造提升传统产业，培育壮大新兴产业，超前布局未来产业，能为数据赋能提供更为广阔的应用场景和丰富的数据资源；促进数字经济与实体经济深度融合，推动制造业、服务业等各行业数字化转型，实现数据驱动的业务模式创新，助力企业更高效地利用数据资源，提升决策效率和运营水平。再次，加强数字基础设施建设。加快5G网络、数据中心、工业互联网等新型基础设施建设，为数据的采集、传输、存储和处理提供强有力的技术支撑；在加强数字基础设施建设的同时，注重网络安全和数据安全保护，建立健全网络安全防护体系和数据安全保护机制，确保数据在传输和存储过程中的安全性和可靠性。最后，强化科技创新和人才支撑。加大对大数据、云计算、人工智能等关键核心技术的研发投入，推动技术创新和成果转化，通过科技创新推动数据赋能深度和广度的不断拓展；加强数据科学、信息技术等相关领域的人才培养和引进工作，打造高素质的数据人才队伍，为数据赋能提供坚实的人才保障和智力支持。

（三）大力发展数字产业和未来产业，推动产业集群创新生态网络形成，为加速数据要素赋能新质生产力提供核心载体

数字产业和未来产业是推动经济社会发展的重要利器，是数据要素赋

能新质生产力的重要载体，依托数据要素市场大力发展数字产业和未来产业是当前全球经济的重要趋势，对于推动产业升级、提高经济竞争力具有重要意义。数字产业和未来产业涵盖了人工智能、大数据分析、物联网等多个领域，以及生物医药、新能源技术、新材料、基因科学等未来发展方向。首先，应重点提升数字产业及未来产业在数据采集、处理、利用和创新应用方面的投入，以促进产业链智能化升级，并激励数据驱动的产品技术创新。其次，强化对掌握数字智慧技能的高端人才和团队的吸引与培养，深化数据资源平台的应用融合，确保产业在发展过程中能够精确且高效地对接必要的数据资源。再次，数字产业和未来产业应充分利用数据要素市场的增值潜力，通过数据深度挖掘和分析，探索创新商业模式、改进产品设计和服务，以提升产业价值。最后，政府应主动实施数字产业和未来产业的试点示范工程，引导大数据技术的创新发展，并根据地区特色和产业优势，确立试点项目的精准定位，如智能化制造、智慧城市建设、数字化农业等相应方向。

此外，还要围绕数字产业和未来产业产业链部署创新链，协同整合产业链各类创新要素，构筑产业全链条共同参与的集群创新生态网络。基于国家战略和产业需求部署，围绕应用企业、产业合作伙伴、上下游合作伙伴和高校与科研院所等主体部署产业链，根据产业链对"卡脖子"技术、前沿引领技术、颠覆性技术及前沿与理论研究的需求，部署以创新联合体为主要载体的创新链，通过技术创新体系和行业服务来实现机制创新、公共服务平台建设、协同创新和全要素服务，以此赋能产业链的发展，形成产业链与创新链有效联动的产业集群。

（四）激活数据要素对劳动力的倍增潜能，培育适应新质生产力发展需要的新型人才，打通人才"引培留送"全链条

数据要素作为新型生产要素，能够与劳动力结合发挥出劳动力倍增效应，推动劳动力效率提升，加快发展新质生产力，要激活数据要素对劳动力的倍增潜能，培育出适应新质生产力发展需要的新型数字化人才。首先，

政府协同事业单位和企业要加强对劳动力的数字化培训，开设数据挖掘、数据分析、数据智能化等方面的培训课程，提升劳动力的数据素养，对不同层次人才，根据其职业需求，实施差异化数字教学，推动形成全民数字化学习风潮。其次，在新型数据化特征明显的企业，全力打通人才"引培留送"全链条，形成数据化人才建设高地。做到用事业聚集人才，用任务吸引人才，用待遇保障人才，用环境留住人才。具体而言，就是在人才引进过程中，采用灵活的人才聘用机制对全职人员和非全职人员进行差异化管理；在人才培养过程中，采用有竞争力的人才激励机制，对特殊人才特殊管理，制定灵活、差异化的工资和考核制度；在人才留用过程中，拓宽人才成长通道，序列化管理不同层次的人才并细化完善岗位机制；在人才输送过程中，畅通人才流动机制，创建行业"人才交流中心"，打造人才创新创业基地。

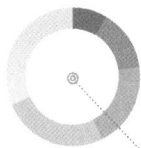

探析"数据要素 ×"效应的逻辑与路径

摘要： 近年来，中国数字经济发展显著，数据成为新型生产要素。国家数据局等部门发布了《"数据要素 ×"三年行动计划（2024—2026年）》，有效释放"数据要素 ×"效应成为数字经济高质量发展的关键。研究认为，"数据要素 ×"实现从连接到协同、使用到复用、叠加到融合的转变，其作用机理是协同优化、复用增效、融合创新。数据供得出、流得动、用得好是发挥乘数效应的基础，数据要素化、场景化和资产化是途径。"数据要素 ×"要坚持需求牵引，以公共数据应用场景为基础，运用大数据理论和技术，丰富公共数据价值创造模式；探索企业数据和个人数据多元化供给模式，建立政企数据统一对接与合作机制，形成适应数据特征的数据资源供给体系。要大力培育应用型数商，加快"上云用数赋智"进程，促进数字技术与实体经济融合，打造数据融合应用典型案例；加强学界和实务界联合研究，推动"政产学研用"协同创新和数据要素基础理论研究创新。

关键词： 数据资源；数据要素 ×；乘数效应；数字经济；互联网 +；应用场景

当前，数据迅速融入生产、分配、流通等环节，成为推动经济发展和社会进步的关键要素。实现从数据到数据要素的转变并释放其价值，已成

---

* 欧阳日辉，中央财经大学中国互联网经济研究院副院长。

为数字经济高质量发展的关键。近年来，党中央、国务院高度重视数据工作，数据被定位为新生产要素，并通过一系列政策文件逐渐走向创新实践。2022年12月，中共中央、国务院印发《关于构建数据基础制度更好发挥数据要素作用的意见》（以下简称"数据二十条"），从数据产权、流通交易、收益分配、安全治理等方面构建数据基础制度。2023年12月，国家数据局等17部门印发《"数据要素 ×"三年行动计划（2024—2026年）》（以下简称《行动计划》），提出一条主线、三方面保障、五大举措和十二项行动，促进数据资源优势转化为经济发展新优势。

在政策推动下，企业加快数据要素领域布局，市场培育进展加速，多层次、多角度探索落地方案，掀起数据要素价值释放新热潮。理论界围绕"数据要素"展开讨论，关注"如何激活数据要素潜能"。理解《行动计划》的时代背景和内在逻辑，对于实施"数据要素 ×"行动、发挥数据乘数效应、提升经济效率、拓展经济增长新空间、培育新动能、构建以数据为关键要素的数字经济具有重要意义。

一、概念界定

"数据要素 ×"是数据融入生产、分配、流通、消费和社会服务管理等各环节，发挥协同、复用和融合作用，对其他生产要素、服务效能和经济总量产生扩张效应，提升效率、释放价值和创新发展，推动构建以数据为关键要素的数字经济。这个定义的内涵包括四个方面。一是数据要素是数据生产要素的简称，数据要进入经济系统与社会生产经营活动，成为维系国民经济运行及市场主体生产经营过程中所必须具备的基本因素，可为使用者或所有者带来经济效益。二是"数据要素 ×"发挥作用的机理是协同、复用和融合，后文将详细论述这三条机理。三是"数据要素 ×"的效果有两个：一个是直接效应，体现在对其他生产要素、服务效能和经济总量产生扩张效应；另一个是间接效应，体现为提升效率、释放价值和创新发展。

四是“数据要素 ×”是数字经济时代的宏观效应，目标是推动构建以数据为关键要素的数字经济。

二、数据要素创造价值的理论逻辑

我国数字经济发展取得显著成就，顺应经济发展规律，国家数据局等部门出台《行动计划》，促进数据要素在相关行业和领域的广泛应用，推动形成数字技术和数据要素双轮驱动经济社会高质量发展的新态势。《行动计划》提出了三条机理，亦是政策制定的理论支持：一是协同优化，二是复用增效，三是融合创新。

（一）经济发展动力从“互联网 +”迈向“数据要素 ×”

“互联网 +”的核心是连接，促进不同产业、企业和个体之间的高效协作，为“数据要素 ×”奠定了基础。“数据要素 ×”是“互联网 +”的升级，是顺应数字经济发展趋势的战略选择。互联网、新一代通信等数字技术推动数据规模呈指数级增长，物联网、大数据、云计算、人工智能等技术降低了数据处理成本。经济层面，技术普及和平台经济发展使经济和生活在线化，数据能够低成本流动和交换，提高信息传递效率，优化资源配置，积累海量数据。数据资源具有无限增长性、低成本复用和规模报酬递增等特征，能在应用场景中创造经济社会价值。数据成为数字化、网络化、智能化的基础，是驱动经济发展的“助燃剂”。经济主体挖掘和利用数据可优化资源配置，提高效率，对价值创造和生产力发展有广泛影响。数据逐渐成为经济活动中不可或缺的生产要素，具有基础性和战略资源属性，释放的数据生产力正成为驱动经济发展的强大动能。《行动计划》提出十二项“数据要素 ×”行动，标志着中国数字经济发展的主要动力从“互联网 +”向“数据要素 ×”转变（见表1）。

表1 "互联网 +"和"数据要素 ×"两项行动确定的行业对比

类别	互联网 +	数据要素 ×
文件	《国务院关于积极推进"互联网 +"行动的指导意见》	《"数据要素 ×"三年行动计划（2024—2026年）》
相同领域	协同制造	工业制造
	现代农业	现代农业
	便捷交通	交通运输
	普惠金融	金融服务
相近领域	高效物流、电子商务	商贸流通
	创业创新	科技创新
	益民服务	文化旅游、医疗健康
	智慧能源、绿色生态	绿色低碳
不同领域	人工智能	应急管理、气象服务、城市治理

中国具有良好的数据资源基础，数据对经济发展的贡献开始显现，但存在不平衡、不充分问题。一方面，数据流通体系有待完善，部分数据供不出、流不动；另一方面，市场主体不敢用、不会用、用不好，数据对经济的贡献度有待提升。目前，数据在第三产业的应用场景开发较为丰富，数据驱动能力最为明显，数据的经济贡献度最高。从细分行业来看，制造业数据潜在价值在所有行业中最高，制造业企业有较大的数据开发应用潜力。这些问题不仅不利于数据要素的市场化配置，而且制约构建以数据为关键要素的数字经济，无法加快发展数字经济。因此，充分挖掘数据潜力，大力推动"数据要素 ×"是必要且紧迫的。

（二）数据要素乘数效应的微观机理

以数据为关键要素的数字经济为改造实体经济运行机理提供了一种新的视角，即以数据集成和分析的方法对产业发展、业务环节进行糅合、优化和重构。此过程中，数字经济的生产函数，传统生产要素体系的理论框架也将面临巨大改变。

1. 数据要素实质是含生产效应、具创造能力的有效信息

相对于其他生产要素，数据要素更像是系统中的"处理器"，主要发挥着运转联通的作用。数据要素虽是由原始数据要素化而来，但与信息又有所出入。数据要素是一种有效的信息，是具备生产效应、可描述的、更小范围的、能作用于其他客体并具创造价值的特殊信息，同时也是信息的子集。换言之，数据承载信息，但并非所有数据都包含有意义的信息，要素化后的数据才具生产价值（见图1）。

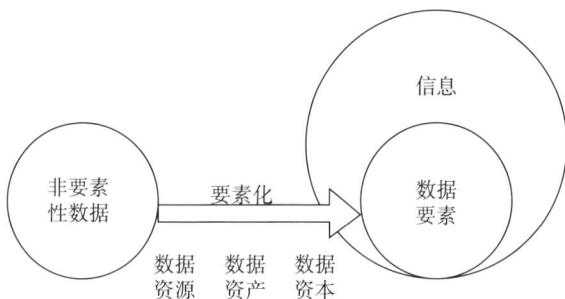

图1　数据与信息

2. 数据经要素化转变才能发挥乘数效应

数据无处不在，理论上能为数字经济的发展带来源源不断的动力。然而，并非所有数据都能顺利完成要素化转变，多数情况下数据并未发挥应有价值。数据要素化的关键是场景应用。数据源于场景，运用于场景，结合实际场景发挥引导、预测、降本等作用，最终才能赋能经济效率的增长。

3. 决策优化是数据要素发挥乘数效应的路径

宏观层面，决策优化始终贯穿数据要素倍增赋能的全过程。微观层面，企业是数据要素发挥倍增效应的关键载体。数据要素主要通过驱动企业运行决策的优化以实现倍增效应。具体来说，决策执行伴随着新数据的产生与积累，算力算法在新一轮的决策中将再次推动数据的要素化与价值化。通过寻找优"策"、辅助决"策"，最后落实决策，借决策效率的优化完成价值的释放与增值，这就是数据要素发挥乘数效应的路径，也是微观层面

数据要素发挥乘数效应最核心的运作机理。

（三）数据要素乘数效应的宏观逻辑

《行动计划》提出的三条机理更多是从中观和宏观视角考虑。"互联网+"的核心是连接，把消费者、商家、生产者连接起来，促成供需的精准匹配。"互联网+"各个传统行业，使连接产生信息交互，通过网络效应推动主体之间的协作，催生出平台经济，形成更广泛的以互联网为基础设施和实现工具的经济发展新形态。从"互联网+"到"数据要素×"的转变，是从用户汇聚到数据汇聚的转变，从连接到协同优化、复用增效、融合创新的跃升。"数据要素×"就是要以推动数据要素高水平应用为主线，拓展数据应用范围和应用深度，通过促进数据要素的多场景应用，提高资源配置效率，创造新产业新模式，更好发挥数据要素的放大、叠加和倍增作用。

1. 协同优化提高全要素生产率

《行动计划》提出实施"数据要素×"行动，通过数据要素与劳动力、资本等要素协同，以数据流引领技术流、资金流、人才流、物资流，突破传统资源要素约束，提高全要素生产率。协同包含业务协同、主体协同和要素协同三个层级。

业务协同是指在企业内部，多部门协作，融合多部门数据，提高全链路协同效率。当前企业需要突破数据资源供给不足、数据价值挖掘不足、数据应用构建困难、数据合规顾虑重这四大难题。

主体协同是指在企业外部，通过数据开放、共享、交换和交易，不同主体加强协同，优化资源配置、提高市场运行效率。数据驱动的大规模定制模式、智能工厂和产业链协同，打破了工业生产中的"不可能三角"。

要素协同则是指数据要素可以在生产函数中直接作用于劳动、资本、技术等传统生产要素，提高全要素生产率。数据与人才、资金、技术、产业等要素间建立联动机制，围绕产业链，以数据链重构创新链、资金链、人才链，推进"五链协同"，实现协同创新、协同育人、协同创投、协同发展。

2. 复用增效扩展生产可能性边界

《行动计划》提出促进数据多场景应用、多主体复用，培育基于数据要素的新产品和新服务，实现知识扩散、价值倍增，开辟经济增长新空间。数据在不同主体、不同场景低成本、规模化重复使用，真正做到"数尽其用"，提升数据质量，突破传统资源要素约束条件下的产出极限，节省成本，缩短创新周期。

"一数多用"即同一类型的数据用于不同主体、不同行业、不同领域。例如，企业信用信息在监管部门、行业部门和金融机构中分别用于掌握企业生产经营、实现政策精准推送和推出普惠金融服务。

"多数合用"即汇总多个渠道的数据源，形成新的数据产品和服务。比如，中国的"一信两查"通过整合多种公开数据，成长为企业征信查询服务的龙头企业。数据在复用中不会损耗，反而会"越用越多""越用越好"。

"存数新用"即深度挖掘企业、社会长期积累的存量数据，通过与其他数字技术结合，创造出新的利用价值。例如，人工智能大模型企业利用长期积累的各类信息进行模型预训练，带来了语音识别、自然语言处理等领域的突破性发展。

综上，"应用 ×"是多场景应用、多主体复用。数据在不同场景、不同领域的复用，将推动各行业知识的相互碰撞，创造新的价值增量。

3. 融合创新培育发展新动能

《行动计划》提出加快多元数据融合，以数据规模扩张和数据类型丰富，促进生产工具创新升级，催生新产业、新模式，培育经济发展新动能。数据融合驱动的创新包括新产品新技术、新业态新模式、新产业新动能。

数据已成为重要的创新要素。企业对各环节进行数据清洗、分析、建模，支撑新产品研发。融合政府、行业、科研院所的数据，推动科学发现和创新，创造新知识或技术。人工智能大模型、新材料创制、生物育种等都依赖数据的支撑。

大规模数据的积累和处理能够引发对数据的深入洞察，催生新的商业模式。比如，虚拟主播和自动驾驶等新业态新模式的快速发展，依赖于大量的数据集。

数据融合需要培育一批创新能力强、成长性好的数据商和第三方专业服务机构，形成完善的数据产业生态。中国数据产业快速发展，2013—2023年，中国数商企业数量从约11万家增长到超过100万家。国际数据公司测算，2025年，中国产生的数据总量将达48.6ZB，对GDP增长的贡献率将达年均1.5个至1.8个百分点。另根据国家工业信息安全发展研究中心测算，数据要素对2021年GDP增长的贡献率和贡献度分别为14.7%和0.83。数据产业是具有增长潜力的新兴产业，因此必须推动产业数字化转型，提升产业创新发展能力。

综上，融合是动能的"乘"，才能使技术创新推动产业创新，孕育出新产品新服务，催生新业态新模式，培育经济新动能。不同类型、不同维度的数据融合，将推动不同领域的知识渗透，促进生产工具创新升级，加快培育新质生产力。

三、"数据要素 ×" 效应的实现路径

数据要素并非简单的赋能"+"，而是能够通过多种方式发挥乘数效应，推动经济发展。从三个维度理解数据要素的乘数效应非常重要。

（一）数据通过协同、复用、融合等方式发挥乘数效应

数据要素的乘数效应通过协同优化、复用增效和融合创新三种赋能机理得以实现。协同优化即数据要素具有生产、信息及知识属性，通过不同主体和行业数据的协同，提高全要素生产率。例如，卡奥斯COSMOPlat实现了工业设备与各类数据采集终端的网络化，提高了生产效率。复用增效指数据具有低成本复制的特点，在不同领域和场景中的重复使用可以提升数据质量和效能。例如，气象数据可用于农业生产、应急管理等多个领域。融合创新则指不同品类和来源的数据结合能创造新的信息和知识，催生新

技术、新产业和新模式。例如，国网北京市电力公司与中国联通合作的"5G 虚拟测量平台"项目，实现了生产现场监测。

（二）数据供得出、流得动、用得好是发挥乘数效应的基础

数据要素的乘数效应得以发挥，必须做好三个方面的工作。首先是数据供得出，公共数据应首先开放，带动社会数据源企业参与，形成良性互动，供出更多有价值的数据。其次是数据流得动，数据作为数字经济的"血液"，无论数据是与何种事物相乘，必须流通起来才能创造更大价值，催生新产业和新模式。最后是数据用得好，数据具有非竞争性和无限复制的特性，通过决策、管理和创新使用数据，企业能实现利润和价值的几何级增长。数据基础设施是关键，让数据安全可信流通才能实现高效利用。

（三）数据要素化、场景化和资产化是发挥乘数效应的途径

历史经验表明，新的经济形态必须依赖新的生产要素。数据成为数字经济的关键生产要素，要把握数据特性及其价值运动规律，把数据变成一种新型生产要素，进入生产过程和经济系统。数据要素化是通过清洗、加工和整理数据，使其具备生产使用条件，实现全社会范围的广泛流通。数据场景化则需要聚焦业务场景数据应用，创造丰富的应用场景。《行动计划》聚焦十二个行业和领域，明确了推动数据要素价值的典型场景。数据资产化是指数据通过流通交易带来经济利益。目前，社会各行业积累了大量"沉睡"的数据，通过资产化可以盘活这些资源，提升数据供给质量。

四、对策建议

数据要素流通使用是新生事物，也是系统工程。未来应坚持市场导向、需求牵引，聚焦重点行业和领域，丰富数据应用场景，通过试点示范展示数据要素的乘数效应。《行动计划》提出，到2026年底，数据要素应用场景

广度和深度大幅拓展，打造300个以上示范性强、带动性广的典型应用场景。围绕示范场景打造，笔者提出以下四项建议。

第一，坚持需求牵引，探索公共数据应用场景。数据的价值在于应用，应用的关键在于场景。需求是创新的根本动力，应该结合实际问题和业务痛点释放数据要素价值。应建立公共数据开放激励机制，加快公共数据开发利用，强化公共数据资源的高效汇聚和公共服务能力。

第二，建立适应数据特征、符合数据要素价值实现规律的数据资源供给体系。解决"烟囱林立""条块分割"等问题，公共数据率先做好供给，探索企业和个人数据多元化供给模式。促进数据整合互通，探索政企数据统一对接与合作机制，推动跨层级跨部门数据资产共用共享模式等，形成符合各地实际的数据要素应用实践。

第三，数字技术和数据要素双轮驱动打造数据融合应用典型案例。推动互联网、大数据、云计算、人工智能等技术创新融合，深化隐私计算、区块链等技术应用，加快"上云用数赋智"进程，促进数字经济和实体经济深度融合，催生新产业、新业态、新模式。培育应用型数商，鼓励数据治理、数据运营等各方协同参与，为实体经济提供数据开发利用工具。

第四，加强数据要素基础理论研究。要支持学界和实务界开展联合研究，重点研究数据作为新型生产要素的经济学原理、数据要素与其他生产要素的协同联动、数据要素的新生产函数、数据资产化的溢出效应、数据要素乘数效应的机理等问题。

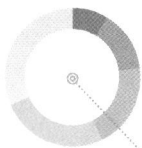

数据资本时代的公共数据授权运营

朱民[*]　潘柳^{**}

摘要：在数据资本时代，释放数据价值成为焦点，公共数据因其规模大、价值高等特点成为重要突破口。《关于构建数据基础制度更好发挥数据要素作用的意见》的出台，从国家顶层设计的角度为数据基础制度建立了核心框架，明确提出要推进实施公共数据确权授权机制。公共数据的开放、利用和资产化至关重要，同时，公共数据也因涉及大量商业、个人敏感信息而面临开放的壁垒，公共数据授权运营成为突破公共数据开发利用困境、加速培育数据要素市场的最主要方式。本文从公共数据授权运营的角度出发，阐述公共数据授权运营的模式，介绍英国、美国、欧盟组织开放数据及授权使用的经验，以及我国推进公共数据授权运营的政策和实践。提出构建数据资产生态、商业平台和估值体系的政策建议，旨在推动公共数据资产的授权运营，以促进数据要素市场建设和数据价值的实现。

关键词：公共数据；授权运营；国际经验；政策实践；政策建议

一、公共数据的定义和授权运营的挑战

公共数据是由政府机构或其他公共部门在履行职责过程中收集、生成、

---

* 　朱民，中国国际经济交流中心资深专家委员，国际货币基金组织原副总裁。

** 　潘柳，清华大学五道口金融学院中国金融前沿研究中心副主任。

处理和持有的数据，包括政府事务、社会经济、环境资源、基础设施、公共安全等数据，内容非常丰富，可用于改善服务、促进研究和创新，并为决策提供信息支持；同时，公共数据作为公共产品，具有非排他性，可以被多次和重复使用，开放后会通过直接创造新产品和服务，或者通过间接提高效率和降低交易成本来增加其社会和经济效益。数据的生产要素化，进一步使得公共数据成为极具经济价值、社会价值和管理价值的资产。

可见，公共数据资产也兼具数据的特性和公共资产的共性，即公共资产的公共性、价值性、管理性和开放性，因而在管理和使用公共数据时，必须始终以服务社会的最大利益为目标，以公平、有效和可持续为基本原则。

公共数据资源的开发利用主要包括三种形式，即共享、开放和授权运营。其中，共享主要面向政务部门之间，开放是政务部门面向社会，而授权运营则是突破公共数据开发利用困境、加速培育数据要素市场的最主要方向，其发展受到数据供给、授权平台、数据技术等主要因素的影响。公共数据授权运营是指公共数据的所有者（通常是政府机构）授权第三方机构对数据进行管理和商业化运营的过程。公共数据授权运营不仅需要考虑对公共数据的有效管理和保护，还需要关注如何通过创新的方式来实现公共数据的最大价值。当前的公共数据授权运营通常有三种主要模式：政府主导模式、平台化运营模式和公私合作模式。其中，政府主导模式指政府作为数据的提供者和管理者，直接参与数据的管理和授权过程；平台化运营模式则以建立数据交易平台的方式，为数据供需双方提供交易、交流的场所和服务；公私合作模式，即政府与民营企业合作，共同开发和运营数据资源，以创造公共价值。

公共数据资产的授权经营管理是整个数据资产化的第一步，因为公共数据对估值方面的要求不高，授权管理也可以通过政策框架进行，此外，相对于企业和行业数据来说，公共数据是最大规模的数据集，可以为其他数据授权经营管理提供实践和探索的试验田。在政府数据开放政策的推动下，建立数据平台和市场、创新数据授权和使用模式及保护数据隐私和安全，都是公共数据授权运营面临的重要任务。建立跨部门合作和多方参与的协调模式，是公共数据授权运营成功的关键，有助于推动公共数据支持政策的制定、商业创新和激发社会服务的潜力。在实践中，也需要健全的法律和政策框架，以及高效的技术支持系统，以确保数据授权运营的顺利进行。

然而，在实际操作过程中，公共数据开放和授权运营也遭遇到一些特殊的挑战。一是数据隐私保护和安全，数据中可能包含的敏感信息如何做到有效匿名化处理，数据可用不可见；二是数据质量和标准化，目前开放数据集面临数据质量不高、格式不一致、缺乏标准化的问题，影响数据的可用性和可靠性；三是数据权属安排及相关法律监管框架，数据产权不明确，需要制定通用的数据开放和授权使用的法律框架和标准；四是数据开放、授权使用的经济性，即如何通过市场机制确保数据开放和授权使用的经济可行和风险可控。

二、国际开放数据及授权使用的经验

在深入研究和分析国际案例时，不难发现，公共数据的使用已经成为一个全球性的议题。英国最早于2015年开始了公共数据开放和利用的探索，推出2015年《公共部门信息再利用条例》，提出要促进公共部门信息的开放和再利用，强调信息的免费或低成本获取；2017年《数字经济法》进一步规范了公共数据的共享和使用，特别是数据保护和隐私方面的规定。美国在2019年出台《循证决策基础法案》《开放政府数据法》，要求联邦机构将非敏感数据开放给公众，为联邦机构提供了一个改进数据生成和决策使用的法定框架和要求。欧盟也于2019年颁布《开放数据和公共部门信息再利用指令》，要求成员国开放公共部门数据，促进数据的再利用和创新，但其于2018年制定的《通用数据保护条例》（GDPR）因为对个人数据的处理、保护和隐私权利的严格规定，则对开放数据政策有所影响（见表1）。

表1　国际开放数据及授权使用经验

国家（地区）	开放数据相关法规政策	政策内容	数据开放与授权	授权使用原则
英国	2015年《公共部门信息再利用条例》	促进公共部门信息的开放和再利用，强调信息的免费或低成本获取	多数数据默认开放，但敏感数据（如个人隐私、国家安全相关数据）需要特定授权	公共部门必须在透明的基础上处理信息再利用请求，并提供明确的授权条款
				授权使用协议应包含使用目的、使用范围、使用期限等具体条款
				对于收费标准，必须合理且透明
英国	2017年《数字经济法》	进一步规范了公共数据的共享和使用，特别是数据保护和隐私方面的规定	根据数据类型，设定不同的开放和授权机制，确保数据隐私和安全	规定了政府数据共享的条件，特别是关于个人数据和敏感数据的保护
				授权使用需符合数据保护和隐私规定，明确数据的用途和受限条件
美国	2019年《循证决策基础法案》《开放政府数据法》	要求联邦机构将非敏感数据开放给公众 为联邦机构提供了一个改进数据生成和决策使用的法定框架和要求，包括开放数据清单和联邦数据目录、设立数据咨询委员会、首席数据官、机密数据保护等	非敏感数据默认开放，敏感数据需要授权使用	联邦机构需提供公开数据目录，并明确哪些数据是公开的，哪些数据需要授权使用 授权协议需详细规定数据的使用条件、期限和使用者的责任

国家（地区）	开放数据相关法规政策	政策内容	数据开放与授权	授权使用原则
欧盟	2018年《通用数据保护条例》	对个人数据的处理、保护和隐私权利作出了严格规定，影响了开放数据政策	个人数据需严格保护，非个人数据可以开放使用	任何涉及个人数据的处理都需遵守该条例的规定，确保个人数据的隐私和安全 授权使用协议需明确数据处理的合法基础、处理目的和数据主体的权利
欧盟	2019年《开放数据和公共部门信息再利用指令》	要求成员国开放公共部门数据，促进数据的再利用和创新	大部分公共数据开放，但保护隐私和机密信息的例外条款依然存在	成员国需确保公共部门信息的再利用尽可能开放，除非涉及隐私、保密或知识产权保护的数据 任何对数据使用的限制必须清晰明确，并在授权协议中具体规定 对于收费标准，必须合理且透明，不得以盈利为目的

这些相关法案的核心原则就是在保护敏感数据的基础上进行公共数据开放和授权使用。数据开放和授权使用是两个不同概念，只开放不授权，会因为数据的质量、标准、适用范围不匹配而不能使用。因此，政府需要将数据授权给中介机构，将数据进行产品化整理，以满足市场需求，发挥数据价值。

从授权使用的原则来看，公共数据授权使用具有五个重要共性。一是所有授权使用的条件和条款必须透明；二是授权协议中需明确数据使用的具体目的和范围；三是对涉及个人隐私和敏感数据的使用，需要特别授权并采取适当保护措施；四是收费标准必须合理且透明，不得以盈利为目的；五是规则需要明确数据使用者的责任和义务。

总体而言，英国、美国、欧盟的开放数据政策体现了平衡数据开放、创新驱动与隐私保护的法律框架，同时对敏感数据的处理也较为谨慎。在此基础上，国际公共数据授权运营的主要商业模式多以数据交易平台、数据信托、数据银行等为主。

三、中国引领公共数据授权运营的政策和实践逐步推进

我国稳步推进公共数据开放利用政策。早在2015年的《促进大数据发展行动纲要》中，就提出将推动公共数据互联开放共享作为主要任务之一，要求推进公共数据资源向社会开放。在2017年《政务信息系统整合共享实施方案》中阐述了"促进共享"和"推动开放"，要求加快公共数据开放网站建设。2021年，在"十四五"规划中首次提出要针对公共数据建立健全国家公共数据资源体系，推进数据跨部门、跨层级、跨地区汇聚融合和深度利用。在《"十四五"数字经济发展规划》中针对公共数据提出，通过数据开放、特许开发、授权应用等方式，鼓励更多社会力量进行增值开发利用。这为授权运营实践提供了政策依据。

2022年12月，中共中央、国务院印发《关于构建数据基础制度更好发挥数据要素作用的意见》（以下简称"数据二十条"），明确提出要探索数据产权结构性分置制度，建立公共数据、企业数据、个人数据的分类分级确权授权机制；推进实施公共数据确权授权机制，鼓励公共数据在保护个人隐私和确保公共安全的前提下，以模型、核验等产品和服务等形式向社会提供。"数据二十条"通过建立保障权益、合规使用的数据产权制度，为公共数据授权运营提供了坚实的制度基础，对推动公共数据授权运营具有重大的意义，有助于促进公共数据的开放共享和增值利用，促进数据要素市场发展和数据价值的实现。2024年1月，财政部印发《关于加强数据资产管理的指导意见》，进一步明确要加强和规范公共数据资产基础管理工作，探索公共数据资产应用机制，促进公共数据资产高质量供给，有效释放公共数据价值。

在此基础上，我国各地区以城市为主体开展先行先试，积极开展公共数据的开放利用实践，北京、广东、上海、浙江等地在地方政策制定、运营平台搭建、应用场景创新等方面取得了一定的进展。其中，公共数据授权运营成为地区实践探索的重要方向，体现了结合本地特色的落地思路，以促进公共数据的社会化开发利用。如北京以专区形式落地公共数据的行业应用，在金融场景的实践基础上推进公共数据专区制度体系建设；广东省提出在授权运营中引入数据商角色按政府指导价使用公共数据；上海市建立公共数据授权运营机制，优化分级分类机制，提出公共数据以共享为原则、以不共享为例外；浙江省把省级管理办法和地市级运营实施方案相结合，规定一系列安全管理制度和技术措施等（见表2）。

表2 各省（直辖市）出台公共数据授权管理政策

省（直辖市）	制度名称	出台时间	主要内容
北京市	《北京市公共数据专区授权运营管理办法》	2023年7月	在金融场景的实践基础上推进专区制度体系建设，并深化交通、位置、空间、信用等各数据专区建设和应用
广东省	《广州市数据条例》（公开征求意见稿）	2022年11月	提出在授权运营中引入数据商角色按政府指导价使用公共数据
福建省	《福建省加快推进数据要素市场化改革实施方案》	2023年9月	提出建立公共数据资源开发有偿使用机制
江苏省	《江苏省公共数据管理办法》	2022年1月	明确了公共数据管理中各方的责任；规范公共数据的供给和共享，依法实行数据分类分级保护制度，确保各方主体履行相应的数据安全义务
山东省	《山东省公共数据开放办法》	2022年1月	鼓励公共数据提供单位开放数据，推动公共数据与非公共数据的融合应用与创新发展，提升社会治理能力和公共服务水平

续表

省（直辖市）	制度名称	出台时间	主要内容
浙江省	《浙江省公共数据开放与安全管理暂行办法》	2020年6月	注重加强公共数据的安全管理，规定了一系列安全管理制度和技术措施，包括数据加密、访问控制、安全审计等，确保公共数据在开放过程中的安全可控
	《浙江省公共数据授权运营管理办法（试行）》	2023年8月	支持与民生紧密相关、行业发展潜力显著和产业战略意义重大的领域，先行开展公共数据授权运营试点工作
上海市	《上海市公共数据开放暂行办法》	2019年8月	优化分级分类机制，对公共数据的开放范围、开放机制、开放过程、数据利用等方面进行细化、巩固与创新
	《上海市数据条例》	2021年12月	健全公共数据管理体系，建立公共数据授权运营机制
	《上海市公共数据共享实施办法（试行）》	2023年3月	以共享为原则，以不共享为例外，除法律、法规另有规定外，公共数据应当全量上链、上云，充分共享

各主要城市也分别建立起独立的公共数据开放平台，分类分级开放公共数据，支持目录发布、数据汇集、数据获取、统计分析、应用展示等一系列数据服务，拓展了公共数据授权运营基础设施和基本制度建设。截至2023年底，全国地级市以上数据开放平台已达226个，但各地平台在数据治理、数据交易等方面还缺乏统一标准。其中，上海公共数据开放平台开放51个数据部门、135个开放机构、5532个数据集（数据接口2123个）、84个数据应用，已开放4.56万个数据项、19.92亿条数据；北京公共数据开放平台按经济、信用、交通、医疗健康等20个主数据分类，共有115个开放单位、18573个数据集（数据接口14799个），开放71.86亿条数据；重庆公共数据开放系统开放金融、批发和零售、制造、农林牧渔等领域52个数据部

门，共197个数据集（含5个API接口），开放数据资源1.3万类数据项8.82万个。

就市场化的运营模式而言，我国各地现有的公共数据授权运营按照授权的集中程度主要可分为3种模式（见表3）。第一种模式是集中1对1，就是把数据1对1地统一授权给同一主体（使用这个数据的产业或企业），并由这个主体来承担数据运营相关工作，这种模式的优点是权威性高、流程精简，但是效率较低、公平性不足；第二种模式是分行业1对1，把具有行业属性的某类数据专门授权给该行业或产业，缺点是因为数据有多重的使用维度，这种模式容易造成对数据的哄抢，协调难度较大；第三种模式是分散1对N，即根据不同数据特点匹配给不同的运营主体，各主体都可以使用同一公开数据，1对N充分发挥了市场机制，但是对平台有较高的要求，需要有法律监管和完整生态的规范平台。当前实践中应用最为广泛的是集中1对1的第一种模式。

表3　我国现有主要公共数据授权运营模式

内容	模式1：集中1对1	模式2：分行业1对1	模式3：分散1对N
特点	统一授权、同一主体	选择不同行业的运营主体	多种不同运营主体
典型地区	浙江、安徽、贵州、成都	北京	广东、上海、武汉
优势	权威，流程精简	专业，行业聚合价值	灵活，市场竞争充分
劣势	市场效率不高	协调难度较大	协调和监管难度大

资料来源：中国信通院，笔者整理。

四、构建数据资产生态、商业平台和估值体系的政策建议

整体来看，公共数据授权运营无疑是我国推进数据要素市场建设的重要方向，当前我国已在实践落地方面取得了一定的进展，但由于制度设计

还不完善统一、不同地区和行业的数据基础差距较大、政策和市场协同可借鉴的经验较少等，整体推进进度还亟待提升。现阶段，要推动公共数据资产的授权运营，核心应侧重建设数据资本生态、商业平台和估值体系三个方面。

（一）构建配套的公共数据生态

国内外研究显示，要充分释放公共数据的价值，需要协同构建生态，以应对公共数据授权运营在法律、技术和政策领域面临的多重挑战。一是顶层设计的法律政策框架。出台国家层面的公共数据开放法案，制定统一可执行的公共数据开放运营原则和规范，要求开放的政府数据应易读易访问并接受定期监督，同时确保数据的披露和使用不涉及隐私和安全风险，私人部门在代表公共主体处理数据时也要遵从同公共主体一样的法律规章。二是规范透明的数据门户平台，提供数据集的详细说明、使用条款和授权信息，保障公共数据的开放使用来源明确、权责清晰、安全可控。三是标准化授权协议。各地应制定标准化的授权协议模板，涵盖数据使用条款、费用、责任和义务，确保数据使用者明确了解数据使用的合法范围和限制，以及数据跨域流通使用的规则。四是对数据进行分类和标识，推进数据的分级分类开放，对数据集标注不同的开放类型和属性，为不同领域与使用场景的数据配备差异化的开放授权协议。五是在技术措施方面，要允许开发者和数据使用者通过编程方式访问和使用数据，促进数据的创新利用；对敏感数据进行加密，制定访问控制机制，确保只有授权用户才能访问和使用数据。

（二）构建数据资产商业平台

数据资产商业平台是促进数据资产交易流通的桥梁，可分为政府主导的平台交易模式、市场主导的数据信托模式或数据银行模式等，本质上都是以优化数据资源配置为目的，但在数据的所有权和经营权及交易方式上有所差别。其一，数据平台交易模式明确为某个特定数据集标价并与相关供应方进行交易，并提出数据具备相应价值的商业判断。随着海量汇集的公共数据成为交易平台数据的重要供给源，数据交易平台日益彰显出其公共服务价值，并反哺数据产业发展，推动形成数据交易上下游产业链。如由贵阳、上海等数据生态活跃地区政府主导的数据交易所模式，通过建立数据供应方与需求方共享的交易平台连接数据供需，以第三方专业技术和政府资质完成监管与加密支持，最终实现数据的交易流通。其二，数据信托模式契合数据资产的商业和业务逻辑需要，数据资产成为信托财产在权利内容与制度安排上具有合理性和可操作性，相比其他数据管理方法也具有潜在优势。数据信托允许机构或个人将数据的控制权交给一个独立的机构，同时授权该机构对数据的使用和分享作出决定，而该机构对数据提供者承担信托责任，以公正、谨慎、透明和忠诚的原则来管理和分享数据。其三，数据银行模式对数据资产采用银行模式进行管理和运营，基于数据资产在本质上与货币资产类似，数据银行以保护数据的所有权、知情权、隐私权和收益权为核心，建立数据资产的管理与运营综合服务系统，包括数据确权、汇聚、管理、交易与增值服务等功能，既可以实现数据的集中有效管理，又能实现数据的增值和有序流通。

（三）构建数据资产估值体系

数据资产价值评估是打通数据资产流通环节的重要基础，也是当前亟待解决的最大问题。科学的数据资产估值体系能够为统一数据资产交易定价机制提供重要的工具和框架，而其核心挑战是数据资产估值方法的确定和统一。现有的估值方法主要是成本法、收益法及市场法，在实际使用中都存在一定争议，难以得到广泛的认可。如果估值问题能够得到科学的解决，数据资产的公平性、可持续性及隐私安全透明问题就都能解决。目前一个较为前沿有效的方法是通过夏普利值（Shapley value）模型进行估值，夏普利值能够满足数据价值概念的许多期望特性，如在多个数据贡献者之间公平地分配利润，以及在数据泄露时确定潜在的赔偿金额，因此既能提供较好的估值和较公平的市场激励，同时还能解决风险问题。

在构建数据资产估值体系时，利用夏普利值这一合作博弈论中的重要概念和方法，可以确定拥有不同稀缺性数据资源的每个成员在不同资源配置博弈联盟下的不同权利结构，以及对应的合作利益分配方案。这为解决数据资产合作利益问题提供了一种既合理又科学的分配方式。夏普利值可以应用于评估每个数据贡献者在其数据被用于某种目的（如机器学习模型训练、数据分析等）时所产生的边际贡献，如在数据交易中确定交易价格和价值分配、在数据合作项目中明确参与者的利益分配比例、在数据分析中评估不同数据集的质量和重要性等，以确保每个成员根据其贡献获得相应的收益，从而保证分配的公平。因此，以夏普利值估值法为代表的前沿评估技术有望成为后续数据资产价格机制探索的重点方向，也为构建数据资产估值体系提供了创新的解决方案。

总体而言，以"政府引导＋市场主导"为原则，系统性构建数据资产生态、商业平台和估值体系，能够最大化激活和释放我国公共数据资产的价值潜力，更快地推进数据要素市场建设。通过政府与企业合作开展有针对性的市场活动，扩大开放数据的影响力，探索多种数据开放的经济模式。以政府数据开放引领政企数据融合、个人数据利用、产业数据开发，推动数据产业繁荣发展和政府数据治理能力提升。同时，在这个过程中引入社会资本和技术力量，将商业管理利益与资产的生命周期相结合，最终构建起市场主导、政府引导、多方共建的数据资产治理机制，以透明有效的治理方式将数据转化为财富。

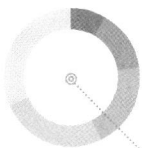

数据合规是推动数据成为生产要素的重要引擎

张新宝* 陈双**

摘要： 相比于传统生产要素，数据要素具有非稀缺性、可复制性、非排他性、时效性、边际成本接近于零等特征，能够与数字技术耦合发展，成为驱动数字经济发展的关键。当前，数据已经成为最具数字经济时代特征的生产要素，要充分发挥数据要素的价值，激活数据流通和交易。但是，数据流通必须以数据合规为前提，否则潜在的法律风险将在数据流动过程中不断传递与扩散，最终导致数据要素市场的混乱无序。本文以数据要素的内涵特征与时代特征为出发点，厘清数据能够成为生产要素的内在动因与外在驱动因素，并据此进一步明确数据合规建设在数据转化为生产要素过程中是不可或缺的先决条件，也是推动数据要素市场化实现高效、高质量发展的关键保障；同时积极探索数据合规体系建设的路径和方式，以期充分发挥数据合规价值、盘活数据潜能，以及进一步培育数据要素市场。

关键词： 数据合规；数据生产要素；数据要素市场化；数据法治体系

当前，以数据要素为核心引擎的数字经济时代正在深化发展，2023年数字经济核心产业增加值估计超过12万亿元，占 GDP 的 10% 左右。数据已经成为最具数字经济时代特征的生产要素，将与数字技术耦合发展，共

---

* 张新宝，中国人民大学法学院教授、博士生导师。

** 陈双，北京瀛和律师事务所高级合伙人。

同为推动经济转型发展激活新动力，为提升政府治理能力展现新途径，为重塑国家竞争优势提供新机遇。相比传统的四大生产要素，数据要素作为一种非稀缺性资源，具有无限复制的特征，这种特征不仅改变了生产方式，还重塑了商业模式和市场结构。随着人工智能、物联网技术、云计算等技术的不断进步，数据要素的价值将进一步被挖掘。然而，数据要素的价值释放需遵循一定的规则并在法律框架下有序推进，否则将导致国家安全、侵犯隐私、市场失衡甚至社会伦理问题的出现。因此，数据合规是推动数据成为生产要素的重要引擎，是数字经济时代企业可持续发展的基石。只有在确保数据合规的前提下，数据要素才能真正释放其潜力，为经济社会发展注入源源不断的活力。

一、数据成为生产要素的关键因素

（一）数据的内涵特征是数据成为生产要素的内在动因

2019年10月，党的十九届四中全会通过《中共中央关于坚持和完善中国特色社会主义制度　推进国家治理体系和治理能力现代化若干重大问题的决定》（以下简称《决定》），首次将数据增列为我国的一大生产要素。在数字经济时代下，数据作为新型生产要素，相比其他要素，不存在有限数量，边际产出不会随投入增加而递减，反而数据规模可以随着市场化经营呈现规模式扩张、指数级增长及爆发性提升，因此数据要素具有以下内涵特征。一是具有非稀缺性。与传统要素不同，数据可以无限复制并使用，使用和流通不仅不会损耗其价值，反而会提升其数据价值。随着数据规模的增多和丰富，数据价值可能成倍增长。二是具有可复制性。能够通过复制行为不断使用和流动，客观上具备高流动性，因此适合迅速在全球范围内传播，突破传统生产要素的时空局限。三是具有非排他性，使得多方主体可以同时掌握、使用数据。四是具有时效性，这是由于社会环境和市场趋势都在不断变化，数据内容和价值可能会因为时间推移而发生改变。可见，数据以其独特的新型形态存在，成为驱动数字经济发展的关键生产要素。

（二）数据的时代特征是数据成为生产要素的外在驱动

从经济发展层面来看，数据要素成为生产要素的时代特征与数字经济的快速发展紧密相关。就科技推动革命视角来看，目前人类文明主要经历了农业经济时代、工业经济时代、科技经济时代、数字经济时代四个阶段。自20世纪以来，以计算机、互联网等技术背景为核心的技术推动人类进入数字经济时代。同时，党和国家高度重视发展数字经济和技术，早在2016年习近平总书记就已经在十八届中共中央政治局第三十六次集体学习时强调要做大做强数字经济，拓展经济发展新空间。随着党和国家积极推动数字基础设施建设，国家和社会进入5G提速升级新阶段，人工智能、算法技术、云技术等数字技术迅速发展和广泛应用，数字技术推动社会生产方式加速变革，数据逐渐成为数字经济发展中不可或缺的关键要素，展现出数据赋能经济价值和社会高质量发展的重要潜能。

从国家政策体系来看，《决定》确定数据为生产要素后，国家数据局等17个部门联合印发《"数据要素 ×"三年行动计划（2024—2026年）》，提出构建以数据为关键要素的数字经济，发挥数据要素的乘数效应，赋能经济社会发展。随后，北京、上海、广东、深圳、贵州等地接连发布各市的数据条例及行动计划，并积极探索组建数据交易场所，发掘并提升数据流通价值。

从数据要素市场活跃程度来看，数据交易市场规模呈现爆发性增长态势。据统计，2021—2022年中国数据交易行业市场规模由617.6亿元增长至876.8亿元，年增长率约为42.0%，预测至2030年中国数据交易行业市场规模有望达到5155.9亿元。并且，随着财政部于2023年8月1日发布的《企业数据资源相关会计处理暂行规定》于2024年1月1日生效，上市企业、国企等掌控丰富数据资源的企业也在积极推动数据资产入表。据对新闻报道等不完全统计，2024年上半年已有多家企业完成数据入表，涉及农业、金融、公共数据、交通、水热电能源、通信等行业。此外，相关部门也在积极探索和推动公共数据的授权运营，旨在进一步激活公共数据的潜在价值，使公共数据资源可以被更有效地利用，从而为社会和经济发展注入新的活力。随着数据要素市场化进程的不断加快，数据要素正在逐渐成为推动经济转型和培育新质生产力的关键力量。这一变革不仅预示着经济发展的新方向，也标志着数据作为一种新型生产要素，在现代经济体系中的地位日益凸显。

（三）数据成为生产要素的保障性因素

数据成为生产要素的保障性因素是指数据成为生产要素需要满足一系列特定的条件，只有具备这些条件，数据才能够在经济活动中发挥其作为生产要素的作用。

一是数据作为生产要素，其法律法规与政策体系必须不断健全。这意味着为了促进数据要素的活跃发展及市场化改革，需要有顶层设计的法律法规和政策文件作为支撑，从而为数据要素机制的发展提供坚实的法律保障和政策指导，确保其在合法合规的框架内得以顺利进行。

二是数据的可流通性和供给价值需要不断被激活。数据能够在不同的主体之间合法合规地流通、共享和利用，这一点至关重要。通过打破传统的时空限制，数据的流通范围得以扩大，从而发挥出乘数效应，推动新质生产力的形成。这种流通性不仅促进了信息的自由流动，还为创新和效率的提升提供了可能。

三是数据的基础设施建设需要不断完善。党和国家高度重视数字基础设施的建设，不断提升其能力和水平。通过推动数据基础设施的完善，提升数字基建的联通性，为数据要素的供给与生产提供了必要的硬件保障。这些基础设施的建设是数字经济发展的物质基础，确保了数据处理、存储和传输的高效性和安全性。

四是数据要素人才队伍需要不断培养。人才队伍是数据要素发展的关键资源。数据要素得以规模化发展，很大程度上依赖于高质量数据人才队伍的不断壮大。这些人才不仅需要掌握数据处理的技术技能，还需要具备创新思维，不断探索数据要素的流通方式，推动数据在各行各业中的应用，从而为社会经济的发展注入新的活力。通过培养和吸引更多的数据人才，可以确保数据要素在未来的生产活动中发挥更大的作用。

二、数据合规建设是数据转化为生产要素不可或缺的基石

（一）数据合规是数据成为生产要素的关键先决条件

鉴于数据的固有特性及其时代意义，数据正逐步成为驱动社会经济进步与提升国家治理效能的核心要素。然而，数据作为生产要素的积极作用亦伴随着新兴的风险与挑战。具体而言，如人工智能大模型的研发依赖于庞大的数据集进行训练，若在此过程中未能采取恰当的合规措施，则可能侵犯个人隐私、国家安全，引发数据安全隐患，进而对国家安全构成威胁；又如，数据算法的广泛应用虽显著提升了决策效率与精准度，但若算法设计缺乏透明度与公正性，或基于存在偏见的数据集进行训练，则可能产生歧视性结果，损害社会公平与正义。

从社会市场需求的角度来看，数据要素市场化进程正不断加速。市场内外对数据交易、数据资产纳入财务报表、公共数据授权运营等数据要素流通和使用的需求持续增长。然而，值得注意的是，数据流通必须以数据合规为前提，否则数据合规风险将在数据流动过程中不断传递与扩散。在没有充分满足数据合规条件的情况下，各主体在数据处理时不仅面临高昂的成本和低下的效率，还难以准确判断数据的合规风险，进而可能引发侵权或违约等法律纠纷，最终导致数据要素市场的混乱无序。因此，数据合规是确保数据价值得以充分释放的先决条件，也是推动数据要素市场化实现高效、高质量发展的关键保障。

（二）数据合规是数据要素市场化建设的必然要求

在探讨数据合规的重要性时，必须深刻认识到，数据作为一种新时代的生产要素，其价值的实现与保护并不矛盾。在国家层面发布的一系列关于数据要素的重要政策文件中，中共中央、国务院印发的《关于构建数据基础制度更好发挥数据要素作用的意见》（以下简称"数据二十条"）提出"以习近平新时代中国特色社会主义思想为指导，深入贯彻党的二十大精神，完整、准确、全面贯彻新发展理念，加快构建新发展格局，坚持改革创新、系统谋划，以维护国家数据安全、保护个人信息和商业秘密为前提，以促进数据合规高效流通使用、赋能实体经济为主线"；《"数据要素 ×"三年行动计划（2024—2026年）》提出，以推动数据要素高水平应用为主线，以推进数据要素协同优化、复用增效、融合创新作用发挥为重点，促进数据的合规高效流通。可以看出，一方面，国家在大力推动和大力支持数据要素的市场化建设，鼓励和促进数据资源的开放、共享和利用，以充分发挥数据在经济社会发展中的重要作用；另一方面，政策文件也明确强调了必须在合法合规的框架内推进数据要素的市场化建设，确保数据要素市场的健康、有序发展。

（三）数据合规是全面深化改革、推进中国式现代化的关键手段

当前，数据要素赋能实体经济推动社会经济发展已成为党和国家的重要战略，是推动新质生产力发展的核心动力。与此同时，这一进程也深刻影响着生产关系及上层建筑等领域的变革与重构，引领着社会结构的全面转型与升级。

2024年7月18日，党的二十届三中全会审议通过的《中共中央关于进一步全面深化改革　推进中国式现代化的决定》明确指出，"加快建立数据产权归属认定、市场交易、权益分配、利益保护制度，提升数据安全治理监管能力，建立高效便利安全的数据跨境流动机制"。当前，我国各项数

据基础制度均处于初期探索阶段，对于数据的合规要求主要体现在数据安全法、个人信息保护法、网络安全法中，对于统一的产权认定、市场交易、权益分配等机制尚未纳入法律监管范畴，导致数据要素市场在一定程度上存在无序竞争、权益保护不足及跨境流通不畅等问题，这些问题已成为制约我国数据要素市场健康发展和全面深化改革进程的瓶颈。为此，深化数据合规体系建设，加快构建促进数据合规基础制度建设，不仅是对现有法律法规的补充和完善，更能促进数字经济高质量发展，塑造发展新动能，为中国式现代化提供强大动力，是推动中国式现代化进程中的关键一环。

在全面深化改革的大背景下，数据合规应当被视为一种创新驱动力，它不仅关乎数据安全和隐私保护，更涉及数据资源的优化配置和高效利用，亦是全面深化改革中关于培育全国一体化技术和数据市场的要求。未来的数据合规体系，需要构建一个多层次、全方位的法律框架，既要明确数据的产权归属，为数据交易提供坚实的法律基础；又要完善数据交易规则，促进数据市场的公平竞争和良性发展。同时，还需强化数据安全监管，将"依法治数、科学管数、安全用数"的原则纳入法律框架之中，确保数据流通与应用的全链条安全可控，更好地发挥数据要素在推动经济社会发展中的重要作用，为实现中国式现代化贡献力量。

三、数据合规体系建设的现实路径

建设数据要素市场，必须聚焦于数据合规体系的系统性构建，加快破除数据要素市场发展的机制障碍，盘活数据潜能，培育全国一体化数据市场。因此，应当结合数据要素市场的现状，积极探索数据合规体系建设的路径和方式，尝试破局。

（一）加快建设完备的数据法律规范体系

古语有言"经国序民，正其制度"，即治理国家和社会，使人民安然有序，关键在于完善健全各项制度。为促进数据要素市场的稳健发展，亟须不断深化数据领域的法律法规建设，包括但不限于数据市场基础制度、数据交易规则及数据权益保护要求等内容。在立法条件尚未成熟的阶段，可以先行通过国家司法机关在总结争议解决经验的基础上，坚持问题导向，制定有关司法解释或指导意见。当条件逐步成熟，应积极推动尝试数据要素市场领域的专门立法，增强立法的针对性、适用性、可操作性。通过数据法律规范体系的构建，为数据市场发展提供强有力的制度支撑。

（二）推动形成高效的数据法治实施和监督体系

习近平总书记强调，法律的生命力在于实施，法律的权威也在于实施。数据法治实施和监督要尊重市场经济规律，通过市场化手段，在数据法治框架内平衡各类市场主体的利益关系。在数据要素市场实施负面清单制度，同时确保合规与发展的协调，充分发挥市场在资源配置中的决定性作用。在条件具备的时候，建立健全专门的数据合规监管机构，明确其职责权限，提升监管效能，加快组建执法队伍，打击数据垄断、数据违规使用等违法行为。加强跨部门协作，形成监管合力，对违反数据法治体系的行为进行严厉打击，提高违法成本，打造数据市场主体诚实信用参与流通环节的市场环境。

（三）进一步落实企业数据合规责任

从数据要素市场参与主体角度来看，企业是数据要素市场不可或缺的重要参与者，因此企业应成为数据合规体系构建的重要主体。企业应当建立健全内部数据合规管理制度，对数据从采集、存储与传输、使用到销毁的全生命周期行为进行有效合规管控，并建立相关数据管理行为控制措施及规范制度。同时，企业应当完善内部治理结构，健全内部规章制度，加强企业人员管理培训，形成有效合规的管理体系。企业从内部管理制度建设数据合规，可以促进企业合法守规经营，让数据成为企业真正的优质资产，促进数据合规的社会裂变。

（四）加强数据人才培养和公众意识

建设数据合规体系是一个系统性工程，需要社会各主体共同参与和推动，其中数据人才是落实数据合规体系要求的重要角色和支撑。随着数据要素市场发展，数据人才的需求增加，通过提升数据人才的培养力度，激活数据人才自主创新能力，形成人才集聚效应，更好支撑数据市场高质量发展。数据人才能够在掌握数据法规政策，并具备数据合规治理能力的情况下，提升市场上的数据产品、数据资产、数据交易等数据要素流通合规性。同时，目前数据要素市场处于动态变化的阶段，市场趋势、倾向都在不断频繁变化，只有加强数据人才培养，才能更敏锐地捕捉到数据市场的趋势和问题，发现数据合规体系的不足和缺漏，提出相应的完善建议，为数据合规体系的建设建言献策。此外，加强对公众数据保护和使用的意识引导，提升社会对数据保护、使用和流通的认知质量，形成社会整体的数据流通氛围，为数据合规体系的实施提供更加安全的数据环境。

（五）促进数据技术创新与合规融合

技术创新能够在数据合规体系的建设中提供更为高效和智能的技术支撑，是不可或缺的一环。随着大数据、人工智能、区块链等技术的飞速发展，数据处理和应用的方式日新月异，这既为数据合规带来了新的挑战，也提供了强大的技术支持，数据处理主体可以通过数据技术创新，建立数据管理流程和体系，提升数据在全生命周期的合规管理自动化水平，降低合规成本。此外，由于数据本身具有无限复制的特征，在数据使用和流通过程中，存在数据安全风险，而数据技术创新有助于提升数据监管机构进行市场监督的现代化能力，通过技术化手段提升监督效率和效果，为数据要素市场提供良好的竞争环境保障。因此，应当积极促进数据技术创新与合规的融合，鼓励企业研发符合数据合规要求的技术产品和解决方案，如数据加密、隐私保护计算、智能合约等，以技术手段提升数据合规的效率和效果。同时，加强数据技术标准的制定和推广，确保技术创新的合规性，为数据市场的健康发展提供坚实的技术保障。

四、数据合规的多维挑战与协同治理趋势

数据正在以前所未有的方式和速度重塑生产力和生产关系，成为社会不可或缺的生产要素，但在构建数据合规体系过程中，仍然面临着诸多挑战，这些挑战不仅源于技术的快速发展，还涉及法律法规的滞后性、监管部门的专业度不足、企业的数据合规责任落实不充分等情况。近年来，在数字技术提升的同时，数据安全风险也随之而来，侵害个人信息、非法获取企业数据、侵犯知识产权、平台垄断等问题频繁出现。随着大数据、云计算等技术的广泛应用，数据规模呈爆炸式增长，如何在推动进一步挖掘数据有效利用场景的同时，保证数据合规与保护已经成为政府亟待解决的问题。

（一）人工智能技术应用下的数据合规挑战

随着数据要素的应用场景不断增多，数据要素正逐步成为驱动社会经济进步的核心生产要素，尤其是随着人工智能技术、大数据等新兴技术的发展，各行各业都在尝试结合人工智能技术以大幅度提高数据处理效率、实现降本增效目的，但在人工智能技术应用过程中必然涉及大量数据，如果没有在遵循数据合规制度的前提下有序推进，则可能存在侵犯个人隐私、引发数据安全隐患等数据合规风险挑战。

人工智能技术依赖大量的数据资源进行训练，除通过收集用户在使用技术过程中在对话框输入的数据之外，该类数据资源主要来源于数据爬虫技术，通过数据爬虫技术抓取互联网的大量数据，使得人工智能模型的训练和表现更加准确和快速。因此，在人工智能技术应用的场景下，应当重点关注训练数据资源的来源、收集方式、内容等方面是否符合数据合规要求。如果在数据抓取过程中，涉及抓取大量用户个人信息、国家未公开数

据、企业商业数据等，则存在侵犯用户个人信息、泄露国家秘密、侵犯第三方主体的数据权益等合规风险。特别是，如果抓取的数据涉及国家未公开数据的场景下，这些数据甚至可能会因为人工智能技术的使用而传输出境，此时将对国家数据主权造成严重损害。因此，在人工智能技术获取数据进行训练的时候，应当特别重视其数据合规要求，排查其是否存在侵犯其他第三方主体的数据权益、知识产权、商业秘密、个人信息等风险，并尽量取得相关第三方主体关于获取、使用、加工数据的合法授权。

另外，人工智能技术运算生成的内容可能存在错误、偏见、歧视等问题。人工智能技术是以学习大量的数据并经过算法统计来生成内容为基础的，如果生成式人工智能的算法隐藏着开发者的歧视、前期训练的数据存在某种程度的偏见或者歧视，而生成的内容没有得到足够多的纠正和反馈，那么经由算法机制产生的回馈结果自然也会存在此种偏见、歧视和错误，甚至人工智能的使用还会进一步延续和放大此种负面效果。因此，应当加强人工智能的合规管理，尤其是算法机制机理及科技伦理方面的审查，关注训练数据的合法合规性，加强数据筛选，通过机制剔除不良内容的数据，并强化对于训练数据的全面性和多元化，减少算法歧视等问题的产生。

当然，人工智能技术目前仍处于探索发展阶段，需要在进一步发展过程中探索数据合规和技术发展的平衡点，但应在确保数据合规的基础上，为人工智能技术发展提供更多空间和可能性。

（二）数据交易流通场景下的数据合规挑战

如前文所述，当前数据交易市场规模呈现爆发性增长态势，而随着数据交易日益频繁，一系列如数据来源的合法性、权属的明确性、处理的合规性等数据交易合规纠纷问题也随之呈现。这些问题不仅损害了数据交易双方的利益，更对整个数据交易市场的健康发展构成了严重威胁。

在数据交易市场上，买方和卖方基于自身利益往往对数据价值、使用范围、隐私保护等议题持有不同的看法。买方渴望获取全面而精准的数据资源，而卖方则希望保护自己的数据资源有限度的开放使用。这种认知的分歧在交易过程中极易引发矛盾和冲突，即使是数据交易合同中明确约定买方不能进行转授权或再次交易，但客观上卖方如何对该等行为进行监控，如何去溯源管控数据交易后风险，以及对于该行为出现后，数据卖方能够通过何种方式主张权利，保障其数据权益，但因目前数据交易的监管和法规体系尚不完善，对于数据交易前、交易中、交易后的规范和约束都存在不足，因此在这种情况下，一些不法分子可能利用监管漏洞，进行恶意交易、数据泄露等违法行为，进一步加剧了数据交易纠纷的发生。

另外，在全国首例认定数据交易买受人侵犯商业秘密的案例中，法院认为在数据交易中，虽然数据买受人无法在合同订立时准确预知数据具体内容，也无从准确判断是否涉及他人商业秘密，但是如果双方为同业竞争主体，具有类似的业务经营模式，数据买受人在发现数据涉及竞争企业特殊组合信息时，必然知道数据信息涉及他人的商业秘密，却仍然予以接收并使用的，此时作为数据买受人需要与数据提供者承担共同侵权责任。

由此可见，市场主体在参与数据交易时，必须提高警惕，审慎处理数据来源和权属问题，确保交易的合规性与合法性。从数据交易主体的角度来看，不仅需要加强数据保护措施，还需严格审查交易对象的资质和信誉，确保数据交易的公平、公正与透明。而从数据交易所的角度来看，对数据交易进行前置合规审查显得尤为重要，鼓励和引导数据场内交易，必须先树立交易合规的典范，推进数据交易市场健康有序发展。

（三）公共数据授权经营下的数据合规挑战

目前公共数据经营的方式多为基于特许经营或国有资本运营公司等方式授权企业对公共数据进行开发，从而产生相应数据产品，以实现公共数据的使用价值。但目前暂时没有全国性统一法律文件对于公共数据授权运营的模式、流程和合规条件等进行明确，这导致各地在探索公共数据经营的过程中出现了不同的尝试，甚至存在一些部门未遵循公共数据经营合规要求进行盈利的问题，如审计署办公厅于2024年6月25日发布的一则《审计结果公告》，指出目前一些部门监管不严，所属系统运维单位利用政务数据违规经营收费。其中4个部门所属7家运维单位未经审批自定数据内容、服务形式和收费标准，依托13个系统数据对外收费2.48亿元，属于违规行为。

因此，未来在处理公共数据的使用和处置时，应当严格遵守法律法规的合规要求，不得越过法律的红线，严格遵循资产管理权限，履行必要的行政审批程序。按照国家规定对资产相关权益进行评估，并注意避免国有资产的流失，所有的数据资产使用情况都应当经过集体决策，并按照审批程序进行处置。在数据资产进入市场时，必须明确其使用范围，严格进行授权，并严格执行行政事业单位的数据资产的财政收益制度。

同时，公共数据资源部门必须实施一套严格的管理体系。这个管理体系需要包含两个层面的监督措施：一方面是事前监督，即在数据处理和使用之前，确保所有的操作都符合国家有关数据安全的法律法规，以及内部的管理规定；另一方面是事中和事后监督，这包括对数据处理过程的实时监控，以及对数据使用结果的评估和审计，确保数据的处理和使用不会泄露任何敏感信息，保障数据资源的完整性不受侵害。

（四）可信数据空间建设中的合规要点挑战

2024年11月，国家数据局发布《可信数据空间发展行动计划（2024—2028年）》，这是国家层面首次针对可信数据空间这一新型数据基础设施进行前瞻性的系统布局。根据该计划，到2028年，我国将建成100个以上可信数据空间，形成一批数据空间解决方案和最佳实践。在这一政策背景下，各地纷纷积极开展可信数据空间的建设，同时也催生了如数据加工、托管和服务的各类企业，使整个数据产业生态更加繁荣。

可信数据空间作为一种旨在实现数据安全共享与可信流通的新型基础设施，通过密码技术、共识机制和智能合约等构建数据流通的"信任底座"，但其技术复杂性与治理多元性也带来了新的合规难题。当前，可信数据空间在政务数据共享、跨企业数据协作等场景的应用探索中，暴露出以下两个方面的风险和挑战。

一是可信数据空间依赖的隐私计算、区块链存证等技术，如技术使用不当可能引发数据合规安全风险。例如，联邦学习场景中，即使原始数据已通过匿名化处理，但模型训练产生的梯度信息（如权重更新值、特征重要性分布）可能隐含数据的统计特征或模式（如医疗数据中的疾病分布规律、金融数据中的交易偏好）导致隐含原始数据特征泄露的风险。又如，区块链的不可篡改特性虽能保障数据溯源，但当链上数据涉及个人信息更正需求时，可能因技术特性导致个人信息保护法规定的"更正权"难以实现，形成"技术合规悖论"。

二是在数据产权层面，可信数据空间的跨主体数据流通涉及复杂的权益分配。例如，通过公共数据授权运营模式联合开发数据产品时，原始公共数据与企业加工数据的衍生数据产权归属难以清晰界定，可能导致收益分配纠纷。除此之外，还面临企业间数据协作时衍生数据权属缺乏法律界定、个人数据衍生权益归属制度盲区、智能合约执行中可能掩盖隐性权属转移及引发跨境权属法律冲突、跨行业数据权属规则碎片化冲突等挑战。

未来，可信数据空间的合规发展需聚焦技术标准与法律框架的协同构建。一方面，应加快制定《可信数据空间技术安全规范》，明确区块链存证、隐私计算等技术的合规应用边界，建立数据分类分级的技术实施指引；另一方面，需完善数据权益法律制度，在现行法律框架框架下探索"数据用益权""算法知识产权"等新型权利形态，为跨主体数据协作提供权益分配依据。同时，应建立跨部门、跨区域的监管协作机制，通过"监管沙盒"试点探索适应可信数据空间的柔性监管模式，在风险可控前提下鼓励技术创新与合规实践的深度融合。

综上，数据合规建设是一个长期而复杂的过程，需要政府、企业、科研机构和社会各界的共同努力。在此之前，应持续深化对数据合规在数据要素中重要战略地位的认知，并将数据合规建设视为数据要素流通和发展的关键路径，不断探索数据合规的路径和模式。

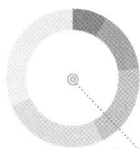

数据要素市场化的生态路径

姜奇平[*]　于小丽[**]

摘要：本文探讨了通过生态方式推进数据要素市场化的路径。当前数据要素市场化的主要问题在于场内交易与场外交易的错位，强调数据市场化不仅是建立市场，还应注重数据的价值实现。基于生态方式，本文提出通过双边市场和交叉网络外部性（如 API 模式）释放数据的潜在价值。通过引入空间贴现模型，研究展示了如何在多场景、多主体复用的环境下实现数据资本资产的合理定价。本文还提出了生态化推进数据要素市场化的六种模式，为实现数据要素的价值提供了新的思路。这些模式通过场景牵引，推动数据要素在不同行业中的广泛应用，最终实现数据的高效价值转换。

关键词：数据要素；生态路径；生态方式

一、以生态方式推进数据要素市场化的实践背景

（一）数据要素市场化认识中的"两个不等式"

当前，推进数据要素市场化的主要矛盾在于场内交易与场外交易的

---

* 姜奇平，中国社会科学院信息化研究中心原主任。

** 于小丽，经济学博士，中国国际交流中心博士后。

错位。一方面，场内交易不活跃，仅占总量的10%，但许多地方仍热衷于建设数据交易所；另一方面，场外交易与行业和应用结合紧密，占总量的90%以上，但这一主要市场化途径却多被忽视。这种错位源于对数据要素市场化两个不等式的忽视。

第一个不等式是"数据要素市场化不等于建市场"。建立数据交易所虽是市场化的重要途径之一，有助于激励数据提供方，提高数据的量和质，但市场化不仅是建市场，还包括价值实现。若只注重建市场而忽视数据的实际应用，可能导致数据变现后效用较差。

第二个不等式则是"建市场不等于建立单边市场"。市场分为单边市场和双边市场，现有的交易所是单边市场，而双边市场是 API 模式。双边市场可能成为数据要素市场化的主战场，但这一点往往被忽视。双边市场与单边市场的主要区别在于，前者以数据交易为特征，后者以数据交互为特征。

（二）生态方式主要特点是在市场化机制中加入交叉网络外部性（"交互"）

生态不同于非生态，或者说双边市场不同于单边市场的主要内涵，在于"场"的概念。数据要素市场化中的"市场"概念可分解为"市"与"场"。"市"相当于波粒二象性中的粒，"场"相当于波粒二象性中的波。若"市"的机制是1+1=2，"场"的机制就是1+1>2。

根据中国工程院《数据空间发展战略蓝皮书》的定义，数据场是数据要素价值与相互作用在时空上的分布，刻画了数据要素在数据空间中运动的基本规律。在数据场的作用下，无序的数据要素有序地流通，有序的数据要素流通持续地创造价值。数据要素场是面向社会提供一体化数据汇聚、处理、流通、应用、运营、安全保障服务的一类新型基础设施。这里的"相互作用"就是指数据交互。

以生态方式推进数据要素市场化目的是"=2"与">2"之间的差值。这部分由报酬递增带来的增量的来源，根据中国工程院的研究，归纳为数据要素的关联释放、聚变释放、倍增释放。可以认为，经过关联、聚变和倍增后，产生了数据要素价值创造与价值实现之差。

从市场内部来讲数据要素市场化的生态路径，以及以生态方式推进数据要素市场化，具体是指将包含数据外部性的交互（cross），纳入市场化。可以认为从汇聚、处理、流通、应用、运营到安全保障服务的一系列行为，都具有 cross 的本质特征。场就是为 cross 提供的活动空间。

图 1 显示了由数据交互带来的外部性增值空间 $p*e*fg$。这个空间是由需求曲线 d 向右上方移动至 D 扩充来的。这种移动，代表了数据要素通过复用对价值实现的放大。从 f 到 $e*$，就是均衡水平下交互大于交易的部分，即数据要素场关联、聚变、倍增带来的溢价区间，经济学上称为报酬递增。$P_{eff}lQ_{eff}O$ 代表总的复用区域（应用厂商），$P_{eff}mQ^*O$ 代表有效（即有销售收入）的应用。其中 Q_{eff} 是接受复用的所有厂商数，Q^* 是复用数据要素后产生销售收入的厂商数。

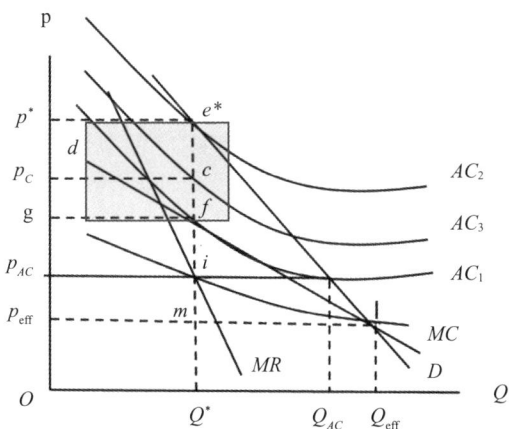

图 1　数据交互释放的关联、聚变、倍增价值空间

数据交互，又称 API 模式，是指造市商通过经营数据要素，利用数据进行双边经营，为使用提供复用接口。这种模式营造了数据要素场，使买卖双方进行数据交互，从最终销售收入中获取要素回报。其初级形式是围绕数据产品化、服务化的交换，高级形式则是通过经营流量进行变现，前

者按预期收入定价，后者按实际收入定价。

需要区分的是交互与交易的理论区别。交互对象是使用价值，涉及使用权转移，而所有权不变；交易对象是价值，涉及所有权交换。数据要素可以多次收费，而买卖只能收一次费。如果坚持以买卖方式交易数据要素，可能导致数据要素被多次复制和收费，最终出现问题。

在各地实践中，交互模式通常称为后厂模式，交易模式称为前店模式。海南、深圳、浙江等地采用前店后厂模式，前店交易数据要素产品，后场交易数据产品化、服务化的最终产品。数据要素市场化的生态路径是将后场融入前店，具有以下特征：首先是场景牵引作用，推进数据要素在相关行业和领域的广泛利用。双边市场以场景构成交易的生态，区别于单纯场内交易。其次是统分结合的双层经营关系，数据中间产品（要素）与最终产品（应用）形成"平台＋应用"的关系。经过确权的数据要素，通过交互实现产品化、服务化，与应用相结合。最后是数据要素场的方式作用，通过 API 接口等方式推动要素与应用结合，完成价值实现。在后场中，通过双边交互，将数据要素转化为最终产品和应用。从最终产品和服务的销售收入中，按比例扣除数据要素提供方所得，实现最终定价。

二、数据要素市场化的价格机制

下面将从价格机制上说明数据要素市场化中内生生态机制优化后的运行机理。

（一）数据资本资产模型与空间贴现

标准的资本资产定价模型（CAPM）为式（1）：

$$p_{t=}E_t\left[\beta\frac{u^{'}(c_{t+1})}{u^{'}(c_t)}x_{t+1}\right] \tag{1}$$

式（1）表示资本资产定价取决于增加一个未来效用增量（c_{t+1}）对应的

回报 x_{t+1} 带来的预期 E 改变。β（贝塔值）代表历时的两期间价值的不确定性，它是资产定价的黑箱。

式（1）为"时间贴现"，即历时条件下数据资本资产定价由增加一个未来效用增量对应的回报带来的预期改变决定。这是数据交易所（场内交易）所依据的市场机理。

与实体资本一样，存在着一个高度不确定的 β。对于场内交易来说，表现为同一个数据要素，价值高度不确定。不确定的原因在于，要素只是中间产品（投入品），它的价值要依赖最终产品（产出品）而定。

接着将该模型改造为一个生态模型。为了推广式（1），设一个未来效用由一个应用（最终产品）提供，应用数量以 n 计量。与实体资产不同，由于数据要素可以复用，同一要素资产（中间产品）可以对应众多最终产品，这就是《"数据要素 ×"三年行动计划》中说的"多场景应用，多主体复用"。可以视其为一种一对多的空间分布现象。

先视式（1）为下述情况的特例：一个资产（中间产品）与众多最终产品分成固定（如平台与应用分成比例固定），从而有效应用数 n 成为常量（如 $n=1$，视所有应用为一个应用）。此时，可以将中间产品与最终产品的提供者视为"同一个人"。

数据资本资产定价模型（DCAPM）是式（1）的推广形式，通用式（2）为：

$$\sum_{n=1,t=1}^{n,t} p(n,t) = \sum_{n=1,t=1}^{n,t} E_{n,t}\left[\beta\frac{u^{'}(c_{n+1,t+1})}{u^{'}(c_{n,t})}x_{n+1,t+1}\right] \tag{2}$$

其中，$n=1,2,3,\cdots,n$，$t=1,2,3,\cdots,t$。下标代表起始值，上标代表最大值。t 代表时间。n 代表有效的最终产品数量（有效流量或可变现流量），有效指中间产品（数据资本资产）有效转化为最终产品（数据最终产品，即增值应用）的现金收入，即流量变现。p 代表资本资产价格，E 代表预期，u 代表效用，c 代表效用对应的消费，x 代表资产回报，β 代表随机贴现因子。式（2）表示，数据资本资产定价受共时因素（空间因素 n）与历时因素（时间因素 t）的共同影响，数据资本资产定价中期望值 E 的变化也受这两方面因素影响，一方面取决于增加一个有效应用（c_{n+1}）带来的边际效用 u' 对应的回报变化 x_{n+1}，另一方面取决于增加一个未来效用增量（c_{t+1}）对应的回报变化 x_{t+1}。

当 t 取值固定为 $t=1$ 时，式（2）变为空间贴现模型，为式（3）：

$$p_n = E_n\left[\beta\frac{u'(c_{n+1})}{u'(c_n)}x_{n+1}\right] \qquad (3)$$

式（3）表示在共时条件下，数据资本资产定价取决于增加一个有效应用（c_{n+1}）带来的边际效用 u' 对应的回报 x 所决定的预期 E 变化。

空间贴现由此定义为：共时条件下，数据资本资产定价取决于增加一个有效应用带来的边际效用对应的回报所决定的预期变化。

对应实践，在海南前店后场模式中，空间贴现表现为，在前店中列表中同一项数据要素，在后场买卖双方一对一的交互中，可以形成空间上的一对多关系（"数据要素 ×"），或是同一个要素对应多个场景，形成多个最终产品（应用）；或是同一个要素对应多个主体，形成多个最终服务（使用）。

根据科克伦提供的简明方法，可以将资本资产定价的时间贴现方法对等置换为空间贴现，即将式（1）转换为式（3）。将表示时间的 t 系统地置换为表示空间的 n，构建基于数据要素的资本资产定价模型，其中隐含了 $t=1$（常量）的设定。经验含义是不考虑时间先后，数据资本资产方同时向数量为 n 的应用方收取资产的有效使用费。

式（2）代表一个融合了场内交易与场外交易的统一场理论。从式（2）中，我们可以清晰地观察到一个规律：时间贴现（场内交易）与空间贴现（场外交易）互为特例与通则。也就是说，时间贴现是 $n=1$ 时通用式的一个特例，空间贴现是 $t=1$ 时通用式的一个特例。

这意味着场内交易与场外交易、数据交易与数据交互，可以依一定条件相互转换。以上海模式为例，除企业间直接交易模式外，鼓励交易场所将场外交易引入场内的各类创新探索。支持线上线下联合平台交易、联盟与共享交易模式、鼓励在数据交易的同时，开发依数据源开发的数据产品、数据服务。

（二）生态方式的收费模式：以销售收入为基准入表

空间贴现最具潜力的形式是 API 模式。其中承担平台企业的可以是平台、运营商或数据商。

在这一模型中，市场被区分为单边市场与双边市场。双边市场是单边市场向内生外部性的推广，将最终产品买卖双边从外生变量（$n=1$），变为内生变量（$n>1$）。其定价是对应跨期定价的动态空间定价。实质区别在于，资产定价的时间贴现主要依据中间成本定价；而空间贴现主要依据应用产生的价值（最终收益）来定价。API（应用程序接口）就是联接中间产品与最终产品（APPs）的接口。在浙江模式中，表现为中仓这一由数商构建的中介机制。

内生双边关系的本质，是将外部性纳入市场内部。梯若尔将双边外部性区分为成员外部性（membership externality）和使用外部性（usage externality），内部化的方法是收取会员费与使用费。会员费是固定收费，不是按要素的"使用效果"收费，而是按"使用"收费，即不管有效（有销售收入）无效（没有销售收入）均收费。而使用费是不固定的收费，以流量变现为依据收费，通过按使用效果收费实现。按使用效果收费的"效果"是指有效变现流量，在会计上指有销售收入的那部分流量。

由此得到一个与消费资本资产定价模型（CAPM）对应的公式（式4）：

$$U^i = (b^i - a^i)N^j + B^i - A^i \qquad （4）$$

U 是以效用形式表达的资产总收益，其中的会员费部分（应用方会员费 B^i，最终用户会员费 A^i），相当于图1中对应固定成本的 $gfiP_{AC,}$，是不直接与流量（图1中的 Q_{eff}，这里的 N^j）相关的；而使用费部分（应用方使用费 b^i，例如从情境定价中获益；最终用户使用费 a^i，例如，利用拼单享受折扣，对应图1中的 $P_c cfg$，是直接以流量为内生变量的。

N^j 在此还代表另一个重要概念，这就是情境相关定价，或场景化定价。场景构成个性化价值的上下文语境，使用费可以视为定制化价格的集合。需要注意的是，这里的流量相关，是指与有效流量（$Q*$）相关，即可以转化为销售收入的流量相关。而每一个可转化为销售收入的流量所处的空间，可以视为一个有效的情境。

利润为式5：

$$\pi = \sum_{i=B,\ S})(A^i - C^i\ \ N^i + (a^B + a^S - c)N^B N^S \tag{5}$$

价格为式6：

$$p^i = a^i + \frac{A^i - C^i}{N^j} \tag{6}$$

作为一般结论，数据资本资产定价等于最终消费者使用外部性收益加上最终消费者会员费减平台会员费（对应图1中的 $p*e*cpc$）除以流量（对应图1中的 $Q*$）。也就是说，数据资本资产定价的本质是从流量收益中扣除消费者福利后的水平，这一福利包括两部分，一部分（a^i）是由增值服务上增进的福利（主要是由差异化、多样化、个性化与社交体验所增进的福利），另一部分（A^i）是从平台免费中获得的福利（对应图1中的 $p*e*fg$）。

数据要素含有两个不同于一般实体要素的潜在价值来源，可用于为资产进行间接定价：一是只有在最终消费者使用中才得以产生的使用价值，这种价值是在应用中间接产生的。最终应用 a^i 是一个资产定价内生变量，脱离最终应用定价，将使数据要素的实现价值处于不确定、不可控状态。二是通过流量变现即流量外部性的内部化产生的转化价值，这种价值与平台网络效应有关。流量 N^j 成为内生变量表明，数据要素一旦作为固定成本投入应用后，由双边交互等网络效应产生的互补性，是定价不应忽略的因素。针对外部性的适当制度设计，可将这部分财产使用权利作为未"用尽"权利加以实现。

由于最终产品销售收入是实际发生的，因此在空间贴现中，β 有可能完全变成常数，成为确定值。

传统资产定价中的贴现完全不考虑流量问题，中间产品定价与最终产品销售收入之间的关系不以流量为考虑因素。会员费的现实存在却显示，在总流量与有效流量之间，存在类似随机贴现因子的系数关系。如果一个平台提供的总流量空间 Q_{eff} 不足以让应用方产生足够满意的有效流量 Q^*，应用方就会认为交会员费不值，从而选择其他平台，最终使得这一平台退市。数据要素与最终产品结合时，可产生销售收入，这是入表的最终依据。其他入表方法，都只是对这个销售收入的预期，因此是派生的。

三、以生态方式推进数据要素市场化：空间贴现的六种模式

（一）当前各地数据要素市场化模式探索共同向生态化方向演进

自贵阳首创数据交易所这种场内交易模式（理论上的时间贴现模式）后，我国各地掀起了建设数据交易所的热潮。但随着场内交易不足这一问题的暴露，各地尤其是市场经济发达、市场经验丰富地区纷纷开始独立思考，探索出大量与贵阳模式不同的新模式。最先取得实质突破的是海南模式，即前店后厂模式。这种模式把市场化的方向，转到时间贴现（场内）与空间贴现（场外）结合的新方向上来。

随后各地模式有一个共同特征，就是摆脱了单纯的场内交易模式，向场内交易（数据交易）+ 场外交易（数据交互）方向演进，开始沿着"数据二十条"明确提出的"支持数据处理者依法依规在场内和场外采取开放、共享、交换、交易等方式流通数据"及国家数据局即将出台的交易与流通政策引导方向发展（见图2）。

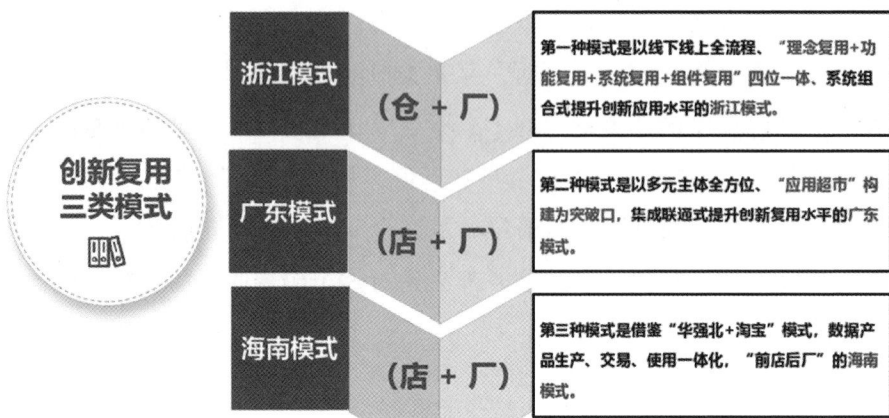

图2　数据要素市场化向生态化方向演进

资料来源：国脉互联。

这显示，以空间贴现为代表的生态化的数据要素市场化模式，在摸索中国式现代化规律方面，开始探索一条不同于西方的道路，不约而同想到要发挥中国超大规模市场优势，释放需求端巨大潜力这一比较优势。

（二）以生态化方式实现数据要素市场化的各种实践探索

1. 模式一：数据要素 + 行业龙头 + 应用模式

这种模式主要是推动电信、电力、交通、金融等行业主体或具有全国影响力的行业性机构建立行业性数据交易平台，开发贴近行业发展的数据产品和服务，推动行业内建设更高效的数据要素流通与交易机制，帮助企业寻找可用数据资源，促进数据要素与各行业融合应用，并结合应用场景确定价值与价格。

这一模式在深圳、海南都有所体现，深圳模式的空间贴现依托联通，海南模式的空间贴现依托中国电信，这是进行空间贴现的良好数据要素场。

这种模式对于运营商来说，也是一个巨大提升。以中国电信为例，原本，其 IDC 收入只是关于数据的技术服务费。而一旦采用"数据要素 ×"的方式，可以分两部分从数据要素复用中的行业应用中获得业务服务费，一部分是来自成员外部性（membership externality）的会员费，即式（4）中的 B^i-A^i，主要是 B^i；另一部分是来自使用外部性（usage externality）的使用费，即式（4）中的 $(b^i-a^i)N^j$。中国电信因此就可以从管道模式变成"管道＋增值"模式。

2. 模式二：场内 ＋ 场外

这种模式在上海体现得较为明显。其特点是以场内交易为主，将场外交易纳入场内。其特点是除企业间直接交易模式外，鼓励交易场所建立将场外交易引入场内的各类创新探索。支持线上线下结合平台交易、联盟交易与共享交易，鼓励在数据交易的同时，研发来自数据源开发的数据产品、数据服务。

该模式的贡献在于，发挥数据商作用，利用产业资本降低金融资本的不确定性，相当于利用空间贴现降低时间贴现中 β（贝塔值）的不确定性。

引入场外交易主体进入场内与资本市场合作需满足五个条件：一是数据商有能力使资本市场熟悉行业，从而满足公允价值定价规定的"熟悉行业"条件。二是有专业机构在场外交易中提供专业信息服务。三是有应用者向数据商显示有助于定价的需求信息。四是有成熟资本市场显示相关资产价格信号。五是有庄家"坐庄"，指非参与经营的造市者或者利用信息不对称进行杠杆化操作。

其中，条件五与空间贴现是不相容的，因为庄家"坐庄"（金融化）会倾向放大风险，放大信息不对称，而空间贴现趋向减少风险。其他四个条件是相容的，可以视空间贴现为时间贴现的极限形式。上述前四个条件不断迫近信息对称，将减小 β 的不确定性。

3. 模式三：前店 ＋ 后厂

这种模式的特点是支持数据交易平台开展提供数据产品与服务交易与加工处理服务结合。简明概括为"数据产品化、服务化"。这里的"数据"，实际指数据要素，即作为投入品的中间产品。"数据产品化、服务化"实际的意思是数据要素的最终产品化、最终服务化。

海南首先进行了该方向的探索，故称海南模式为前店后厂模式。从海南"数据产品超市"提供的交易清单来看，不涉及所有权变更的数据产品服务的交付行为生产的交易金额占比68.54%，涉及所有权变更的数据产品的直接交易金额占比31.46%。说明这种模式中场（生态）的特征占了主要成分。深圳模式也具有前店后厂的特征。

4.模式四：前店＋中仓（数商）＋后厂

该模式是对模式三的完善，增加了前店与后厂的中间转化环节使之专业化。与第一种以龙头企业为中间人的模式不同，该模式通过发育数商，利用数据服务的集群化，重现产业集群对制造业的支撑作用。

API模式是数据交互的枢纽，连接中间产品（要素）与最终产品（APPs）。通过应用程序接口（API）实现数据交换和集成，推动数据流通和共享。数据交互的本质是流量变现，即大企业将固定资产投资转化为流量，供生态内部中小企业复用，将流量中间产品转化为最终产品销售收入，并在API两侧分成。在浙江模式中，"应用资源目录"就是一个API，负责将数据要素分发到多场景应用的渠道，形成从要素资源到应用资源的接口体系（见图3）。

图3　浙江"前店＋中仓＋后厂"模式

资料来源：国脉互联。

在 API 模型中，市场被区分为市（前店）与场（后厂），将最终产品买卖双边从时间贴现中的外生变量（$n=1$）变为内生变量（$n>1$）。其定价依据应用产生的价值（最终收益），用最终产品销售收入间接为中间产品定价。后厂的收费模式是按"使用效果"收费，而非按"使用"收费，体现了空间贴现的特征。

以数据要素 × 金融服务为例。工商银行以 API 平台和金融生态云平台双轮驱动，将支付、融资等金融产品与教育、医疗、出行等行业融合，提供"行业 + 金融"的综合解决方案，构建 GBC 联动开放互联生态，打造无界融合、优势互补、开放共赢的金融生态圈。这就属于生态化的做法。

金融业以自身为系统，以数据服务业为生态（环境）的实质，是以后者替代直接观察市场最终产品定价，消减资产贴现中的贝塔值的不确定性。可以通过多种战术手段实现：一是在数据交易所中委托第三方评估资产风险，即评估该数据资产与场景相结合可能产生的收入，或数据资产与买方相结合，可能从进一步的利用中获益的情况。二是让熟悉行业应用的第三方服务参与数据资产的时间贴现价值评估。三是根据市场行情，对不同概念的数据资产给出市场法评估，特别是对于以知识资产形态存在于创始人团队中的数据资产价值进行市值观察。也可以用通证的方式在不同时点进行价值评估。

虽然这些中介服务的业务各有不同，但都具有提高中间产品的最终产品转化率的功能。中介与平台不同，平台主要是针对流量的外部性进行转化服务，而中介服务更多是针对信息不对称而节省交易费用来提供服务。

作为中介的数据服务的本质在此就是进行从空间贴现到时间贴现的还原。很明显，时间贴现的投机空间更大。这是因为它可以通过令资产所有权人与经营脱钩的方式，将相对可控的经营风险转变为相对不可控的交易风险，不露痕迹地将低风险的变现模式变成高风险的变现模式，从而获得对应高风险的高收益。对 CAPM 来说，就等于以放大随机贴现因子 β 为业，进行专业的金融操作，对信息不对称本身进行"套利"。虽然对于资产的定向流动有促进作用，但也存在脱实向虚的行业性风险。

需要指出，数据商发展，也不能以自我为中心，只以膨胀数据要素价值为业，而要面向价值实现的源头，经营有源之水。如在产业链中，要用最终产品来引导中间产品。目前数据商很多是在丰富产业链，做中间产品，但中间产品不能是为数据而数据，需要把数据和真正的应用紧密结合起来。式（2）中空间贴现中的 n，既指数据商，也指数据用户，它们在双边市场中是双边关系。虽然会员费、使用费的钱可能主要是从 B^i 收上来的，但 A^i 才是从钱包掏钱给 B^i，进而给造市商的人。要正确认识梯若尔倾斜式定价的本意，将应用导向、最终消费导向贯彻在要素价值实现的始终。

5. 模式五：龙头 + 公共数据要素 + 场景化应用

这种模式是模式一的变体，支持龙头、链主与数据要素 ╳ 诸公共机构（含数据集团），如与农业农村局、医保局等合作，通过场景寻找数据需求、数据交换直接提供服务。

需指出，模式一和模式五落实的关键都在于空间贴现（场景定价）。场景是一个情境定价问题。数据的价值在前端不确定，后端才确定，中间可能存在巨大的价值差异。专家设想的数据要素一级市场与二级市场之间的巨大价差，是可能存在的。但不是存在于场内，而是存在于场外，存在于要素（中间产品）与应用（最终产品）之间。因此，博取这个价差应该重视情境牵引。

数据在生命周期中具有强烈的情境定价特点，数据作为中间产品定一次价之后，再定价需要和场景应用结合，这个过程场景对应的时间和地点都具体化了，这不是统一的宣传和炒作可以做到的。场景主要发生在场外，在"价值实现"的过程中，在于抓住空间贴现中的每个 n，并让 n 足以在规模和范围上成势。

6. 模式六：双边市场流量变现模式

目前的前店后场模式，还有"小生产"的特征，表现为在后场中，交互还是一对一人工化地进行，做不到在 API 技术支持下大规模大范围的交互。要实现此类交互，必须在交互的产业集群变为现实的基础上或过程中，正式引入双边市场流量经营的方式，实现大规模定制。在大规模、大范围基于应用的流量变现中，充分兑现、实现数据要素的价值。

以苹果商城为例，数据业务对应资产是定数，商城中的 App 总量并不直接改变资产存量（潜在价值）。但 App 的增加（$n+1$）会改变资产的收益，这种收益是通过苹果支付系统瞬时结账（n 的集合中，厂商有收益则支付资产使用费，无收益则无需支付），在同一时间内完成的。这个变化与最终产品厂商（APPs）在同一时间条件下，空间上数量的多少是密切相关的。这种做法同样适用于金融业务与数据业务的融合应用。例如，针对农村地区金融服务历史数据不足的社会群体，金融机构可融合电力、电信、公安等数据进行信用画像，对各种需求进行精准识别，灵活高效地配置资金。双边市场比前店后厂模式在收费上有所改进，不是按使用收费（如对数据产品、数据服务直接收费），而是按使用效果收费。

前者是不管最终用户应用有效或无效均收费。而使用费是不固定的收费，以流量变现为依据收费，通过按使用效果收费来实现。按使用效果收费的"效果"是指有效变现流量，在会计上指有销售收入的那部分流量。

（三）生态化的总方向是场景牵引

总括地说，以生态化方式推进数据要素市场化的总方向和原则可概括为场景牵引。

"数据二十条"在宗旨中明确指出了应用场景的重要性；《"数据要素 ×"三年行动计划（2024—2026 年）》同样提出要发挥场景牵引作用。脱离应用场景大建特建数据交易所，超越了当前从数据资源建设向数据要素建设发展的历史阶段。这里强调的是打好场内交易的基础。打好基础的标志，一定是数据基础设施初步建立（以数据要素场形成为标志），数据服务产业初步发展（以形成世界级集群为标准），保障供求联动的市场环境初步形成（以产得出与用得好首尾衔接为标准）。

为此，在发展的初期阶段，要紧抓场景牵引，以生态方式推进数据要素市场化。场景牵引有以下五个优点。

优点一：和场景结合的交易是在应用端定价，而不是在中间产品定价，所以它和行业应用结合得更紧密。

优点二：结合场景的交易更适合需求导向，依据收益法定价。成本法定价和收益法定价相差悬殊，通过收益法定价，数据价值更加实在。

优点三：结合场景定价的交易，使用价值可以直接赋能实体使用价值，这种转化过程是直接且高效的，无需先将使用价值转化为货币，再将其投入实体经济中。因此，该模式下可更直接地服务于实体经济。

优点四：结合场景的交易有利于对外部性（流量）的转化（变现）。流量是指买卖双方的交互，这是化解外部性的关键。

优点五：结合场景的交易更适合服务业态，更加适合按使用权收费。中间产品的交易面临诸多困难，这主要源于其定价方式侧重于所有权定价。然而，当前的市场趋势表明，低端业态主要聚焦于产品，而高端业态则更加注重服务。按服务收费模式能够持续产生收入，从而更有效地实现财务增长。因此，基于情境的定价策略在经济层面具有显著的重要性。

解决了场景牵引问题，入表问题也将从根本上得到解决。解决入表难问题，关键在于理顺总体逻辑。鉴于数据本身"多场景应用，多主体复用"的特性，脱离最终产品给中间产品直接定价违背了市场化规律。符合规律的做法是用应用给要素定价，也就是用最终产品给中间产品间接定价。

把要素视为系统，应用就是它的环境，最终产品构成中间产品的生态。要把传统的基于要素本身的时间贴现，与数据要素特有的内生应用的空间贴现，在市场化过程中结合起来。

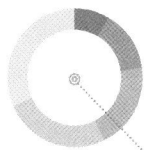

数据要素的价格问题

王建冬[*]　孙静^{**}

摘要： 在数字经济时代，数据对于企业的生存和发展至关重要。本文回顾了数据要素定价的研究历程，涵盖了从信息定价到数据定价的各种模型和方法，包括成本、需求、竞争导向策略及经济理论和博弈论模型，并针对数据特性提出了分层市场结构运用理论。此外，探讨了"数据财政"作为"土地财政"替代方案的潜力，强调了清晰的产权和定价体系的重要性，以避免资产泡沫。通过与土地要素的历史发展对比，指出数据的独特成本结构和无限复用潜力，提供了更加可持续的财政模式。

关键词： 数据要素化；数据定价；数据财政

数字经济时代，数据就像"工业血液"石油一样，以前所未有的范围和规模进行数字化记录、存储、分析和应用，成为每个企业生存发展不可或缺的生产资料。2022年12月，中共中央、国务院正式印发《关于构建数据基础制度更好发挥数据要素作用的意见》（以下简称"数据二十条"），标志着数据要素基础制度"四梁八柱"初步形成。2024年7月，党的二十届三中全会通过的《中共中央关于进一步全面深化改革　推进中国式现代化的决定》指出，要培育全国一体化技术和数据市场，健全劳动、资本、土

---

* 　王建冬，国家发展改革委价格监测中心副主任。

** 　孙静，北京大学工学院馆员。

地、知识、技术、管理、数据等生产要素由市场评价贡献、按贡献决定报酬的机制。我国人口产业规模巨大，经济社会发展沉淀的数据总量十分可观，随之所催生的数据资产潜在市场规模也十分巨大。据中央网信办调查，2022年我国数据年产量8.1ZB（1ZB=270字节），占全球的10.5%，仅次于美国的23.9%，连续三年保持30%的增速。据清华大学团队测算，2020年全国数据资本存量和形成额累计达21.8万亿元，对经济增长率贡献34.46%，已超过技术要素，成为仅次于资本的第二大贡献生产要素。

一、现有研究综述

从学术史的角度，数据要素定价研究可以往前溯源到信息定价。1993年，布林德利较早对信息产品和服务的定价策略问题进行了研究，提出了成本、需求和竞争导向三重定价策略，基本上可以视为当前数据基本定价策略的前身。肖姆、斯塔尔等通过调研欧美46个数据市场，对其核心产品、数据来源、定价模式等进行分类与统计，并围绕数据市场的定价渠道、商业模式、市场主体、未来趋势等开展了系列调研。

2012年以来，随着大数据概念不断升温，产业界和学术界均开始关注数据定价问题，相关成果丰富。一些学者将现有数据定价模型分为基于经济理论（成本模型、消费者感知价值、供应模型、需求模型、差异化价格和动态定价）和基于博弈论（非合作博弈、讨价还价和斯塔克伯格博弈）两类。刘枬等综合考虑数据容量和数据质量两方面的价值，运用斯塔克伯格理论，提出基于效用的数据定价方法。从定价形式的角度，王文平将数据定价方法区分为平台预定价、固定定价、实时定价、协议定价和拍卖定价。李成熙、文庭孝归纳出按次计价（VIP会员制）、第三方平台预定价、拍卖定价、协议定价、实时定价等五类数据定价模式。实务层面，光大银行、南方电网先后发布了《商业银行数据资产估值白皮书》《中国南方电网有限责任公司数据资产定价方法（试行）》，贵阳大数据交易所上线全国首个数据产品交易价格计算器，在综合运用成本法、收益法、市场法并应用于数据产品与资产估值定价方面开展了有益探索。

由于数据要素存在无形性、非排他性、可复制性等特征，同时，数据要素市场中的数据不同于传统商品，其了解过程与使用过程往往相互重叠，同一数据的价值水平有可能因其应用场景的不同而有所差异，加之数据具有高固定成本、低边际成本、产权不清、结构多变等特征，其价格形成的复杂度远远大于其他商品，导致传统的成本法、收益法、市场法等资产定价方法应用于数据要素领域均具有一定局限性。成本法方面：数据资源流转过程的总成本虽然可以相对准确计量，但是由于数据具有无限复制性，复制越多，边际成本越低，因此数据的单位成本难以有效确认。收益法方面：数据潜在价值巨大，但本身并不直接产生价值，必须与具体业务场景融合，通过精准营销、降低成本、提升效率等实现价值，而数据应用场景十分广泛，不同场景下收益实现路径又千差万别，导致收益评估操作难度很大。市场法方面：目前受限于交易规模狭小，基于市场交易价格对数据进行评估定价时势必存在缺乏公允性的问题。国家发展改革委价格监测中心对国内16家代表性数据交易所调研显示，2023年上半年我国数据市场场内交易总规模不足120亿元，如此小的交易体量，势必难以支撑有效公允价格机制的形成。

二、从市场和产品分级的角度思考数据"千用千价"问题

当前业界有一个很流行的说法，就是同一条数据在不同应用场景下价值完全不同，因此数据定价无法实现标准化。笔者认为，在探讨这个问题时，应当区分"数据资源价格""数据产品和服务价格"两个层面的概念。实际上，数据在不同应用场景中是以"数据产品和服务"的形态体现出来的。从价格链的角度，数据产品价格类似于"终端零售价"，而数据资源价

格类似于"原料价"。在数据产品和服务中，除"数据资源"之外，还有凝结在数据之上的两部分投入：一是智力、品牌等无形投入（这部分可以统称为算法投入，或者叫"数据知识产权"投入）；二是网络、计算、存储等有形投入（这部分可以统称为算力投入）。前者属于无形资产，在不同场景中算法对无形资产的价值评估具有很大灵活性，也是造成数据产品"千用千价"的核心原因。而刨除这部分，数据价值、算力价值的估算应当是相对标准化的。这就像同样的菜和调味品，在五星级酒店大厨手里炒出来的菜和在路边摊炒出来的菜的价格完全不一样，这里面的价值区别主要不在于原料，而在于饭店的品牌价值、地理位置、用餐环境和厨师的"知识产权"等价值具有差异性。

基于此，我们应当从数据要素市场分级分层的角度来思考数据价格价值问题。首先，数据资源本身的定价问题对应数据一级市场，重点是研究成本法导向的数据资源化定价机制。由于数据资源不直接创造价值，不存在收益的概念，其价值评估主要以成本法为主，评估因素包括数据采集整理和标准化过程中的各种投入，以及数据质量、隐私含量等。其次，对数据资源加工形成的数据产品和服务的定价问题对应数据二级市场，重点是研究收益法和成本法相结合的数据资产化定价机制。二级市场中数据产品和服务定价以收益法为主，评估因素除成本外，重点考虑历史成交价、数据血缘、模型贡献度等收益预期类指标。最后，除一、二级市场之外，企业还有大量内部共享但不进入交易市场的数据流通行为，可将其称为零级市场。与土地、资本等要素市场中零级市场是一个零散的小众市场不同，数据零级市场是"冰山水面之下的部分"，其潜在规模可能是一、二级市场的30~60倍。零级市场是数据资产估价的主体部分，因为企业数据融资、信托、发债和证券化等资本化运作的标的物主要存在于零级市场。针对数据零级市场，重点研究市场法导向的资本化定价机制。因为零级市场本身不发生交易，也就不存在本级市场的价格信号。资本评估机构在对零级市场中数据资产进行定价时，需要采用市场法思路，即基于同类型数据在一、二级市场的交易记录对零级市场数据资产进行评估定价。

总之，在"三权分置"的产权框架初步明晰的情况下，数据资产估值定价成为关键制度瓶颈。政策底线是必须避免数据像商誉那样成为企业资产的"腾挪空间"，否则数据要素市场化配置改革会成为滋生新一轮资产泡沫的温床，从而脱离改革的本意。为此，应当在多级市场联动的大框架下，加快研究构建有利于数据要素价格形成的政策制度工具箱。

三、构建"有形之手"与"无形之手"相结合的数据价格机制

对于数据市场这样一个价格形成机制尚不成熟的市场，政府"有形之手"的引导作用不应当被忽视。"数据二十条"中提出，"支持探索多样化、符合数据要素特性的定价模式和价格形成机制，推动用于数字化发展的公共数据按政府指导定价有偿使用，企业与个人信息数据市场自主定价"。一方面，针对公共数据价格问题，借鉴公共服务领域实行政府指导定价的成熟原则，将"准许成本加合理收益"的定价机制迁移到公共数据定价中，目前来看是相对比较可靠的办法。福建等地提出将公共数据有偿服务收费划分为数据使用费（对应一级市场，纳入政府非税收入）和技术服务费（对应二级市场，纳入政府指导价管理），具有一定可行性。后续建议参考资源补偿类收费办法，建立公共数据成本核算机制，研究出台公共数据政府指导定价管理办法。另一方面，针对社会数据的价格问题，考虑到当前数据要素市场场内交易尚不成熟，应当着力推动建立数据资产评估计价公共服务体系，搭建全国性数据资产图谱网络开放平台，为市场主体开展数据产品和数据资产的评估计价提供参考依据。

"数据二十条"颁布以来，国家发展改革委价格监测中心在数据价格机制建设方面开展了大量探索性工作。针对公共数据价格问题，受福建省数字福建建设领导小组办公室委托，牵头承担了福建省公共数据有偿使用定价策略研究课题，并于2023年11月正式印发。受国家发展改革委价格司

委托承担了"公共数据价格形成机制有关问题研究"课题，并配合起草公共数据政府指导定价有关文件。针对社会数据价格问题，牵头建立了全国数据价格监测报告制度，与北京、上海、深圳、广州、贵阳、福建、重庆、天津、郑州、海南等10家交易所建立合作关系，监测覆盖数据商5638家，数据产品10963个，在福建、深圳、上海等地探索建设数据资产评估计价服务中心，指导贵阳大数据交易所研究发布全国首个数据产品交易价格计算器。

四、以科学规范的数据价格机制引导"数据财政"良性发展

在当前地方政府债务问题严重的背景下，如何从土地财政走向数据财政，各方都非常关注。当然学术界也有很多反对的声音，最典型的就是数据财政会导致泡沫的问题。针对这一观点，笔者认为，探讨"数据财政"的前提，是要基于一套完整清晰的产权体系和价格体系。如果按照前文所说的逻辑，在公共数据开发的一级市场，目前国家层面主要倾向于采取成本法定价，那么就不会存在泡沫问题。这是因为数据具有极其特殊的成本构成规律，售卖得越多，边际成本会逐步趋向于零；而土地恰好相反，土地市场越繁荣，土地作为一种稀缺资源，价格会被炒得越来越高。从这个角度看，公共数据一级市场越繁荣，可能数据的价格越便宜，不但不会产生泡沫，还会因为价格逐渐趋向于零，使得数据赋能产业的效果越来越好，这是一个正反馈的良性机制。另一个问题，针对公共数据的二级市场，只要鼓励充分竞争，二级市场的数据产品价格越高，说明公共数据赋能产业发展所创造的价值越大，这恰恰就是国家层面推动数字经济与实体经济深度融合，推动公共数据开发利用的本意。由此可见，在一级市场价格日趋降低的同时，二级市场的价格在合理范围内变高，不但不会造成泡沫，反而会吸引更多的机构和个人投入公共数据开发利用之中，更好释放创新红

利。所以，我们在探讨数据这样一个全新的生产要素的经济规律时，应当从实际出发，不要照搬照抄传统要素，人云亦云甚至主观臆断地扣上所谓资产泡沫的大帽子，这样并不利于数据要素与实体经济的深入融合。

从历史经验看，土地的要素化主要包括三个阶段，即土地的资源化、资产化和资本化。土地要素的资源化就是征地拆迁、支付征地补偿金、土地平整等工作，这个阶段主要涉及的是土地财政的支出部分；而其收入部分则主要体现在土地的资产化和资本化阶段，包括政府卖地、土地的出让金、土地租金、税收、土地的抵押融资等手段。基于这样的类比，对数据要素也可以做一个简单的分析：数据财政的支出部门是在数据的资源化阶段，比如数据的采集、治理、加工、隐私保护等，这是政府必须承担的成本；收入则在数据要素的资产化和资本化阶段，比如公共数据的有偿使用收费，未来数据还可以入股、抵押、发债、融资等。而且与土地不同，数据是可以无限复用的，也就意味着数据财政的模式相比土地财政更加具有想象力，因为数据边际成本趋向于零，而边际产出则会产生叠加和倍增效应；未来政府通过公共数据权益入股的方式参与企业发展，理论上其边际成本为零，但收益可能十分巨大，这是远比私募股权投资（PE）、风险投资（VC）更有冲击力的新型投资模式。当然，数据财政现在还在探讨阶段，未来还有很多新的问题需要伴随着公共数据登记、确权、资产化和政府指导定价等政策闭环的形成去逐步解决。

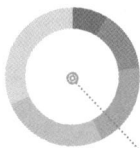

公共数据多重权责关系的辨析

吴志刚 *

摘要： 随着数字化浪潮席卷全球，数字技术正深刻地改变着数据的获取、传播、管控及利用方式。党的十八大以来，以习近平同志为核心的党中央准确把握数字时代发展大势，围绕加快建设网络强国、数字中国、数字政府建设作出一系列重大决策部署，有力推动我国数字化发展水平持续提升。各行业、各地方的各类信息系统积累了海量公共数据，既是国家治理的重要依据，也是推动数字经济发展的战略资源。本文将从公共数据的源头入手，以明晰各类主体权责为主线，维护各类主体权益为前提，释放公共数据价值为核心，强化公共数据分类分级治理为手段，防范安全风险为底线，分类施策、依法保护各类主体权益，促进公共数据合理合规的流通和安全可信的开发利用。

关键词： 公共数据；权责关系；价值倍增；服务体系

一、公共数据的内涵特征及权责关系

（一）公共数据内涵

数据是指任何以电子或者其他方式对信息的记录。公共数据是指由国

---

* 吴志刚，中国电子信息产业发展研究院数据领域首席专家。

家机关和法律、行政法规授权的具有管理公共事务职能或者提供公共服务的组织，在履行公共管理职责和提供公共服务过程中收集和产生的，涉及公共利益的各类数据。公共数据不仅涉及政府机关，还涉及供水、供电、供气、公共交通、公共健康、公共教育等提供公共服务的企事业单位或社会组织，也涉及政府资金和公益基金所支撑的公益类研究机构或社会组织等，这些机构统称为公共管理服务机构。

（二）公共数据特征

公共数据具有多源性、权威性、排他性、价值性、敏感性五个特征。

多源性。一方面，公共管理服务是由不同类型的公共管理服务机构所提供的，持有公共数据的数源部门（或数据供给部门），涉及政府机关、企事业单位、社会组织和各类团体等多源主体；另一方面，被采集数据的主体（称为数据关联主体）涉及法人、自然人、各类事物及其行为等多类主体对象。因此，公共数据具有多源性，从而导致其以分散、动态、多样、海量的方式存在，其权属关系也是多重复杂的。

权威性。公共管理服务机构（公共数据持有主体）是依据相关法律法规所赋予的公共管理服务职能合法合规地获得数据关联主体的特定数据，具有法定赋予的公信力和权威性。公共数据在采集、存储、使用、加工、传输、提供和开放过程中须严格遵循相关业务标准规范，以确保数据的准确性、严谨性和权威性。

排他性。公共数据是由公共管理服务机构按照职能依法依规收集并经数据关联主体核对确认，是真实、准确、有效的，具有排他性、唯一性，如人口数据、社保数据等，因而也具有不可替代性。

价值性。公共数据涉及政治、经济、社会、文化、生活的各领域各层面，具有体量大、质量好、门类全等特点，应用场景覆盖面较广，与政治、经济、社会和文化生活息息相关，融合复用强、倍增价值高，有较大的开发利用价值。

敏感性。公共数据反映国家经济社会运行整体情况，数据经汇聚融合后，可用于公共决策分析，涉及国家安全和个人权益，具有较高的敏感性，需统一授权、统一管控、统一监督，确保公共数据开发利用全流程可监管、可记录、可追溯、可审计。

（三）公共数据权责关系模型

联合国发布的《2021年数字经济报告》指出，在数据驱动的数字经济的新背景下，所有权和主权等概念正受到挑战，重要的不是确定谁"拥有"数据，而是谁有权访问、控制和使用数据。数据和数据流动的治理工作至关重要。在数字空间中，数据是一串由0和1组成的比特流（万物皆比特），可以在各类主体（利益攸关方）间通过智能终端、网络及平台等进行传递、复制。数据被分散（布）映射到数字空间中，由各类主体共同持有（多方共有），各类主体都能持有原始数据全部副本或部分副本以便开发利用。数据权属关系演变为复杂的多重相互依赖，同时各类主体的角色身份在数据流动过程中存在交叉重叠与相互转换，进而给数据权属确定、各类主体权责界定及权利保护等带来了全新的挑战。在由数据构造的数字空间中，数据所特有的权利实质就是对由比特流组成数据的实际掌控力或控制处理能力（数据控制权）。表1对数据特有权利与传统权利进行了归纳分析。

表1 传统权利与数据特有权利的分析

各类权利		相关内容
传统的权利	人格权	《中华人民共和国民法典》第一百一十条规定，民事主体享有人格权。自然人享有姓名权、肖像权、名誉权、隐私权等权利。法人、非法人组织享有名称权、名誉权和荣誉权等权利
	知情权	知情权是指知悉、获取信息的自由与权利，包括从官方或非官方知悉、获取相关信息
	物权	《中华人民共和国民法典》第一百一十四条规定，民事主体依法享有物权。物权是权利人依法对特定的物享有直接支配和排他的权利。国家、集体、私人的物权和其他权利人的物权受法律平等保护，任何组织或者个人不得侵犯

各类权利		相关内容
数据所特有的权利——对比特流的控制（掌控）权利	采集权	自然人、法人和非法人组织可以通过合法、正当的方式收集数据。收集已公开的数据，不得违反法律、行政法规的规定或者侵犯他人的合法权益
	持有权	在法定职责范围内，通过合法合规途径持有相关数据
	管辖权	在法定职责范围内，对管辖部门所收集和产生的数据及数据安全负责，并承担相应保管、处置和维护的责任
	归集权	在法定职责范围内，各地、各行业数据中心对所管辖区域内或所管辖行业领域内分散在各个机构或各层级的数据，按照物理分散、逻辑集中的方式汇聚到本地区或本行业的数据平台，成为本地区或本行业的数据资源湖（或数据资源池），实现统一、集约、高效、安全的管理
	统管权	在法定职责范围内，数据主管机构对所属行业领域或所管辖区域内由数据中心归集的全量数据资源管理及数据安全，承担统筹、指导、协调、处置和监督等责任
	开发权	数据主管机构在法定职责范围内，按照有关法定程序和流程，将所管辖的公共数据授权给符合相关条件（或要求）的专业化数据运营机构，在安全可信的数据开发环境中进行开发利用，通过数据加工、清洗、分析、挖掘等增值活动，形成数据产品、数据服务、研究报告、学术论文等成果
	收益权	自然人、法人和非法人组织对其合法处理数据形成的数据产品和服务享有法律、行政法规所规定的财产权益。但是，不得危害国家安全和公共利益，不得损害他人的合法权益
	使用权	自然人、法人和非法人组织对数据产品和服务享有自由使用的权利

从公共数据开发利用全生命周期看，公共数据涉及数据关联主体（数据产生者）、公共管理服务机构（数据收集者、数据供给者、数源机构）、数据中心（数据汇聚者）、数据主管机构（数据统管者）、数据授权运营机构（数据专业加工者）、数据专业服务机构、数据交易机构（数据中介）、数据使用者等多个利益攸关方。公共数据被各利益攸关方按照相关责任在

不同环节分别持有，且所持有数量规模及权责范围各不相同。公共数据权责关系模型（见图1）将公共数据开发利用生命周期分为三个环节，即合规可靠的数据供给环节、合规信赖的数据流通环节和合规倍增的数据利用环节，并对各个环节的权责范围进行分析。图2对各环节公共数据主体多元权责进行了归纳。

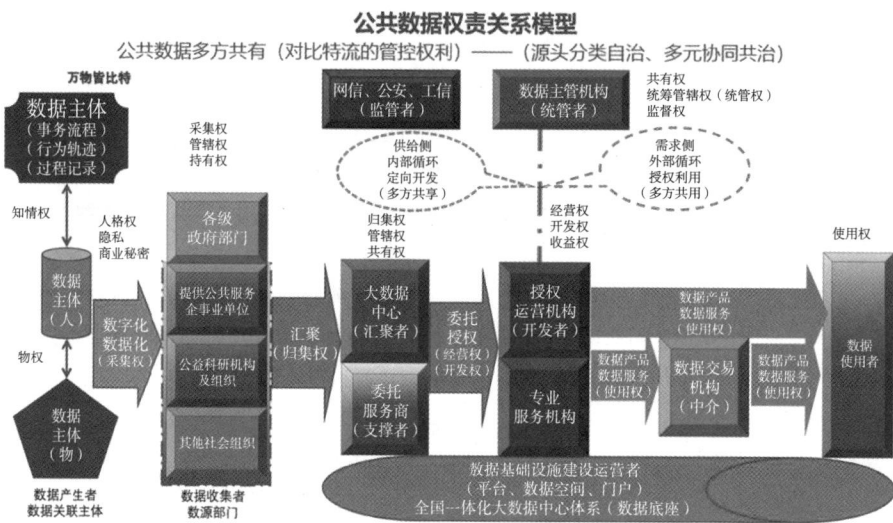

图1 公共数据权责关系模型

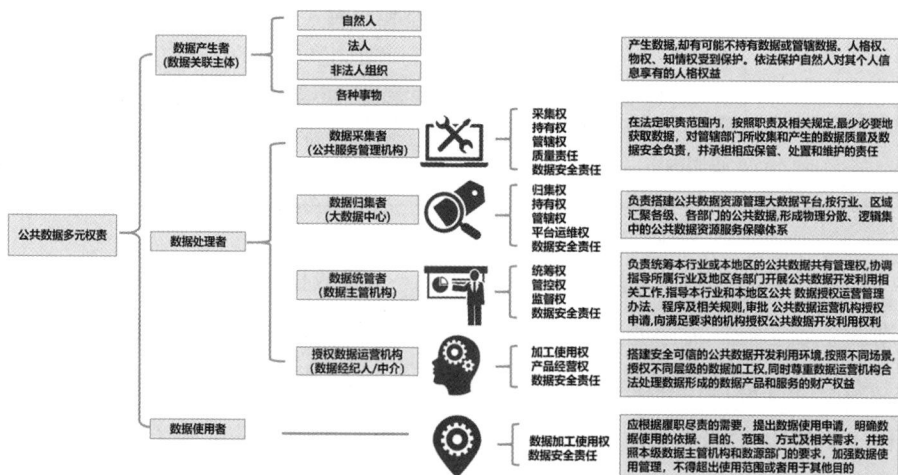

图2 公共数据主体多元权责归纳

二、公共数据合规可靠的供给环节权责分析

从数据供给侧的角度看，公共数据源自数据关联主体，却由公共管理服务机构、数据中心和数据主管机构三类主体实际掌控着，涉及多层级（国家、省市、区县等）、多行业领域（行政管理、民生服务、社会保障等）、多种技能（行政管理、数据管理等），需要重点理顺各方权责关系，逐步构建"分而自治、协同共治"的数据治理格局，形成合规可靠的高质量公共数据供给服务保障体系。

（一）数据关联主体

数据关联主体是数据产生者（也可称为数据关联对象，以下简称数据主体或数据对象），涉及自然人、法人、非法人组织及其各类相关行为。根据公共管理服务的相关法律法规要求，数据关联主体应该配合公共管理服务机构，在履职尽责过程中提供所需的最小必要数据，并按照相关流程加以核对验证，确保数据真实、准确、有效。按照数据关联主体类型不同，这些数据将会涉及不同类型传统权利。以自然人为例，这些数据将可能涉及数据关联主体的人格权、物权及知情权等隐私信息。这些数据属于某个数据主体特定属性及行为轨迹，个体特征凸显，但涉及范围小，在没有被某类机构利用数据虹吸效应集聚的前提下，暂不具备规模化开发价值。数据关联主体本应是这些数据的实际主人，但受限于能力和手段，无法真正持有或管辖这些数据，如用电数据、用水数据往往被供电、供水的部门掌握。事实是数据关联主体已将数据持有权或管辖权让渡给了公共管理服务机构。《中华人民共和国数据安全法》明确规定，国家保护个人、组织与数据有关的权益。特别是，依法保护自然人对其个人信息享有的人格权益。

（二）公共管理服务机构

公共管理服务机构是数据收集者（或称数源部门），应当遵循必要、正当、合法的原则，按照法定权限、范围、流程及标准规范收集所需数据，特别是利用数字技术将所收集数据有效管理起来，并从源头辨别数据关联主体，承担数据分类分级、数据血缘识别、元数据登记、数据质量维护、数据安全防护等相关数据责任。公共管理服务机构依据法律法规所赋予的职责，获得了与履职尽责关联的批量数据采集权、持有权及管辖权，从而事实拥有了对该类数据资源的持有权和数据加工使用权。这类数据具有一定行业领域特征，逐步形成排他性的批量数据（如人口数据、法人数据、电力数据等），具备满足特定行业领域的规模化开发利用价值。公共管理服务机构还应当遵守网络安全、数据安全、个人信息保护等法律、法规，以及国家标准的强制性要求，对在履行职责中知悉的个人隐私、商业秘密等应当依法予以妥善保护，不得泄露或者非法向他人提供，即承担数据安全责任。

公共管理服务机构负责所属业务领域数据管理工作的统筹、指导、协调和监督；强化公共数据分类分级管理，建立健全本系统、本行业公共数据质量管理体系，加强数据质量管控，保障数据真实、准确、完整、及时、可用；按照数据与业务对应的原则，梳理公共数据资源，维护本系统、本行业的主数据、元数据及数据模型；根据公共数据资源目录编制规范要求，对本机构的公共数据进行目录管理；按照公共数据资源体系整体规划和相关制度规范要求，规划本机构的公共数据资源体系，建设并管理相关主题数据库；在各地区数据主管机构的指导下，按照应用需求配合所属区域的数据中心，将相应的公共数据统一归集、更新到公共数据管理平台的基础数据库和专题数据库；探索首席数据官或数据管理专员等专岗、专职制度创新。

（三）数据中心

数据中心是数据汇聚者，按照各地、各行业相关法规赋予的职责，获得本地区或本行业海量公共数据资源的归集权、持有权及管辖权，事实上拥有了对该地区或该行业这批规模数据资源的持有权和数据加工使用权，同时要构建公共数据基础设施及公共数据资源管理平台，为本地区、本行业的海量公共数据资源实现统一、集约、安全、高效管理，提供技术保障和服务支撑。各地数据中心应承担上传下达的数据流通枢纽作用，按照物理分散、逻辑集中的方式，归集所辖区域内各公共管理服务机构的相关数据，并将高频使用的数据引流到本地区数据湖（或数据资源池）中，为本地区公共数据开发利用提供稳定运行的数据底座。行业数据中心应负责归集本行业领域各层级的数据，为本行业领域数据开发利用提供稳定运行的数据底座，同时还要指导各地所属机构，配合当地数据中心归集本行业的所属区域相关数据，服务于地方数字政府、数字经济及数字社会建设发展。

各地数据中心具体承担本区域公共数据的集中统一管理，根据公共数据的通用性、基础性、重要性和数据来源属性等组织制定公共数据分类规则和标准，明确不同类别公共数据的管理要求，在公共数据全生命周期采取差异化管理措施；指导各机构编制公共数据目录，并提供技术支撑和服务保障；在数据主管机构的指导下，组织开展公共数据的质量监督，对数据质量进行实时监测和定期评估，并建立异议与更正管理制度。

各地数据中心如同每个区域的水库，汇聚并流淌着区域经济社会发展的全量公共数据（块数据）；行业数据中心如同运河贯穿全国各地，汇聚并流淌着行业领域的全量数据（条数据）；全国一体化数据中心体系建设将各地数据中心和各行业数据中心有效贯通，进而形成服务全国数字经济发展的新型数据基础设施。

（四）数据主管机构

数据主管机构是数据统管者，按照各地、各行业相关法规赋予的职责，获得本地区、本行业海量公共数据资源的综合统筹管理权（统管权），是代表本地区、本行业行使海量公共数据资源持有权、数据加工使用权、数据产品经营权等综合管理权的机构，负责统筹规划、综合协调本地区、本行业的公共数据发展和管理工作，促进公共数据综合治理和流通利用。特别是各地数据主管机构是区域公共数据统筹管理工作的指挥中枢，如同看护区域水库的管理员，负责建立健全公共数据资源管理体系，组织开展公共数据资源调查，绘制完整的地区公共数据资源地图，强化对所辖地区数据中心的指导和监督，推进、指导、协调、监督本地区各公共管理与服务机构的公共数据共享、开放和利用，充分发挥公共数据资源对优化公共管理和服务、提升城市治理现代化水平、促进经济社会发展的积极作用。

数据主管机构是各地、各行业公共数据治理体系的总策划、总指挥，是全面主导地区、行业公共数据有效供给的责任主体，需要不断提高系统思维意识、统筹协调能力、数据治理技巧，做到抓大局、抓共性、抓平台、抓成效。组织建立健全数据全流程质量管控体系，加强数据质量事前、事中和事后的监督检查，及时更新已变更、失效数据，实现问题数据可追溯、可定责，保证数据的及时性、准确性、完整性。

三、公共数据合规信赖的流通环节权责分析

公共数据流通的形式可以是公共数据体制内循环共享，也可以是从供给侧流向数据消费者，是从供给到实现利用的必经阶段。公共数据流通环节的相关权责主体包含数据关联主体、公共管理服务机构、数据中心、数据主管机构及数据授权运营机构等各类主体。高效、安全、合规的公共数据流通需要相关数据主体各自承担起监督、运维、管控等相应责任。

（一）数据关联主体

公共数据在流通过程中，在涉及自然人、法人和非自然人组织的数据关联主体时，应当注意保护数据关联主体知情权、决定权等合法权益。数据关联主体提高维护合法权益的意识，依据《中华人民共和国个人信息保护法》等法律法规，明确知晓个人信息或者法人信息流向、用途，避免人

身、人格、财产安全受到危害。

（二）公共管理服务机构

公共数据按照共享属性分为无条件共享、受限共享和不共享数据。公共管理服务机构应根据法定职责，对其收集、产生的公共数据进行评估，科学合理确定共享属性，形成数据共享清单，并定期更新；列入受限共享数据的，应当说明理由并明确共享条件；列入不共享数据的，应当提供明确的法律、法规、规章或者国家有关规定依据。

公共管理服务机构应根据履职尽责的需要，提出公共数据共享申请，明确数据使用的依据、目的、范围、方式及相关需求，并按照本级数据主管机构和数源部门的要求，加强共享数据使用管理，不得超出使用范围或者用于其他目的。

公共管理服务机构在收到其他公共管理服务机构或社会团体提出的数据使用需求申请后，应当在规定时间内作出回应，并提供必要的数据使用指导和技术支持。

（三）数据中心

数据中心应在数据主管机构的指导下，持续完善公共数据资源管理平台的共享交换服务功能，确保各机构之间公共数据能够及时、准确共享；负责维护本地区、本行业公共数据共享目录；在数据主管机构的指导下，组织实施本地区自然人、法人、自然资源和空间地理等基础数据库建设；根据公共数据分类管理要求对相关数据实施统一归集，保障数据向大数据资源平台归集的实时性、完整性和准确性；协助数据主管机构和公共管理与服务机构解决跨部门、跨省份的数据流通、共享技术问题；配合数据授权运营机构搭建安全可信的数据开发利用环境，指导数据授权运营机构开发针对公共数据流通、共享的相关数据产品和数据服务；监测公共数据应用情况，当发现超范围情况，及时通知数据主管机构及相关机构，并立即停止相关服务。

（四）数据主管机构

数据主管机构应当建立以共享需求清单、责任清单和负面清单为基础的公共数据流通机制；会同有关机构在公共管理数据平台上，不断健全完善人口、法人、信用、电子证照、自然资源空间地理等基础数据库，以及跨地域、跨部门专题数据库；负责统筹采购公共数据管理平台无法提供但履职尽责中确有必要的其他社会数据；会同有关机构，指导所属区域数据中心建设和完善公共数据管理平台，统筹推进本地区公共数据目录一体化建设，组织制定统一的目录编制标准，组织编制本区域的公共数据目录；建立健全公共数据流通供需对接协调处理机制，当产生异议时负责协调处理；指导所属大数据中心动态更新公共数据流通目录、需求清单及负面清单；依托公共数据管理平台建立统一的数据共享、开放通道；建立日常公共数据管理工作监督检查机制，组织对公共管理和服务机构的公共数据目录编制工作、质量管理、共享、开放、流通等情况开展监督检查；组织开展对公共数据工作的成效情况定期考核评价。

（五）数据授权运营机构

数据授权运营机构是具有专业技能的数据开发利用者，按照相关要求及流程，从数据主管机构获得特定范围及限定数量的公共数据开发权，在安全可信的数据开发环境中持有相关数据，从事数据清洗、标注、分析、挖掘、脱敏、算法训练、机器学习等数据处理活动，形成数据产品和数据服务（如高价值开放数据集、算法模型、API 服务等）。

数据授权运营机构应在数据主管机构指导下，在数据中心配合下，搭建安全可信的数据开发利用环境，保证公共数据安全、可靠、高效流通。在保障国家安全、社会公共利益，保护公民、法人和其他组织合法权益的前提下，开展本地区公共数据授权运营活动，并在任何情况下，不得以任何形式将原始数据提供给第三方，也不得用于其他任何目的，确保数据不出域、数据可用不可见。

四、公共数据合规倍增利用环节的权责分析

公共数据蕴含着巨大经济价值，是推动数字经济发展的基础性战略资源，应当推进公共数据向全社会更广泛地开放，促进市场化配置下公共数据与社会数据之间的外部大循环。鼓励、支持公民、法人和其他组织利用开放的公共数据开展科学研究、咨询服务、应用开发、创新创业等活动，促进公共数据与非公共数据融合发展。公共数据开放应当遵循分类分级、需求导向、安全可控的原则，在法律、法规允许范围内最大限度开发利用。公共数据利用环节的相关权责主体包含公共管理服务机构、数据中心、数据主管机构、数据授权运营机构、数据交易机构、数据使用者等。

（一）公共管理服务机构

公共管理服务机构应按照职责范围，明确本机构公共数据的开放范围、开放类型、开放条件和更新频率等，并动态调整；负责通过公共数据开放平台发布本机构的公共数据开放目录；有条件开放的公共数据，应当在编制公共数据开放目录时明确开放方式、使用要求及安全保障措施等。

（二）数据中心

数据中心依托公共数据资源管理平台建设和维护公共数据开放平台，根据公共数据开放类型，提供数据下载、应用程序接口，并搭建安全可信的数据综合开发利用环境等；在数据主管机构的指导、监督下，根据数据授权运营机构管理办法，组织对提交数据授权运营机构申请的机构进行资质审查和能力评估；与数据授权运营机构签订授权运营协议，授权运营协议应当明确授权运营范围、运营期限、合理收益的测算方法、数据安全要求、期限届满后资产处置等内容；负责对数据授权运营机构实施日常监督管理。

（三）数据主管机构

数据主管机构应当建立以公共数据资源目录体系为基础的公共数据开放管理制度，组织各相关机构编制公共数据开放目录并及时调整；应当依托公共数据资源管理平台建设公共数据开放平台，并组织公共管理和服务机构通过该平台向社会开放公共数据；组织制定公共数据授权运营管理办法，明确授权方式、授权数据运营机构的安全条件和运营行为规范等内容；会同网信等相关部门和专家，对授权数据运营机构规划的应用场景进行合规性和安全风险等评估；组织开展公共数据开放和开发利用的创新试点；组织各公共管理和服务机构制定年度公共数据开放重点清单供社会利用。

（四）数据授权运营机构

数据授权运营机构应按照公共数据授权运营管理办法的相关要求及程序，提交授权公共数据运营机构的申请及相关配套资料；在数据主管机构指导下，与数据主管机构或数据中心或公共管理与服务机构商定委托数据开发利用任务，确定数据开发用途、数据应用场景等，并签订委托授权协议；接受数据主管机构和数据中心组织资质审查和能力评估；依托公共数据平台对构建安全可信的数据开发利用环境，按照原始数据不出域的原则，对授权运营的公共数据进行加工；对加工形成的数据产品和服务，可以向用户提供并获取合理收益。

（五）数据交易机构

数据交易机构作为数据开放平台统一服务门户，负责建设数据交易规则、数据交易平台，制定交易流程、监督数据交易行为，并负责将数据产品或数据服务向社会推广，促进数据开发利用主体生态体系建设。

（六）数据使用者

数据使用者有权对公共数据资源开发利用形成的数据产品和服务进行

合法获取并按照相关约定合规使用。鼓励自然人、法人和非法人组织对公共数据进行深度加工和增值使用，激活数据乘数效应，通过积极打造多个公共数据应用场景释放公共数据价值，优化资源配置、提高生产效率，为新质生产力注入新动力，最大限度地发挥公共数据的经济社会价值。

五、打造公共数据价值倍增服务体系

联合国在《2021年数字经济报告》中提出，将数据视为一种全球的公共品。公共数据作为公共管理和公共服务过程中的产物，涉及全社会的公共利益和公共福祉，如同水资源一样滋润着数字政府、数字经济及数字社会的协同发展，属于全社会共有的公共资源，需要取之于民、用之于民。

综上，公共数据权责关系模型将公共数据开发利用生命周期分为数据供给环节、数据流通环节和数据利用环节。公共数据的多重权责关系是一个从量变到质变的发展过程，如同水滴变成溪流，溪流汇成江河，江河聚于水库，水库转化为水厂或水电站；还是一个能量转化的过程，从势能到动能，从动能到势能，根据能量需要实现势能和动能之间的相互转化，如同随着水的流动汇集力量形成势能，势能集聚爆发更大的动能，循环往复、不断迭代产出更大的能量。公共数据汇溪流为江河大海，集聚势能而迸发更强动能，进而创造更大更强的数据价值来造福社会、造福人类。

在此基础上，公共数据开发利用应当紧紧围绕构建纵深分域数据要素市场运营体系的总体思路（见图3），打造"一座"（数据底座）、"两场"（资源供给市场和产品流通市场）、"三域"（内部管控域、中间加工域、外部流通域）、"四链"（供给链、加工链、价值链和监管链）。夯实安全健壮的数据底座，推动公共数据资源供给一级市场和公共数据产品服务流通二级市场的构建和发展；打造"内部管控域 + 中间加工域 + 外部流通域"三域纵深分域的数据流通多方协同治理体系；打造以合规可靠的供给链、合规信赖的加工链、合规倍增的价值链和合规溯源的监管链等四链有机组成的数据合规可信保障机制，统筹健全数据持有权、管理权、运营权、加工使用权及产品经营权等多维权限的权责设定、授权及监督体系，明晰数据提供方、汇聚方、运营方、开发方、使用方、监管方等各方权责，保障数据高效合规流通利用，让公共数据供得出、流得动、用得好、管得住，发挥公共数据的社会效益，释放公共数据的经济价值，让数字中国乘数而上。

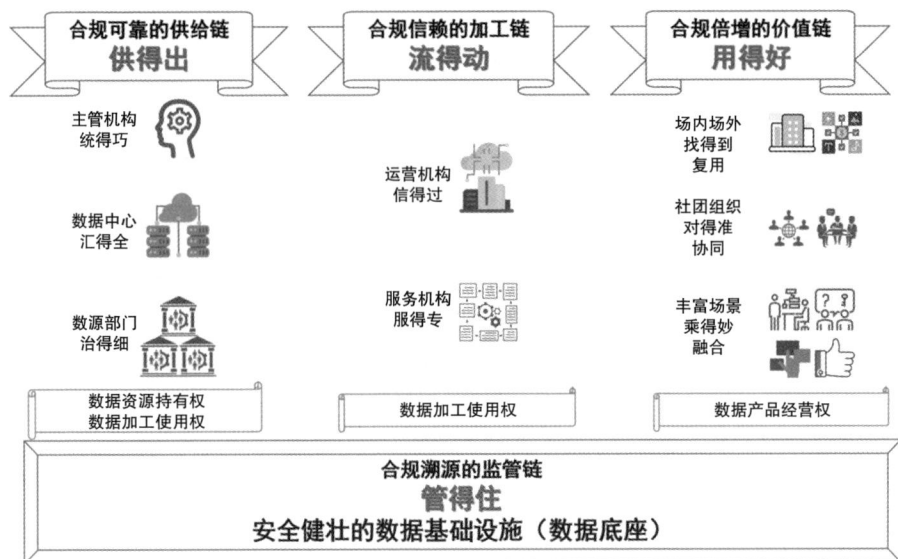

图3 构建纵深分域数据要素市场运营体系

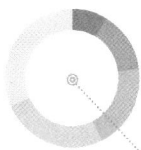

全球数据跨境流动背后的
数字博弈与对策

张茉楠 *

摘要：当前，数字领域的大国博弈与竞争正从科技实力向技术标准及国际规则制定权竞争领域集中，规则博弈成为当前大国博弈的重要前沿领域。本文在深入研究我国数据跨境流动的国内外背景及国内法律法规基础上，对主要大国实施数字"规锁"策略对我国形成的全新挑战进行研判，并提出了我国数据跨境流动的总体思路，以及加快推动数字领域制度型开放，积极参与全球双多边数字治理与经贸谈判的路径及政策建议。

关键词：数据跨境流动；数字"规锁"；中国方案

当前，数据不仅成为一国的基础性战略资源，更成为构建国家竞争优势的核心，催生数字贸易迅猛发展。数据流动对全球经济增长贡献也早已超越以商品、服务、资本等为代表的传统生产要素，主要大国围绕数据资源的争夺展开激烈的博弈。而美国等西方国家正凭借数据跨境流动规则的主导权，在治理规则模式上遏制中国，从国际联盟体系上排除中国，意图通过"规锁"达到对华遏制的战略目标。为此，我国必须尽快提出数据跨境流动规则的中国方案，有效弥补制度和规制短板，积极推动《全面与进步跨太平洋伙伴关系协定》（CPTPP）、《数字经济伙伴关系协定》（DEPA），以及双/多边数据跨境流动的谈判进程，在参与国际数字规则塑造中赢得数

---

* 张茉楠，中国国际经济交流中心美欧研究部副部长、研究员。

字经济、数字贸易发展与安全的战略主动。

从数据跨境流动的内涵与概念界定来看，全球尚未形成统一共识。联合国跨国公司中心对数据跨境流动的定义是跨越国界对存储在计算机中的机器可读数据进行处理、存储和检索，此类定义属于狭义的概念界定，被公认为最为权威。而经济合作与发展组织（OECD）作为最早对数据跨境流动给出定义的机构，将其定义为跨越国家、政治疆界的点到点的数字化数据传递，即尽管数据尚未跨越国界，但能够被第三国主体进行访问。由此可见，无论数据跨境流动是否涉及数据跨越国境（地理疆域）都不可避免地会引发数据的全球属性与主权属性之间的矛盾与冲突。

一、我国数据跨境流动战略竞争优势初步成形

（一）我国数据产生量和流通量全球领先

2022年12月，中共中央、国务院印发《关于构建数据基础制度更好发挥数据要素作用的意见》（以下简称"数据二十条"），对构建数据基础制度体系作出重要部署。我国将数据确定为基础性、战略性资源，将进一步凸显数据在数字贸易发展中赋值赋能的重要作用。

我国作为全球极具数字资源潜力的大国，数据产生规模居全球前列。一方面，随着人工智能、云计算、区块链、物联网等技术的推动，以及工业互联网、智慧工厂、车联网、跨境电子商务等新业态、新场景竞相涌现，使我国数据海量聚集呈爆发式增长。2022年中国数据产量达8.1ZB，同比增长22.7%，位居世界第二。另一方面，规模级数据要素在我国汇聚、流通，推动我国成为全球最大的数据跨境流动节点。据 ITU 和 TeleGeography 统计，2019年中国跨境流通数据量位居全球第一，占全球数据量的23%，规模约为美国的2倍。未来，随着对数据确权、数据流通交易、数据收益分配及数据治理等方面的法律法规和制度体系建设不断确立和完善，数据跨境流动

所引发的跨境贸易增量将呈现爆发式增长。

（二）我国数据跨境流动进入"有法可依"的时代

近年来，网络安全法、数据安全法和个人信息保护法三部上位法共同构建了我国数据治理体系，以及我国数据跨境流动的基本法律框架。而于2022年9月1日正式生效的《数据出境安全评估办法》则进一步明确了我国数据出境安全评估的条件、流程和要求，这些法律法规的出台标志着我国数据跨境流动正式进入"有法可依"的时代。但总体而言，相关配套制度仍未完善，对重要数据的范围界定，以及数据出境分类分级的标准等实施细则仍未明晰，我国数据跨境流动制度仍有较大完善空间。"数据二十条"构筑了数据产权、交易、分配、治理的四大制度支柱，强调坚持开放发展，对推动数据跨境双向有序流通提供了重要遵循和方向。

（三）各地各行业加快数据跨境流动的实践探索与先行先试

各地正加快数据出境管理机制的探索，并采取了一些创新性举措。一是自贸区开展数据跨境传输安全管理试点。2020年8月，商务部发布《关于印发全面深化服务贸易创新发展试点总体方案的通知》，提出在北京、天津、上海、广州、深圳等条件相对较好的试点地区开展数据跨境传输安全管理试点，明确要求支持试点开展数据跨境流动安全评估，建立数据保护能力认证、数据流通备份审查、数据跨境流动和交易风险评估等数据安全管理机制。二是行业跨境数据分类分级逐步完善。如交通、医疗、金融等领域均已出台相关数据分类分级指引办法，搭建针对行业数据跨境治理的框架体系，并成为未来建立行业低风险数据流动目录的基础。三是数据交易中心开展数据贸易先行先试。截至2022年底，全国已成立48家数据交易机构。

二、数字"规锁"对我国形成日益严峻的挑战

目前，国际上推动数字贸易构建最主要的力量是以美国、欧洲为代表的发达经济体，其希望利用双边和区域贸易协定所取得一系列规则成果，率先确立更高标准的数据跨境流动的规则体系，从而迫使中国等新兴经济体与发展中国家为迈入新的规则体系付出更高的规则成本。

（一）我国将面临新一轮国际高标准规则压力

数字领域的竞争既是技术之争，更是规则之争。各国都想借助规则主导权加紧输出本国数字治理模式，延伸数字管辖权，并拉拢利益相关者构筑规则。当前，以数据跨境流动为核心议题的全球多/双边经贸规则协定代表新一轮高标准国际贸易规则的方向。我国已正式提出申请加入《全面与进步跨太平洋伙伴关系协定》（CPTPP）与《数字经济伙伴关系协定》（DEPA）谈判，这些重大举措宣示了我国进一步扩大开放的坚定决心，但上述协定也对数据跨境流动提出了更高要求。

（二）国内数据跨境流动监管法律的制度性障碍

一是国内数据跨境流动法律制度与国际规则不兼容问题。例如，网络安全法明确提出的数据跨境流动"本地存储、出境评估"等限制措施难以满足 CPTPP 中"实现合法公共政策目标所需；不构成任意或不合理的歧视；不构成变相的贸易限制"等缔约要求。同时，我国尚未加入全球或区域数据跨境传输协定，也缺少与国际数据跨境流动的规则接口与通道，这将影响甚至阻滞我国与他国之间的信息流、资金流和贸易流。

二是国内立法之间存在对数据跨境流动规定的不协调问题。当前，不仅存在国内法治与国外法治不协调问题，也存在国内不同层级的立法与国际数据跨境流动规则不一致的地方。协调推进国内法治和涉外法治。根据

数据安全法、个人信息保护法的规定，重要数据和个人信息在满足安全评估、标准合同等条件下可以跨境提供，并没有完全禁止某类数据出境，但由于相关行业部门对数据跨境流动的管理规则滞后，仍存在限制性要求。因此，需要统筹域内外法治，促进制度规则之间的协调兼容。

三是受上位法限制先行先试地区难以有实质性突破。目前，北京、上海、浙江、海南都公布了自由贸易试验区（自由贸易港）的数据跨境方案。这四大自由贸易区的数据跨境流动方案主要涉及重视数据流动中的风险管控及保障措施、试点建立数据保护认证机制、积极部署国际互联网专用通道、稳步推进与特定地区信息互联互通或特定类型数据跨境传输。然而，数据跨境流动属于"国家事权"，地方难以"越权"。在网络安全法、数据安全法、数据出境安全评估办法（征求意见稿）等上位法约束下，自由贸易试验区、自由贸易港等先行先试地区的相关实践难以有实质性突破。此外，相对单一的数据出境管理办法难以适应数字全球化发展趋势，也难以充分满足自由贸易试验区（港）对数据跨境传输的需求。

（三）发达经济体加紧对我国形成数字"规锁"

近年来，西方国家打压潜在数字贸易对手的手段不断更新，不断扩大市场封堵范围，并不断将国际数字贸易问题政治化、武器化、意识形态化。在美国全面加大对华战略竞争的背景下，对我国的"数字打压"不断深化，并对我国形成"技术遏制＋规则合围"态势。特别是拜登政府以来，美国继贸易争端、科技战之后，对华发起了"数字新冷战"。

其一，主导缔结具有排他性的国际经贸规则，对我国进行"规则打压"。美国致力于构建以美主导的"数据同盟体系"，利用亚太经合组织（APEC）及《美墨加三国协定》（USMCA）、《美日数字贸易协定》（UJDTA）等规则体系扩展其全球利益并维护其"数字霸权"。近年来，美国还加快与欧盟、加拿大、新西兰等盟友谈判数字贸易协定，并进一步推至"印太经济框架"（IPEF），试图形成美国主导的数据霸权体系和规则框架，在规则上形成对华打压与孤立。

其二，数据安全审查成为美对华遏制新手段。随着中美科技博弈日益强化，地缘政治因素对跨境数据流动政策的影响将进一步加大，以"国家安全"关切为核心的"重要敏感数据"也成为跨境数据流动限制重心。此外，《美国出口管制改革法案》还特别规定重要数据的出口管制。规定当特定类型出口产品的技术数据进行跨境传输时，必须获得商务部产业与安全局（BIS）的出口许可。

其三，数据主权下的长臂管辖博弈冲击持续。事实上，长臂管辖会将一国的执法效力扩展至数据所在国，对数据所在国数据保护法实施产生冲击，对国际司法适用原则产生冲击，进而对全球的数据安全合规框架产生深远影响，并在很大程度上改变全球数据主权的游戏规则。美欧为保留其对境外数据执法需求，将域外管辖权融入各自国内法律制度中。如美国颁布的"CLOUD 法案"，欧盟的 GDPR、《电子证据跨境调取提案》均涉及"长臂管辖"条款，以及单边管辖权，即不再将数据存储于何地作为评判数据管辖权的依据，这事实上打破了以往的"服务器标准"，而是实施"数据控制者"标准，扩张自身数据霸权，这不仅导致长臂管辖与我国司法权之间的冲突，更大大增加了跨国企业合规风险，侵害他国数据主权。未来，随着数据跨境大规模流动，围绕数字主权与数字利益之间的博弈还将进一步加剧。

（四）美欧等国在数据跨境流通规则上的博弈显著加剧对我国形成"规则围堵"之势

第一，美国推进以美为首的"数据同盟体系"。近年来，美国加紧推动多国情报联盟"五眼联盟"（Five Eyes）扩展版，强化以"国家安全"为主要考量的数据跨境流动政策的价值取向，构筑以其为主导的"数据同盟体系"。此外，美国从维护"数字霸权"出发，打出所谓"数字自由主义"旗号，并利用世界贸易组织（WTO）、亚太经合组织（APEC）及美墨加协定（USMCA）、美日数字贸易协定（UJDTA）扩展其全球利益。美国将 CBPRs 自 APEC 扩大，并试图推动其从 APEC 中独立出来，形成美国主导的亚太数据流通圈。

第二，欧盟 GDPR 在全球范围的影响力不断增强，各国向欧盟标准积极靠拢。近两年，日本、韩国、印度等均积极申请认证，其中日本已通过立法改革和双边承诺晋级白名单。在 GDPR 年度评估中，德国、比利时等成员国都提出应扩大白名单的范围，与更多的国家达成充分性决议。

第三，日本积极加入美欧数据跨境流通圈。2019 年初，日本与美国商务部、美国贸易代表办公室及欧洲委员会共同商议数字治理相关议题，希望打造美日欧互认的数据共同体，甚至以意识形态和政治制度划线，形成排他性体系。在 2019 年担任 G20 主席国期间，日本率先提出了《大阪数字经济宣言》，45 个经济体的领导人在宣言中确认就数据治理开展国际对话的重要性，加紧推动"基于信任的跨境数据流动"（DFFT）。

第四，美欧"合流"可能会改写全球数据流通格局。目前全球跨境数据传输和保护框架基本形成了欧盟主导的 GDPR 和美国主导的 CBPR"共分天下"的格局。尽管美欧在全球数字治理中存在竞争与博弈，但二者并非尖锐对立，两大框架均为对方设有"接口"。CBPR 中设有"企业认证"规则，如欧盟数字企业达到美相关标准，可以通过认证并在 CBPR 体系内经营。GDPR 中也有"国家认证"和"企业认证"规则，欧盟可将美纳入"国家认证"名单，或是将美数字企业纳入"企业认证"名单，从而允许美数字企业在欧盟市场经营。实际上 CBPR 和 GDPR 可以通过国家和企业认证这一"接口"实现互通。

三、我国积极参与全球数据跨境治理的思路与建议

数据跨境流动关乎发展利益、产业利益、国家安全三者之间的动态平衡。应牢牢把握发展机遇，以"发展为导向"，积极妥善处理好开放与安全、对接性开放与主动性开放、政府与市场等几大平衡关系，加快完善数据跨境评估和管理框架，积极推动 CPTPP、DEPA 相关协定，以及双 / 多

边数据跨境流动谈判进程，维护我国数字经济、数字贸易发展的核心利益，主动增强规则制定话语权，依靠内外联动扩大数字规则"朋友圈"，不断扩大中国在数字贸易规则制定中的影响力。

（一）明确数据跨境流动管理的基本思路

数据跨境流动不仅涉及跨境贸易，也涉及国家安全、主权管辖、隐私保护等方面的利益诉求。我国须在兼顾国家主权安全、个人信息权益保护和司法执法管辖要求方面，平衡好开放与安全、统筹国内法治与涉外法治的前提下，明确"以自由为原则，限制为例外"作为数据跨境流动管理的基本思路和原则，加快补齐数据跨境流动的体制机制漏洞和短板，为促进数据跨境有序流动与数字贸易健康发展扫清制度性障碍，让数据放心"进来"、放心"出去"。在数据流入方面，以兼顾"发展与安全"并重为原则，推动数据资源多源汇聚、关联融合、高效共享和有序开发利用，充分激发我国作为全球数据资源大国的潜力和活力。在数据流出方面，在进一步完善"数据出境安全评估""个人信息保护认证""标准合同条款"三大数据出境机制基础上，丰富数据出境管理模式。

（二）加快完善数据跨境评估和管理框架

积极构建完善跨境数据流动制度，在总体国家安全观指导下尽快厘清重要数据的范围和出台重要数据出境安全评估制度，采取更加精细化的数据出境管理政策。一是建立分级分类的数据出境管理机制。在数据分类分级基础上，探索建立数据跨境流动清单，优先推动不危及国家安全、敏感程度低、经济效益明显的数据跨境有序流动。二是探索制定数据跨境流动的"负面清单"制度。应在总体国家安全观指导下尽快厘清重要数据的范围，明确我国数据出境的"负面清单"。"先易后难"，率先在金融、汽车和健康等重点行业寻求突破，制定汽车等行业的低风险跨境流动数据目录。同时，可针对典型应用场景进行试点。三是支持重点领域的数据出境评估认证。可探索支持金融、汽车、电子商务、创新研发、国际物流、服务外包、知识产权等应用场景跨境数据便捷高效流动和数据贸易新业态发展。四是在双边或多边谈判中根据对等原则建立"白名单"制度。可借鉴欧盟经验，积极推进在双边或多边谈判下的数据流通协议及机制，构建数据出境的安全信任体系，并在此基础上建立符合自身安全标准、产业利益及国家战略需求的国际数据流动圈。五是构建我国数字治理"长臂管辖"制度。探索构建多渠道、便利化的数据跨境流动管理机制，健全多部门协调配合的数据跨境流动监管体系。

（三）加快推动自由贸易试验区等创新高地先行先试

充分发挥自由贸易试验区、自由贸易港等创新高地对制度型开放的引领作用。一是赋予自由贸易试验区更大自主权。逐步从事前审批转向事中事后监管，为自由贸易试验区（港）推动更广领域、更高标准、更大力度的改革创新提供正向保障。二是发挥自由贸易试验区、海南自由贸易港、粤港澳大湾区、数字服务出口基地等创新高地的政策创新优势，支持在自由贸易试验区（港）、数字服务出口基地及上海、北京、深圳等国内条件较好的地区深入推进数据跨境传输安全管理试点，先行先试，强调"因地制宜、因地施策"，以点带面，辐射产业链，迈向纵深化，着力打造若干个国际数据枢纽港和数据流通的重要节点。三是探索设立国际离岸数据中心。设立物理隔离的数字特殊监管区域，在自由贸易区（港）设立数据出海节点，提升数据聚合的全球辐射力。

（四）积极参与数据跨境流动的国际合作治理

统筹推进国内法治和涉外法治，深入推进数据跨境流动和全球治理体系变革。应积极采取"以双边带多边、以区域带整体"的推进策略：一是积极在 WTO 等多边机制中开展数字贸易规则谈判。在 WTO 等多边框架下建立数字贸易规则，并促其成为全球数字贸易一致遵守的规范，这是最为有利的策略选择。应主动出击，提前谋划。例如，积极回应并推动 WTO 电子商务谈判纳入数据跨境流动相关条款。二是积极构建区域数字伙伴关系。

例如，在"数字丝绸之路"（DSR）框架下，探索与"一带一路"共建国家签订《数据跨境传输合作协议》，合作制定数据流动传输的相关规则和技术标准。三是在自贸协定升级谈判和商谈新自贸协定中，强化对数字贸易或电子商务章节的制度安排。同时，在 RCEP 协议框架下，加大数据跨境规则合作，并为探寻数据跨境流动全球规制的兼容性框架提供新思路和中国方案，积极引领数字经济全球化发展。

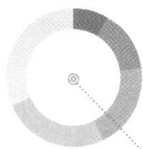

中国数据空间及数据基础设施研究与展望

王成军[*] 徐佳昊[**] 明新国[***]

摘要：本文基于对国外主要经济体的数据流通发展战略和我国数据要素流通现状与面临挑战的分析，提出中国数据空间的研究与建设策略，包括完善基础设施、加强制度建设、研发关键技术和构建可持续数据生态。我国应当建立统一的数据空间顶层架构，完善法律法规和标准规范，同时加强数据基础设施建设，促进跨组织、跨行业、跨领域的数据流通。此外，本文分析并阐述了数据基础设施的核心内容，包括互操作层、流通层、建模层和服务层，以实现数据资源的对象化封装、多方流通、协同价值挖掘和数据服务供给。

关键词：数据流通；数据空间；数据基础设施

一、国外数据流通发展现状

（一）国外数据流通战略布局

全球数字经济与数据要素行业正快速发展，欧盟、美国等世界主要经

---

* 王成军，上海交通大学机械与动力工程学院博士研究生。

** 徐佳昊，上海交通大学机械与动力工程学院硕士研究生。

*** 明新国，上海交通大学机械与动力工程学院教授。

济体正加快培育数据要素市场，制定各具特色的数据流通战略，探索符合自身环境的发展路径。

欧盟数据战略以数据主权为核心，结合开放生态推动数据开放共享，通过建设共同数据空间和推动单一数据市场建设，旨在增强欧盟内部数据开放共享。此外，欧盟在国际上积极推广欧洲模式，力求在数字经济时代占据全球数据治理主导地位。其战略模式可总结为以下几个方面。

坚持开放生态与数据主权核心理念：欧盟将数据主权作为战略核心并强调基于开放生态的数据流通体系，通过"内松外严"的数据流动模式，确保对外严格保护数据主权，对内推动数据自由流通。该战略旨在推动欧盟内部数据共享，促进欧盟数据市场一体化。

采用兼容并包的共同数据空间战略：欧盟提出《欧洲数据战略》，重点推动欧盟共同数据空间与单一市场的建设。欧盟共同数据空间通过统一标准和规则，确保参与方能够在安全、可信的环境中存储和共享数据。欧盟已规划了九大领域的数据空间，包括政务、工业、农业、交通、金融、能源等。同时，欧盟发布或起草《通用数据保护条例》（GDPR）、《数字服务法案》（Digital Services Act）、《数字市场法案》（Digital Markets Act）、《欧洲数据治理法案》（Data Governance Act）等系列法案，计划建立一个"公平、自立、跨域"的单一数据市场，实现维护欧洲数据主权。

提倡数据基础设施的跨国协同共建：共同数据空间需要统一标准、制度规范和治理体系，克服欧盟成员国在系统平台、制度体系上存在的差异。因此，欧盟遵循 FIAR 原则（可发现 findability，可访问 accessibility，互操作 interoperability，可复用 reuse），通过多个组织和项目，如国际数据空间协会（IDSA）、Gaia-X 和 Open DEI，协力打造数据空间基础设施。这些项目提供了数据空间运作框架、技术构件和标准化工具，支持多行业领域的数字平台集成，确保数据空间的数据可发现、可访问、互操作及可复用。

主张行业导向领域先行的实施路径：欧盟在不同行业领域积极探索基于数据空间的行业数据流通解决方案，如欧洲健康数据空间（EHDS）是欧盟首个也是进展最快的数据空间，旨在解决电子健康数据访问和共享的挑战。

积极参与国际竞争与欧洲模式的推广：通过严格的数据保护规则，欧盟试图形成政策壁垒，抵御美国的产业优势，并争取在国际数据治理体系中的话语权。欧盟通过在全球推广欧洲的数据治理模式，推动欧盟在全球数据治理中的主导地位。

与欧盟相比，美国的数据治理模式注重数据的开放与自由流动，力求在保护数据权利与促进数据利用之间实现平衡。这一策略使数据的流通具有高度的多样性和创新性。近期，美国受地缘政治影响，数据自由流通和开放政策方面有所改变，并开始强调数据流通政治化与安全化。总体上，其发展策略主要有以下特点。

以数据开放和自由流动为核心理念：美国政府致力于在数据权利保护与数据流通之间实现平衡。这种理念促进了美国流通模式的多样性。为了规范数据自由流动市场秩序，美国不断完善政策法规并建立首席数据官机制。

以市场化导向和法规约束为发展战略：美国将商业利益作为数据要素市场化的基本准则，提倡数据自由流动，积极获取和掌控全球数据资源，增强企业在全球的技术和市场领先优势。同时，各州政府通过立法和司法措施保护个人信息隐私，防止数据产权垄断，推动政府数据全方位开放，增强企业数据共享和互操作性。

以多种形式合作与市场化运营为建设路径：美国积极布局全球数据规则和鼓励数据经纪发展的数据要素市场化模式。依托国家级数据开放平台，以多种形式的合作模式和市场化运营为渠道，促进数据产业的发展，通过分类监管机制推动数据经纪交易模式的成熟。

以行业驱动与大型公司为平台：美国的数据流通平台主要由产业龙头企业驱动并建设，如亚马逊、Google、微软等公司相继建设了各自的数据存算与管理一体化平台，提供数据上云、权限管理、数据共享等服务，满足不同行业用户的多样化需求。美国在数据流通平台建设方面，总体上具有以下特点。一是建立多类型平台体系。美国联邦、州政府建立了多层次的数据开放平台体系，包括数据开放平台（Data.gov）、资源管理平台（Resources.data.gov）等。行业领域的龙头企业也积极建立各自的数据流、管、存、算一体化平台。除此之外，美国相关研究机构和组织也在积极探索去中心化的数据流通平台，如罗伯特·卡恩（Robert Kahn）提出的数字对象架构（digital object architecture，DOA），以 SoLID 和区块链技术为代表的 Web 3.0/Web 3 架构等。二是广泛的数据覆盖。美国联邦政府积极推进数据开放，已经涵盖联邦、州、市政府及高等院校和非营利机构的数据集。目前，Data.gov 提供了 29 万个数据集，涉及气象、能源、交通、地理等多个领域，并支持多达 49 种可机读数据格式。

（二）国外数据流通战略共性

建立共识与合作平台：需要设计一套统一的顶层架构体系，凝聚基础共识，实现不同相关利益方的协调共建和通力合作。完善数据空间建设体系规划，建立数据治理体系，建设合作交流平台，以增强各方信任与合作意愿。

尊重与保护数据主权：尊重和保障数据所有者权益，确保数据来源合规、使用合规，促进数据价值释放，保障数据价值收益合理分配，保证数据流通的可持续循环和数据要素市场的健康发展。

统一数据标准与互操作：推动制定数据流通及平台的标准、规范体系，确保不同系统与平台之间的数据能够无缝交换和共享，促进数据的高效流通和价值释放。

研发数据流通关键技术：联合不同领域积极探索和研究数据流通关键技术与治理模式，提升数据的使用能力和数据安全的保障能力，发挥数据要素的乘数效应。

打造公平竞争数据市场：降低数据要素市场的准入门槛，防止数据要素市场的垄断，推动数据交易市场的公平健康发展，保障数据要素流通活力。

构建可持续数据生态：构建全方位数据生态体系，包括制度体系、技术布局、应用落地、行业推广、人才培养等，逐步建立完整数据要素产业体系。

二、我国数据要素流通现状与需求分析

（一）我国数据流通发展现状

近年来，我国积极在数据要素领域进行战略布局，地方政府以及各行业企业积极探索数据要素流通及服务供给模式。

政策体系与战略框架方面：自党的十八大以来，我国通过一系列重要文件形成了以"中央顶层设计指引 + 地方政策贯彻 + 产业规划落地"为核心的立体化数字经济发展框架。政策涵盖了数字基础设施、数据资源体系、数字技术创新和数字安全等关键领域，为数字经济的发展奠定了基础。

数据要素市场培育方面：自2019年党的十九届四中全会首次将数据增列为生产要素以来，政策逐步明确了数据要素的市场化配置体制机制，如2020年的《关于构建更加完善的要素市场化配置体制机制的意见》、2022年的"数据二十条"以及2023年发布的《数字中国建设整体布局规划》。这些文件指明了数据基础制度发展的重要性和方向，并推动了数据要素市场的逐步形成。2023年，国家数据局的成立标志着数据要素的管理和协调进入了新的阶段。随后的《"数据要素 ×"三年行动计划（2024—2026年）》进一步明确了数据要素在经济发展中的重要性，提出了具体的行动目标。

数据流通平台建设方面：各地政府和企业正在推动数据要素的开发利用和流通交易，积极建立面向不同应用场景的数据要素平台，但平台之间的技术与功能架构各异。目前已有数据要素流通平台主要有两类：基于隐私计算、区块链存证、数字身份认证等技术的数据流通与应用平台；以各地数据交易所为代表的数据开发运营与撮合交易平台。这些不同平台在跨企业数据共享、特定行业解决方案、数据隐私保护和数据交易等方面具备各自优势，但实施效果一般，令人信服的应用案例普遍缺失。数据要素平台总体上缺乏一个广泛认同、明确一致的框架体系，无法比肩欧美共同数据空间成为统一数据流通交易、价值释放和可持续循环的公共数据要素平台。

（二）我国数据流通需求分析

尽管我国目前正在积极布局数据要素领域各项建设发展措施，但经过行业调研分析发现，目前我国数据流通领域的发展仍存在问题与挑战。

制度规范标准互异：当前面向多行业数据流通平台建设的法律法规和保障体系不健全，数据价值无法得到充分挖掘。各类技术标准和规范不统一，阻碍了跨行业、跨领域、跨国家的数据流通。

顶层架构缺乏共识：我国尚未形成统一的顶层设计和数据要素市场建设体系，导致各方权责界定不清，各个利益相关方之间缺乏有效的协作机制，以及有效的监管和评估机制。

系统平台设施异构：各地数据基础设施建设水平不一，缺乏统一、可扩展的通用数据基础设施。尽管已经出现一些地区和行业级数据流通平台，但全国性、跨行业领域的公共数据流通平台仍然缺失，导致关键技术研究、应用示范和国际合作等工作面临挑战。跨域、跨境的数据共享交换存在障碍，公共数据资源开放度不足。

生态体系建设不全：数据生态建设过程中，各行业发展缺乏引导和统一共识，各类数据要素平台参差不齐，各自为政，数据孤岛现象仍然普遍存在。目前，急需一个统一公共基础平台打通各层级系统平台。同时参考欧美等国家和地区，积极建立首席数据官制度、数据治理规则体系制度等。此外，目前鲜有国家和地区深入研究基于数据价值释放的收益分配制度，该制度是影响数据要素市场可持续循环的重要因素。

三、中国数据空间及数据基础设施研究展望

（一）中国数据空间研究体系

中国数据空间建设研究体系（见图1）旨在通过数据空间制度建设、数据空间技术布局、数据空间应用场景以及数据空间生态培育，确保我国数据空间的高效、安全、有序发展。数据空间制度建设为数据空间建设提供制度保障；数据空间技术布局支撑数据空间的高效运行；数据空间应用场景推动数据空间行业案例的数据融合创新和跨界应用，释放数据价值；数据空间生态培育促进数据产业链上下游协同发展为数据空间构建开放、合作、共赢的数据生态体系。

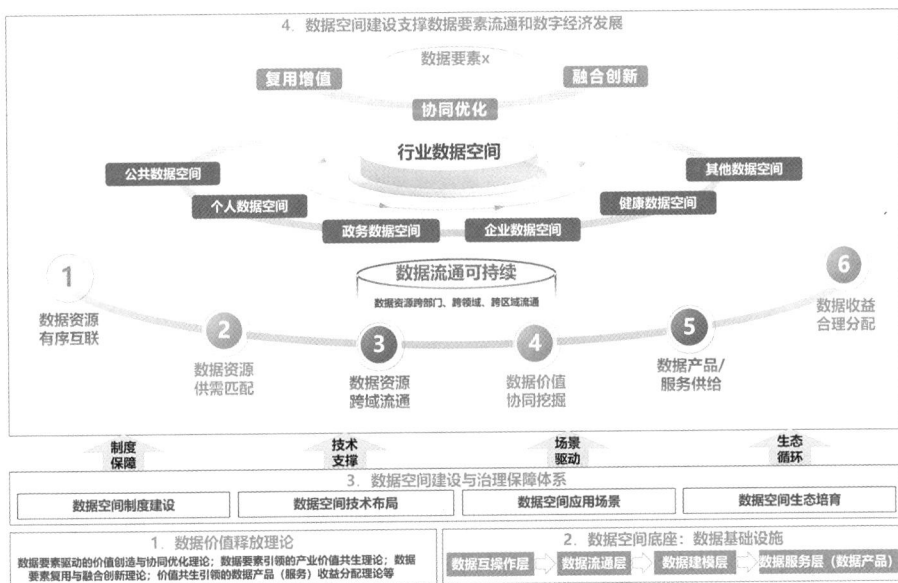

图1 中国数据空间建设研究体系

数据空间的建设旨在平衡数据开放与保护、激励与约束、统一与分

级、发展与安全之间的关系，面向各行业数据要素高效流通与价值创造需求，研究建设数据空间治理理论与技术体系，促进数据要素可发现、可访问、互操作与可重用，发挥数据要素协同优化、复用增值与融合创新的乘数效应。

凝聚共识，统一顶层设计：建立统一的数据空间建设顶层架构体系，协调不同相关利益方建立协作共赢机制，制定统一的技术标准和规范，实现跨组织的系统平台互联互通和数据互操作，推动跨行业、跨领域、跨国家的数据流通。

夯实基础，完善基础设施：加快全国性数据流通基础设施平台的建设，提升数据基础设施的覆盖范围，提升数据存储、计算、交易、存证的公共服务能力。统一数据标准和互操作性协议，提升数据质量，确保数据的高效整合和流通，确保不同部门与区域之间的数据共享和交换顺畅，改善数据孤岛现象。

体系保障，加强制度建设：完善数据流通法律法规，建立健全的法律保障体系，明确各方权责，保护数据隐私、安全和促进数据市场的规范化发展。设立监管机构，加强数据分类与风险评估机制建设，推动行业自律，确保数据市场的安全与规范。促进数据合法采集、安全流通、合规使用以及数据价值收益的合理分配，建立健全完善的数据治理体系，实现数据高效流通、价值创造和可持续循环。

技术攻关，研发关键技术：加强对新技术的研究与应用，推动技术升级，提升数据流通过程中的安全保障能力，提升数据服务的效率和安全性。

可持续循环，建设数据生态：一是保障利益分配。明确各方在数据生态中的战略定位，合理分配数据带来的收益；推动跨境数据流动，促进政府与行业的合作，共同推动数据流通的发展。二是培养数据人才。支持数据科学和技术人才的培养，提供研究与实践平台，推动数据要素市场的创新和发展。三是推动国际合作。积极参与国际数据流通规则与标准体系制定，加强国际合作，促进中国数据要素的全球化流通与竞争力提升。

（二）数据基础设施建设体系

1.数据基础设施功能定位

数据基础设施是数据空间的底座，作为数据流通基础环境，数据基础设施链接数据空间中大批量异构的算力网络和设备以及多源多品类数据资源，形成以数据空间为核心的资源融合供给模式。其建设目标在于消除数据流通中的互操作障碍。通过制定统一的技术标准和协议，数据基础设施将为数据流通设定明确的规则，确保各组织遵循相同的规范。这种一致性有望提升数据跨实体、跨域及跨境流通效率，减少因标准不统一导致的数据融合难题，实现不同系统和区域间的数据顺畅交互。

数据基础设施也将为数据安全高效流通、价值释放与服务供给提供基础环境。在技术层面，数据基础设施将引入区块链、隐私计算等技术，并采用身份认证和访问控制机制，追踪记录数据全生命周期的流通信息，防止未授权的访问和数据泄露，保证数据安全和合规使用。在治理层面，数据基础设施的建设将为数据保护法规和政策框架提供实施应用平台，为数据隐私保护和使用规范提供监管基础，提高数据处理过程中的透明度和合规性。

2.数据基础设施核心内容

数据基础设施主要由一套软件解决方案构成，可以灵活部署和集成到企业现有的信息系统与平台中，降低企业沉没成本。数据基础设施主要由互操作层、流通层、建模层和服务层组成，并结合技术与治理两个视角，实现数据空间中的数据的对象化封装、多方流通、协同价值挖掘和数据服务供给的全环节平台与环境支撑。

数据互操作层旨在实现数据空间中数据资源的对象化封装过程，通过将数据资源按照互操作协议封装成独立的数据对象，实现数据资源对象的实体化，便于数据资源的可识别、可发现、互操作及可重用，结合区块链与参与方身份认证等技术实现数据资源流通过程的上链存证和可追溯。此外，互操作层通过将各类算力网络设备链接成网，可以为数据资源的进一步处理提供弹性算力基础。通过将多端数据提供方系统连接汇总，实现多源数据资源的汇集。

数据流通层通过建设核心服务组件为数据流通提供基础环境，包括数据资源的发布、参与方身份认证、数据交易存证追溯及数据受控使用环境等。流通层通过数据空间中各服务组件之间的交互，实现数据提供方发布资源、数据使用方搜索资源、数据中介匹配资源以及资源的高效利用。

数据建模层基于数据流通层流通交易获得的数据资源，以及算力资源和基于联邦学习等隐私计算技术与区块链技术，保障数据流通全生命周期内的隐私与主权安全，通过应用服务提供方的算法或者模型等工具，通过对大量数据资源的协同挖掘，实现数据价值的发现和挖掘。通过大语言模型、机理模型及知识图谱等方式提供数据驱动的服务或者数据产品。

数据服务层基于数据建模层获得模型或者见解，通过 API、交互界面、第三方应用等形式，将数据建模获得有价值见解和服务提供给客户，为客户创造价值。通过可自定义的收益分配机制，实现数据资源价值的兑现以及合理分配，促进数据要素流通的可持续循环。

标准与安全视角旨在协调不同相关利益方，凝聚共识、共同建设数据空间数据基础设施及相关数据流通基础制度规范、标准。通过定义相关参与方的角色、功能、权益及责任，共同制定数据空间中的规则手册，共同研发数据空间数据基础设施中的关键技术和理论方法，保证数据流通全环节的隐私与主权，实现行业数据要素的高效流通和价值创造，发挥行业数据要素的乘数效应。

第二部分

"数据要素 ×" 实践篇

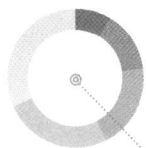

数据要素市场化的思考与实践路径

——以中国电信落实"数据要素 ×"行动为例

梁宝俊*

摘要： 近年来，随着我国数字经济的高速发展，数据要素的重要性日益凸显。国家数据局等部门顺应数字经济发展规律，联合印发了《"数据要素 ×"三年行动计划（2024—2026年）》，提出以推动数据要素高水平应用为主线，发挥数据要素"乘数效应"，培育新产业、新模式、新动能。如何进一步有效释放数据要素效应，成为数字经济高质量发展的关键所在。本文通过对"数据要素"的概念及其与传统生产要素的区别进行分析，深入阐述了数据要素市场化面临的问题和挑战，同时结合通信行业推进数据要素市场化的实践，归纳总结数据要素市场化的具体路径，并提出数据要素市场化的相关建议。

关键词： 数据要素；数字经济；数据要素 ×；数据基础设施；云网融合；人工智能 +

一、深刻理解数据要素及相关概念

随着我国数字经济的高速发展，数据要素的重要性日益凸显。2019年我国将数据增列为继土地、劳动力、资本、技术之后的第五大生产要素。数据作为新型生产要素，是数字化、网络化、智能化的基础，已经快速融

---

* 梁宝俊，中国电信集团有限公司原总经理。

入生产、分配、流通、消费和社会服务管理等各个环节，深刻改变了人类社会运行方式，对生产力和生产关系的变革产生了深远影响。因此，我们要进一步研究数据要素价值释放的方法和路径，支撑数字中国建设，为最终实现中国式现代化奠定基础。

（一）数据要素与其他传统生产要素的区别

数据的本质是信息与知识的载体，是对现实世界的记录和描述。数据中蕴含着世间万物运作的规律和知识，为人类认识世界、改造世界提供了一种新的手段与方式。

从自然属性的角度看，数据本身是虚拟的，具备时效性、高流动性，是一种非排他性、非消耗性的资源，可被多方完整地多次使用。

从经济属性的角度看，数据具有以下四方面特点：一是数据具有规模经济特点。数据集越大越丰富，越能产生更多价值。二是数据要素与其他生产要素具备互补性。比如外卖就是数据与劳动力相结合，通过算法为外卖员提供最佳配送路径，提高配送效率。三是数据要素确权难。数据的生成是去中心化的，在很多情况下存在着复杂多元且较为分散的数据主体，数据所有权和使用权的高度分离，非消耗性、非排他性等自然属性为数据的产权归属和权责界定带来了模糊性。四是数据要素对场景高依赖。数据价值会因使用对象而异，即同一数据对不同人产生的价值不一样；数据价值也会因应用场景而异，即同一数据在不同场景下产生的价值也不一样，打造丰富多样的应用场景对挖掘数据要素价值至关重要。

（二）数据基础设施的定义和作用

党的二十届三中全会提出，要建设和运营国家数据基础设施，促进数据共享。当前，数据基础设施已成为释放数据要素价值、推动数字经济高质量发展的重要引擎。数据基础设施是指在网络、算力等设施的基础上，围绕数据汇聚、处理、流通、应用、运营的全生命周期，构建适应数据要素化、资源化、价值化的基础设施。从系统集成角度看，数据基础设施建设既包括平台、系统等"硬"的设施建设，也包括标准规范、体制机制等"软"的制度设计，同时还包括隐私保护、数据标识登记等技术创新的应用。从能力角度看，数据基础设施包括网络、算力、流通和安全四类设施，具有数据汇聚、数据处理、数据流通、数据应用、数据运营和数据安全保障等六大能力。

加快建设数据基础设施，不仅承载着数据要素制度的落地和数据资源开发利用的实施，更为数字中国建设提供了空间和保障，是数据要素市场化配置改革的基础。

（三）"人工智能 +"叠加"数据要素 ×"，将推动新质生产力发展

随着近年来人工智能技术，尤其是生成式人工智能技术迎来新的发展高峰，人工智能的快速发展又赋予数据要素前所未有的价值。2023 年，以 ChatGPT 等为代表的 AIGC 技术取得突破性进展，ChatGPT-4 的数据量是 ChatGPT-3 的数十倍，规模庞大的数据集使得 ChatGPT-4 能够在更广泛的领域和更复杂的场景下展现出卓越的性能。数据已成为未来人工智能竞争的关键要素，人工智能正在从"以模型为中心"加速向"以数据为中心"转变。

我国在数据要素与人工智能技术融合发展方面进行了全面部署。2024 年《政府工作报告》提出要深化大数据、AI 等前沿技术的研究与应用，以加速产业转型升级。其中，开展"人工智能 +"和实施"数据要素 ×"两大行动被明确列为 2024 年的核心任务。"人工智能 +"与"数据要素 ×"的深度融合，打破了传统生产力的界限，重塑了产业生态链，为经济增长和社会进步注入了强大动力，成为发展新质生产力的重要路径。

二、数据要素市场化现状分析

数据要素市场化配置是指通过市场交易实现数据要素供求关系的平衡，

数据要素的价格是由市场形成。由于数据的自然属性和经济属性与其他生产要素的显著差异，以及数据要素型企业的自然垄断，导致传统市场经济学理论在数据要素市场部分失灵，亟须学界、业界共同努力探索并建立数据要素市场健康高效运转的理论体系。

（一）我国全面布局数据要素市场，数据要素相关政策进入体系化构建阶段

自2014年我国将大数据首次写入《政府工作报告》以来，国家层面聚焦数据要素展开了一系列布局。2022年12月，中共中央、国务院发布《中共中央　国务院关于构建数据基础制度更好发挥数据要素作用的意见》，从数据产权、流通交易、收益分配、安全治理等方面构建了数据基础制度，标志着数据要素政策体系架构的初步形成。2024年1月，国家数据局等部门联合颁布了《"数据要素 ×"三年行动计划（2024—2026年）》，聚焦工业制造等12个行业和领域，明确发挥数据要素价值的典型场景，通过推动数据多场景应用，创造新产业新模式，培育发展新动能。

（二）电信运营商在数据基础设施建设中发挥中坚作用

电信运营商充分利用自身资源和技术优势，深度参与数据基础设施建设，发挥着中流砥柱的作用。一方面，积极参与数据基础设施的关键技术标准制定，推进区块链、隐私计算等技术融合应用；另一方面，基于5G、千兆光网、算力网络等基础设施，不断夯实数据要素的新型智算底座，并适度超前部署新一代高速固定宽带和移动通信网络、卫星互联网、量子通信等基础设施，形成高速泛在、天地一体、云网融合、安全可控的网络服务体系，为国家数据基础设施提供坚实支撑。

未来电信运营商可将区块链、隐私计算等数据流通关键技术纳入数字信息基础设施，推进全国一体化算网建设，打造适应超大规模数据要素市场的"存力 + 算力 + 连接 + 安全 + 效能"一体的可信流通技术底座，促进数据的安全流通和价值释放。

（三）电信运营商积极参与数据要素市场建设

数据作为生产要素，可以培育一级市场和二级市场。以土地生产要素为例，土地可通过完善的一级市场与二级市场，实现由土地到房产、再销售给消费者居住的全流程，从而实现土地要素价值的充分释放。但由于数据要素的可复制性、虚拟性等特点，目前的数据要素市场仍以补贴式单纯交易数据为主，不仅存在安全问题，而且不能实现数据要素的增值，不利于二级市场的发展。

繁荣的数据要素市场不仅需要政策层面的有力指引，更需要数据要素市场的相关企业在其中发挥重要作用。以土地市场为例，房地产开发商从一级市场购买土地资源，把原始的土地要素进行加工，搭建出可居住的房产；营销企业在二级市场将搭建好的房产包装成商品房、公寓、旅游地产等房屋形态，并销售给消费者；房产作为中间产品，连接了土地的一级市场和二级市场。在数据要素市场，我们认为连接数据要素一级市场和二级市场的是数据基础设施。数据被汇聚后通过共享、挖掘、建模等方式加工，实现数据要素增值。电信运营商作为数字信息基础设施的建设者和运营者，不仅拥有丰富的数据资源、强大的云网融合能力，更具备较强的技术积累和研发水平，有能力成为数据基础设施建设者，也就是数据要素市场的"房地产开发商"。数据基础设施汇聚来自政府、各数据集团等机构的数据后，将吸引更多数据要素市场的"营销企业"——数商，来挖掘数据价值并提供数据产品服务，形成数据要素市场闭环，实现数据要素价值释放。

三、数据要素市场化面临的问题

（一）数据供给不足

一是数字化水平不足。尽管近年来我国加速推进经济社会数字化转型，取得了显著进步，但仍然存在数字化资源不平衡、数字化程度不充分等问题。二是数据质量不高。数据从采集、存储、加工到应用，涉及不同人员、横跨多个系统，若没有遵循统一的标准和流程，可能会存在数据不完整、不一致等问题。三是共享意愿不足。对企业而言，运营收集的数据很可能是其保持竞争力的关键，共享数据可能会削弱公司的竞争优势。由于数据在对外流通中可能存在数据安全、合规、使用控制等风险，需要付出额外的成本和精力，且收益不确定，数据持有者出于谨慎考虑，倾向于不对外共享或交易数据。

（二）数据流通不畅

一是数据权属界定不清。数据具有主体多元性，从原始数据到数据应用大多由多个主体相互协作完成。在实践中，各地或引用知识产权框架，进行数据知识产权登记确权；或绕开数据产权，按照数据资产、数据资源、数据产品等进行登记确权，数据产权如何归属仍相对模糊。二是数据可信流通不足。建设安全可控的数字信息基础设施是数据要素安全流动的前提，目前跨区域的数据要素自由流动的效能还不足，需要进一步释放；数据要素尚未形成稳定的一级市场和二级市场，市场交易标准规则有待规范。

（三）数据应用深度和广度不够

我国拥有超大规模市场、海量数据资源等多重优势，但尚未形成可规模复制的应用场景，导致需求侧对数据利用的效果认识不足，动力有待激发。一是可复制场景设计不足。多数行业数据应用不充分，智能工厂、自动驾驶、智慧医疗等潜在重大场景还处于培育阶段。二是跨领域协同程度不高。政府、国资央企、互联网企业等数据密集性单位的数据应用开发主要基于自有数据和公开数据，来自行业间的数据共享和合作相对较少。三是各渠道数据融合较难。当前各行业数据标准不统一、数据采集质量不高、数据专业性和特殊性强等问题普遍存在，制约了数据融合创新发展。

四、中国电信的实践做法与实施路径

电信运营商在数据要素市场中既是数据要素的提供者，又是使用者，还是数据要素的撮合者，除了发挥自身数据资源的乘数效应，也肩负着连接数据与未来、激发数据潜力、保障数据安全的重要使命。中国电信创新打造"数链智网"（Data Chain Artificial Intelligence Network，DCAN）数据要素能力体系，依托云、网、数、智、安等能力优势，基于运营商海量数据，融合外部行业数据，构建"灵泽2.0"数据要素平台，为数据要素流通交易提供便捷、可信的基础设施；打造"星海"数据产品和服务视图，为数据应用服务提供数智化、场景化的数据能力和产品；探索"银河"数据跨境流通服务，为数据跨境融通提供高效安全、一体化的解决方案。

（一）扎实推动数据基础设施建设

中国电信携手中国联通建成全球规模最大、主流频段网速最快的5G SA共建共享网络，为数据的高效传输提供了保障。中国电信自研大数据PaaS平台，实现单集群2万台规模的集群高性能调度以及集群规模的线性扩展。自研融AI数据中台，构建多模态统一数据底座，支持DT+AI大模型一体化研发，支撑各领域大模型研发；对外构建"采、存、管、训、推、测"一体化高质量数据集开放共享工具链，自研轻量级、可定制、可独立部署的"灵泽2.0"数据要素流通平台。平台基于隐私计算、区块链、数据空间等技术，面向数据流通核心场景，在保障数据的权属和安全的前提下支撑数据交易、数据开放、数据共享等多种数据流动形式，为各类市场主体提供高效、安全、可信的数据流通基础设施，促进数据价值有效释放。

（二）持续推进数字要素市场化建设

中国电信从数据"供得出、流得动、用得好"三个关键节点进行了多方位探索，并取得了一些成效。

1. 通过数据治理、授权、开发，保障数据"供得出"

一是开展数据标准化治理，提升数据供给质量。通过数据要素顶层规划，形成数据治理标准化体系，完善数据质量监控与评估机制，形成数据质量提升的良性循环。目前中国电信已通过数据管理能力成熟度评估模型的最高级别优化级（DCMM5）认证，数据管理能力达到了全国标杆水平。

二是探索建立公共数据、企业数据、个人数据分类分级授权机制。通过引入专业、灵活的社会化力量，最大化发挥专业能力与协同作用，让公共数据成为数据要素市场培育的关键突破口。中国电信海南分公司在海南省大数据管理局授权下开展本省公共数据运营业务，全面承担数据产品超市的投资、建设、运营职责，并通过规则完善、场景突破、生态打造、创新研发等举措，有效扩大数据供给。

三是扩大数据产品供给。构建数据产品开发机制，强化前沿技术的研发投入，健全数据要素产业生态，以推动跨部门、跨行业、跨领域数据的深度融合与协调创新，加速数据产品孵化。创立"星海"大数据体系，充分发挥自有数据资源优势和生态资源优势，面向金融、医疗、应急、文旅等重点行业，将自有数据和行业数据、公共数据进行融合，孵化优秀行业数据要素应用产品。

2. 建立制度标准，完善基础设施，保障数据"流得动"

一是建立数据流通规范，降低数据流通门槛。建立行业数据质量与流通标准，形成从数据接入与登记到流转与交付的全流程标准化规则，并在"灵泽"数据要素平台进行固化。通过平台技术，将非标准化的多源数据、流通流程进行自动化的检查与治理，打破数据孤岛，提升平台内数据要素标准化程度，加强数据可操作性。

二是沿着"需求挖掘 – 价值形成 – 产品确权 – 价格确定 – 竞价成交"的路径，探索数据要素价值的发现和实现机制，通过市场这只"无形的手"来引导政府、企业、行业共同开放数据、加强合作，共建互利共赢的数据要素流通环境。

三是融合技术和制度，保障数据合规监管。全域接入行业与数据监管部门，以保障数据流通的可监管、可审计。从事前合规审查、事中流程监管、事后审计追溯等全流程，实现数据流通全流程的权限控制、留痕验证及自动化审查。中国电信"灵泽"数据要素平台遵循数据"可用不可见、可控可计量、监管可追溯"原则，持续完善数据安全保障体系，通过标准化身份认证体系、数据登记机制等，实现数据供需双方间的互信安全流通。

3. 打造数据赋能引擎，促进数据"用得好"

国家数据局等部门提出的《"数据要素 ×"三年行动计划（2024—2026年）》旨在通过高水平的数据应用，推动数据要素的协同优化、复用增效和融合创新。这一行动不仅有利于培育新业态、新模式，还能促进经济规模和效率的倍增，充分实现数据要素价值，为高质量发展提供有力支撑。中国电信积极响应国家号召，对内积极挖掘数据资源，对外鼓励生态伙伴加盟合作。

一是积极建设高质量数据集，赋能 AI 大模型开发。中国电信依托庞大的用户基础、广泛的业务网络和先进的信息技术，持续采集和整合来自各个渠道的数据资源。这些数据涵盖了用户行为、网络流量、业务运营等多个方面，为构建高质量数据集提供了丰富的素材。

二是中国电信面向具备产品建设和运营能力的所属省市公司授牌成立大数据产品孵化中心，补齐大数据产品短板。各孵化中心结合地域特色制定个性化业务目标，如上海公司主要聚焦文化宣传、防骚扰整治等领域，重庆公司聚焦卫健医保金融、文旅、应急等领域，浙江杭州公司聚焦金融、企业管理、基层治理等领域，明确产品孵化数量。

三是参与多行业数据开发利用，打造数据要素典型案例。通过深入研究数据要素的价值和应用场景，结合行业特点和用户需求，探索数据要素在各行各业中的创新应用模式。广东公司构建"三农"信用数据链，助力潮州茶农数据流通融资；重庆公司联合重庆市医保局，基于医保电子凭证法定授权应用为载体，构建智慧医保健康画像体系，实现医保全生命周期管理；河北公司立足市政、公共服务等民生领域信息化，搭建城市安全运行监测预警平台，助力应急精细化管理。

在充分释放数据要素价值的目标下，围绕"数据要素 ×"的协同优化、复用增效和融合创新机理，结合自身资源禀赋，构建企业级数据要素能力体系，推进数据服务产品化，提供标准化的数据服务，如数据清洗、数据分析、数据可视化等，加大赋能力度，提升服务效率。

五、建议与展望

（一）加强数据要素市场统筹管理

一是健全国家层面的相关政策与立法。研究制定数据确权、定价、交易等相关法律法规，分行业制定数据安全等实施细则，鼓励各地结合实际探索制定数据交易地方政策法规，确保可落地、可执行。二是鼓励地方先行探索。加大数据交易试点力度，鼓励各地交易机构在制度建设、产业培育、公共资源流通等路径不确定的领域开展探索，遴选部分地区开展试点。

（二）培育完善数据产业链生态

供需关系决定数据要素商品价格，数据要素市场需激发数据流通各环节主体内生动力。一是鼓励行业、企业加大数据供给力度，促进公共数据与行业数据融合使用，进一步释放价值。二是激励行业、企业深度挖掘市场营销、金融服务等主流数据应用场景之外的更多场景。三是引导数据服务支撑企业健康发展，目前市场上缺乏数据交易磋商、资产定价、合规评定等规范化的专业服务支撑，亟须提高数据服务商的质量。

（三）强化数据开发利用相关技术攻关

一是明确技术攻关方向。全面梳理制约数据资源开发利用的核心技术，建立关键技术攻关突破图谱。二是加大创新资源投入。在数据资源开发利用领域设立一批具有前瞻性、战略性的重大技术攻关项目，引导有资质、有实力的民营企业和平台企业参与，并形成合力。三是加强技术产品推广应用和迭代创新。探索建立数据资源开发利用新产品、新服务推广机制，利用国内大市场优势推动产品应用和迭代创新。在数据要素流通领域，建立健全技术攻关共享机制，进一步提高数据要素技术研发整体效率效益。

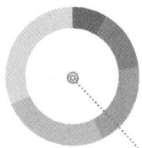

数据要素安全保障的思考与实践

——以中国联通"五个可"建设目标为例

郝立谦* 宋雨伦** 林海***

摘要：党的二十大报告设立"推进国家安全体系和能力现代化，坚决维护国家安全和社会稳定"专章，对国家安全进行详细论述，并且将国家安全的地位提升至"民族复兴的根基"的高度，要求"把维护国家安全贯穿党和国家工作各方面全过程"。在全面建设社会主义现代化国家、全面推进中华民族伟大复兴的关键时刻，党的二十大报告为维护国家安全指明了路径，即推进国家安全体系和能力现代化，具有世界观和方法论的双重贡献。

经过多年积累，联通目前形成了较为完整的数据安全产业服务能力，包括数据安全制度规范、技术防护、运行管理三大体系。数据安全产业服务能力为数据安全产业建设保驾护航，为集团和各行业数据要素流通、实现数据价值提供安全保障。联通大力推进数据安全工作机制建设，推进数据生命周期全流程闭环管控，提炼典型做法，研究安全策略，全面提升数据安全监测、防护、处置能力，梳理重点数据并形成"六清单"，做到既要保证"五个不"，也要兼顾"五个可"。

关键词：数据安全；数据治理；安全风险；数据要素流通

---

* 郝立谦，中国联合网络通信集团有限公司副总经理。

** 宋雨伦，联通数字科技有限公司高级副总裁。

*** 林海，联通数字科技有限公司数据智能事业部安全合规部总经理。

在进入信息化社会的今天，由于数据分析和处理后能够提高生产效率或直接转化为价值，而且现有的农业、工业、服务业、金融、医疗、科研、军工等都离不开数据的支撑，数据的重要性不断提升，国家已将数据上升到新型生产资料和创新要素的高度。与此同时，数据安全的广度和深度已超越数据拥有者本身，如对个人（数据主体）隐私保护的问题就牵涉社会伦理以及数据权益的法律认定，数据出境等问题更是需要在国家安全层面全盘统筹考虑。

我国数据安全立法体系已基本形成并逐步细化。数据基础制度建设事关国家发展和安全大局，数据安全治理贯穿构建数据基础制度体系全过程。随着我国数字经济建设进程加快，数据安全立法实现由点到面、由面到体加速构建，目前已基本形成以网络安全法、数据安全法、个人信息保护法、密码法等法律为核心，行政法规、部门规章为依托，地方性法规、地方规章为抓手，国家标准为指南的数据安全法规保障体系。与此同时，数据安全审查、数据安全监测、数据交易等制度细则逐步出台，数据分类分级、重要数据目录、数据风险评估、数据出境等重点工作的相关规范要求也正在进一步细化，国家核心数据、重要数据等保护手段更加明确。个人信息出境安全评估、安全认证、个人信息侵权案件公益诉讼等重要制度也在逐步落实，成为个人信息保护的有力抓手。

在地方层面，坚持顶层设计与基层探索相结合，多以促进数据要素利用和产业发展为基本定位，出台涉及数据安全的地方性法规和地方政府规章，在最大限度促进数据流通和开发利用的同时，增强网络与数据安全保护能力。在行业层面，多行业相继出台了规范本行业数据管理要求，并推动制度细化完善，保护个人、组织合法权益，维护国家安全和发展利益，促进各行业数据合理开发利用。各省市各行业在落实顶层规划时，结合本地区本行业特色进行立法创新，体现了政策的统一性、规则的一致性、执行的协同性，充分发挥法治的引领、规范、保障作用，为加快建立全国统一的数据要素市场制度规则提供有力支撑。

一、数据安全建设的原则与目标

（一）数据安全建设的基本原则

统筹规划。强化顶层设计，统一规划部署，坚持系统性思维，坚持横向到边、纵向到底，实现数据安全共建共治。

协同联动。鼓励数据安全技术能力统建复用，提升数据安全技术能力建设水平。强化协同联动，确保风险监测无遗漏，风险防护全闭环，风险处置更高效。

鼓励创新。鼓励基础性、通用性、前瞻性安全技术研究，加快核心技术攻关，激发安全创新动力，推进数据安全创新应用试点建设。

精准施策。充分立足发展实际，坚持目标导向、问题导向、需求导向，结合自身数据安全工作重点，实现各层级数据安全能力有序建设、精准提升。

（二）数据安全建设的基本目标

结合应用背景、合规要求、风险承受能力、数据安全自身能力等，从识别的数据安全风险出发，开展体系化数据安全建设方案规划。该方案将依据数据安全建设的短期、中期和长期目标进行合理规划，指导数据安全工作开展。

通过该方案的实施，可以对有关法规和监管要求中提到的鉴别信息数据、重要个人信息、重要业务数据做到针对性地监控与保护，实现资产可知、防护可控、风险可识、轨迹可溯、效果可评的"五个可"建设目标，降低数据安全事件发生的可能性。

二、数据安全面临的主要风险

数据泄露风险。数据在存储、传输或处理过程中，可能因系统漏洞、人为错误或恶意攻击而被未经授权的第三方获取。数据泄露可能导致隐私侵犯、商业机密泄露、财务损失以及声誉损害等严重后果。

数据滥用风险。在数字经济时代，数据被视为一种有价值的资产。然而，数据的滥用可能引发隐私侵犯、不公平竞争、欺诈等问题。例如，个人数据可能被用于未经授权的营销或广告活动，或者企业可能利用数据优势进行不公平的市场竞争。

场景应用风险。随着场景化业务应用的普及，数据安全风险也随之增加。在场景化开发过程中，可能因安全因素考虑不足或业务逻辑缺陷而导致安全风险。例如，恶意破解、核心代码被窃取、恶意代码注入、数据泄露、内容篡改、互动关联和认证风险等。

数据交换风险。在数据共享和交换过程中，由于数据来源多样、权属不同，可能存在安全风险。特别是在数字政府建设过程中，为了实现"让数据多跑腿、百姓少跑路"的目标，对数据共享的需求十分强烈，但这也增加了数据泄露和滥用的风险。

技术攻击风险。技术层面的风险包括病毒和恶意软件的攻击、黑客攻击、网络钓鱼等。这些风险可能导致数据丢失、系统瘫痪或数据被篡改。

组织管理风险。组织和管理层面的风险包括内部人员的不当行为、缺乏数据备份和恢复机制、安全策略执行不力等。这些风险可能导致数据丢失、泄露或滥用。

隐私安全风险。在处理和存储个人敏感信息时，如果安全措施不到位，可能导致个人隐私泄露。个人隐私泄露不仅影响个人权益，还可能引发社会信任危机。

三、数据安全保障体系建设的理论基础

（一）总体思路

遵循相关法律法规要求，基于数据安全制度规范、技术防护、运行管理三大体系，完善数据安全工作机制，推进监测、响应、处置、整改全流程闭环管控，提炼典型做法，研究安全策略，全面提升数据安全监测、防护、处置能力，实现数据防泄露、防篡改、防滥用的安全目标。

数据安全体系建设总体架构由两个维度构成：一是建设目标维度，明确了数据安全建设应实现资产可知、防护可控、风险可识、轨迹可溯、效果可评的"五个可"建设目标；二是建设内容维度，围绕构建"安全管理＋技术保障＋运营支撑"互相促进的三大体系，保障数据在全流程、全维度、全生命周期的有效保护和合法利用。

（二）"五个不"的建设要求

一是"进不来"。建立严密的访问控制体系，是防止外部风险进入系统或网络的第一道防线。只有经过授权的用户才能够访问系统或网络，从而防止未经授权的用户访问内部数据，降低数据泄露、篡改或被恶意软件感染的风险。

二是"拿不走"。加强数据加密和其他安全要求，是为了应对已经进入系统或网络的风险，防止数据被恶意软件或其他攻击者拿走或泄露。通过加密、访问控制和其他安全措施，确保即使系统或网络被攻破，敏感数据仍然不会被窃取，进一步保护了数据的安全。

三是"看不懂"。采用数据脱敏、加密等管理技术，防止敏感数据被轻易解读和利用，增强了数据的保密性。确保只有拥有相应权限的人才能理解数据的真实含义，即使攻击者进入了系统或网络，他们也无法理解数据的真实含义。

四是"改不了"。要确保数据的完整性和真实性。通过数字签名、数据校验和其他技术手段，可以防止未经授权的用户对数据进行篡改或修改。这确保了数据的可信度，并防止了由于数据被篡改而导致的潜在风险。

五是"赖不掉"。建立完善的审计和追踪机制，是对已发生的风险进行追踪和管理的手段。通过建立完善的审计和追踪机制，可以追踪和记录所有的操作和行为，使得在发生安全事件时可以迅速定位问题，进行事件响应和责任认定。

（三）"五个可"的建设目标

一是资产可知。开展数据资产的发现与梳理，对数据进行分类和标记，更精准和有效地制定保护措施，更好地管理和保护自身的数据资源。

二是防护可控。面向数据的全生命周期构建防护能力，覆盖权限管控、数据加密脱敏、数据接口管理、访问控制等数据全生命周期各业务场景，为数据的流动和使用保驾护航，支撑管理体系与运营体系的落地。

三是风险可识。常态化监控数据安全风险事件，识别存在的风险和薄弱环节，并采取相应措施加以改进和加强，监督、协助完成风险处置闭环，实现事件处置闭环，业务合规零风险。

四是轨迹可溯。建立事前管审批、事中全留痕、事后可追溯的全链路数据安全监管机制，记录和分析数据使用的痕迹，追溯到数据的源头和流向，及时发现和解决数据安全问题，有效防止信息资产的泄露和滥用风险。

五是效果可评。建立监管考核机制和评价指标，对数据安全实施情况进行常态化量化监测和评价，以便掌握数据安全能力的成熟程度，精准发现并改进数据安全能力的不足，以持续提升数据安全能力的水平。

（四）"六清单"的管理机制

为有效化解数据安全运营难题，需结合自身安全实践，通过"六清单"（管理对象清单、风险预警清单、规则预案清单、风险处置清单、评价提升清单、知识沉淀清单）的管理机制，形成可执行、可持续、可评价的闭环管理体系。明确制度规范、技术防护、运行管理三大体系，提升工作任务，全面提升数据安全监测、防护、处置能力，做到"底数摸得清、设施配得齐、责任落得实、效果看得见"。

管理对象清单。围绕数据、人、场景三要素，梳理数据资源底数、数据处理人员角色和数据流转、使用的场景。这样能够更好地了解自身的数据资产，为后续的数据安全管理和保护提供基础信息。通过形成汇总的清单并完善管控逻辑，可以更好地管理和保护自身的数据资源。

风险预警清单。基于管理对象清单，梳理各类数据安全风险情形，通过对不同数据类型和系统的深入了解，可以明确对应的风险监测规则，以便及时发现和预警数据安全风险。

规则预案清单。根据风险预警清单，对各类风险分类分级，制定相应的应急预案。在面临突发事件或危机时，能够采取及时有效的应对措施，从而能更好地应对各类风险事件，减少潜在的损失，并为未来的风险管理提供有益的参考和指导。同时，规则预案还可以帮助组织在提高应对能力、增强团队的协作和沟通、提升组织的声誉和形象等方面发挥重要作用。

风险处置清单。按照"响应、通知、止血、恢复、复盘"步骤，建立风险事件闭环处置流程清单。帮助组织更好地应对风险事件，确保在发生风险时能够迅速响应并采取有效的措施。

评价提升清单。建立五星评价法，定期对"六清单"进行全面、客观的评估。体系化评价数据安全能力，不断迭代清单，提升数据安全能力，不仅能帮助企业了解其当前的数据安全能力水平及数据安全能力和风险状况，还可以为其提供改进的方向和目标，形成一个不断循环、不断改进的管理流程。

知识沉淀清单。知识沉淀清单是一个用于记录和整理在上述工作中积累的知识和经验的关键流程。通过将知识沉淀下来，提高工作效率、减少重复劳动，避免再犯同样的错误。通过不断更新和优化知识沉淀清单，组织可以更好地积累经验和知识，以支持未来的工作和发展。

四、数据安全体系建设的实现路径

数据安全体系建设以安全管理为指引，以技术防护为抓手，以运行管理为保障，加强数据安全闭环管理，推动数据的安全使用，确保数据安全。

（一）数据安全管理保障体系

开展数据安全的制度体系建设，指导管理组织架构相关岗位人员，以安全考核为抓手，促进安全制度相关要求的落地执行，促进安全工作标准化、流程化、规范化开展。根据本层级制度规范体系建设目标，各地根据本层级制度规范体系建设目标，按照"五个可"建设目标要求，结合本地实际，优化制度规范体系建设，促进数据安全管理工作标准化、流程化、规范化。

一是完善数据分类分级管理办法／实施方案、数据分类分级规范／指南／标准、数据分类分级变更流程、数据资产安全管理等安全管理制度、技术规范和操作规程。

二是完善数据安全管理制度、密码应用安全管理制度、终端安全管理制度、数据采集／存储／传输／共享开放／销毁安全管理制度、物理环境安全管理制度、人员安全管理制度、数据库基线安全管理标准、代码安全审计规范、接口安全管理规范、数据脱敏安全管理／技术规范等安全管理制度、技术规范和操作规程。

三是完善数据安全事件、数据安全应急响应、数据安全评估、数据安全预警监测、数据安全监督检查管理制度等安全管理制度、技术规范和操作规程。

四是完善人员操作行为追溯管理等安全管理制度、技术规范和操作规程。

五是完善数据安全监督检查指标、数据安全监控指标等安全管理制度、技术规范和操作规程。

（二）数据安全技术防护体系

建立涵盖数据采集、数据传输、数据存储、数据处理、数据交换、数据销毁等数据全生命周期管理的数据安全能力体系，对数据访问、数据操作、数据流动进行管控和实时风险监测，形成数据安全技术能力基础。各单位按照"五个可"建设目标要求，结合实际，统筹规划技术防护体系建设，优先复用可集约建设的能力，全面提升数据安全技术防护水平，筑牢数据安全防线。

一是建设完善数据资产发现、敏感数据识别、数据分类分级等技术能力，精确发现、梳理、标记数据资产，形成安全管理友好的数据资产清单。

二是建设完善权限管控、数据加密脱敏、数据接口管理、数据库防火墙、数据销毁、身份认证、基线安全、多方安全计算等技术能力，覆盖数据的全生命周期防护需求。

三是建设完善 API 监测、日志审计、态势感知、安全检查、接口监测、数据安全评估等技术能力，实时监控数据安全风险事件，确保重要的数据资产得到充分保护。

四是建设完善用户行为画像、数据流动轨迹画像、区块链、动态水印、数字签名等技术能力，同时探索区块链技术的场景化应用，确保能够追溯到数据的源头和流向，保护数据的安全性和完整性，有效防止信息资产的泄露和滥用风险。

五是建立监管考核机制和评价指标，并逐步形成自动化、线上化考核评估的技术能力，提升对数据安全实施情况的监测评价效率，持续推动数据安全能力水平提升。

（三）数据安全运营支撑体系

建设以运营服务团队为基础，以技术工具平台为重要支撑，以严格落实数据安全制度规范相关要求为目标的数据安全运营体系，全面提升数据安全运行管理能力，及时发现处置各类数据安全风险，切实防范数据被非法获取、篡改、泄露、损毁或者不当利用。各地根据本层级技术防护体系建设目标，按照"五个可"建设目标要求，结合本地实际，统筹规划技术防护体系建设，优先复用已集约建设的能力，全面提升数据安全技术防护水平，筑牢数据安全防线。

一是健全分类分级运营，对敏感数据、重要核心数据进行梳理识别，建立数据类别、级别更新，数据库数据资产梳理等机制。

二是健全密码秘钥安全、数据接口安全、代码安全、数据基础环境安全、数据生命周期各阶段安全、人员权限安全、终端安全、数据共享开放安全管理等机制。

三是健全数据安全事件日常监控运营、数据安全应急管理与演练、数据安全监督检查等机制。

四是健全数字签名使用范围扩面、数据操作日志上链，建立数据安全事件日常监控运营，数据安全应急管理与演练，运维、接口和回流水印的加注和溯源等机制。

五是建立并维护可量化的数据安全管理监控指标等机制。

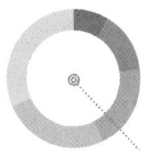

北京市数据要素市场化配置改革的实践与思考

彭雪海[*]　刘惠刚[**]　尹政清[***]

摘要： 北京市在数字化变革背景下，立足数据工作发展基础与自身优势，积极探索数据要素市场化配置改革，取得显著进展。新的形势下，随着数据要素价值日益凸显，数字技术快速迭代、数据生态纵深演进，北京市将坚持以新时代首都发展为统领，围绕数据要素市场化配置改革"一条主线"，统筹发展和安全，聚焦"供得出、流得动、用得好、保安全"数据价值链关键环节，健全数据基础制度、完善数据基础设施、汇聚多主体数据资源、培育高水平多层次数据市场、保障多维度数据安全，提高数据要素市场化配置效率，培育发展基于数据要素的新质生产力，为北京高质量发展提供坚强支撑。

关键词： 数据基础制度；数据基础设施；数据流通供给；数据开发利用；数据发展和安全

　　当今世界，数据作为一个新的生产要素，已经成为驱动经济社会发展的重要力量。随着数字化变革加速演进，数据要素市场化配置改革的重要性日益凸显，其对于加快数字中国建设、培育和发展新质生产力、推进中国式现代化具有重大意义。党的二十届三中全会通过的《中共中央关于进

---

* 彭雪海，北京市政务服务和数据管理局副局长。

** 刘惠刚，北京市政务服务和数据管理局数据资源管理处一级调研员。

*** 尹政清，北京市大数据中心数据要素市场部专业技术十一级职员。

一步全面深化改革　推进中国式现代化的决定》提出，要培育全国一体化技术和数据市场。建设和运营国家数据基础设施，促进数据共享。加快建立数据产权归属认定、市场交易、权益分配、利益保护制度，提升数据安全治理监管能力，建立高效便利安全的数据跨境流动机制。近年来，北京市深入贯彻落实习近平总书记关于数据发展和安全的重要论述精神，持续深化数据要素市场化配置改革。为更好地统筹全市数据工作、服务国家数据工作大局，2024年1月北京市政务服务和数据管理局组建成立，提出了创建数据要素市场化配置改革综合试验区，打造国家数据管理中心、国家数据资源中心和国家数据流通交易中心（"一区三中心"）的发展思路和定位。这一前沿探索，既要总结成功的做法和宝贵的经验，也要审视现有的挑战和问题，以期为未来的规划和发展提供有益的参考和借鉴。在此背景下，北京市在数据要素市场化配置改革中的经验和思考备受关注。

一、北京市数据要素市场化配置改革的特色

（一）加强顶层统筹设计，发挥制度引领作用

推动宏观顶层设计，发挥规划引领作用，是构建数据基础制度体系的重要举措之一。近年来，北京市认真贯彻落实党中央、国务院发布的《关于构建更加完善的要素市场化配置体制机制的意见》、《关于构建数据基础制度更好发挥数据要素作用的意见》（以下简称"数据二十条"）、《数字中国建设整体规划布局》等文件精神，在全国率先以市委、市政府名义出台落实"数据二十条"的实施意见——《关于更好发挥数据要素作用　进一步加快发展数字经济的实施意见》，以促进数据合规高效流通使用、赋能实体经济为主线，加快推进数据产权制度和收益分配机制先行先试，围绕数据开放流动、应用场景示范、核心技术保障、发展模式创新、安全监管治理等重点，充分激活数据要素潜能，健全数据要素市场体系。此外，北京市

于2022年11月发布《北京市数字经济促进条例》，从整体统筹层面对数据要素流通设施、流通市场、开发利用、治理保障等方面提出发展要求，全面保障各类主体长期性权责利益和各类资源持续性投入。北京市还先后出台了《关于加快建设全球数字经济标杆城市实施方案》《北京市数字经济全产业链开放发展行动方案》。2024年，北京市围绕"一区三中心"的发展定位与思路，印发《北京市"数据要素 ╳"实施方案》，编制《关于加快北京市公共数据开发利用的实施意见》，推动形成"1+N"公共数据开发利用体系，并于年底获批数据要素综合试验区，为全市数据要素市场培育发展营造了良好制度环境。

（二）推动数据资源建设，促进数据价值释放

北京市在数据资源开发利用领域进行了有益探索，为公共数据和社会数据价值的释放奠定了坚实基础。一是提升公共数据共享效能，赋能公共服务提质增效。依托北京市大数据平台及"目录链"系统，累计汇聚110个政务部门39万条数据目录，形成北京市"机构－职责－系统－数据"底账，带动部委、央企及社会数据融合，支撑了经济运行、政务服务、基层治理、社会信用等140余项应用服务。二是打造多元数据开放体系，扩大公共数据普惠供给。依托北京市公共数据开放平台、北京市公共数据开放创新基地、数据创新竞赛等线上线下多种渠道，累计开放公共数据110亿条。其中，通过组织公共数据开放创新竞赛，承办全国健康医疗大数据主题赛等数据赛事，推动"以赛供数""以赛促用"。三是创新专区授权运营模式，引领政企数据融合创新。北京市上线国内首个金融公共数据专区，形成了涵盖数据接口、企业画像、信息查询、竞争力分析、征信报告等业务的产品体系，累计为68家金融机构及54万市场主体提供服务超3亿次，通过数据赋能提高了金融服务效率和精准度，探索了以专区授权运营赋能数据应用创新的有效路径。

（三）打造流通交易枢纽，提升数据要素活力

构建数据交易平台，建设国际数据要素流通枢纽高地是北京数据要素市场发展的题中应有之义。北京市自2021年3月启动北京国际大数据交易所（以下简称北数所）的建设，以建设国家级数据交易所为目标，积极打造成为国内领先的数据交易基础设施和国际重要的跨境流动枢纽，不断完善场内交易制度，夯实数据交易技术支撑，积极拓展数据交易、数据资产、数据跨境等业务，大力培育数商生态，充分发挥数据要素的乘数效应，各项工作不断取得突破。一是完善规则体系。制定并发布一系列数据流通交易标准规范，促进国内、国际数据要素领域共识达成。以北数所在实践探索中发展出的业务模式为基准，形成统一的数据流通、数据安全等操作规范，并逐步推广到更大范围，发布数据行业权威白皮书，提升数据流通领域话语权，打造数据交易行业风向标。二是夯实技术支撑体系。基于联邦学习、多方安全计算、可信执行环境等三种技术路线，打造国内首个"可用不可见，可控可计量"的自主知识产权数据交易平台 IDeX 系统，同时根据业务需求建设升级数据资产登记平台、数据管理平台、数据托管平台、数据授权平台与数据知识产权登记平台等系统群。三是探索数据业务新模式。支撑北京市属医院开展医疗健康数据交易试点，有效支撑了数商企业开发智能问诊、互联网医疗等创新应用需求；服务大模型训练数据集交易，为 AI 厂商研发模型产品提供了数据资源供需对接保障，发挥了数据交易所在提升数据要素市场活力、促进数据要素流通方面的平台支撑作用。四是助力数据要素全国统一大市场建设。北数所牵头落实《数据交易机构互认互通倡议》，已协同天津、郑州、深圳、贵阳、苏州、浙江、长春等地数据交易机构开展试点产品互认。五是培育数商生态。壮大北京国际数据交易联盟，持续对接大型商业银行、电信运营商、头部互联网企业、跨国机构、专业服务机构，扩大联盟生态圈，培育生态合作伙伴；同时，制定数商制度规则，规范数据商服务行为，引入分润机制，提升服务动力。

（四）促进数据应用创新，培育数据产业生态

北京市贯彻落实国家数据局等17部门联合印发的《"数据要素 ✕"三年行动计划（2024—2026年）》，以北京市大数据工作推进小组名义印发《北京市"数据要素 ✕"实施方案》，提出16项专项行动任务，提出到2026年底，数据要素应用水平全国领先，建成50个以上公共数据专区和行业数据服务平台，打造具有全国影响力、体现首都特色和重要创新成果的100个"数据要素 ✕"应用场景，数据产业年均增速超过20%，数据要素成为新质生产力培育和首都高质量发展的重要驱动力量，建成数据应用场景示范、数据要素汇聚流通、数据产业集聚发展的高地。一是发挥典型应用示范效应。成功举办2024年"数据要素 ✕"大赛北京分赛和承办全国总决赛，吸引了全国973家各类主体参赛；开展两批"数据要素 ✕"典型案例征集，评选发布387个数据应用创新案例，为各领域数据要素应用和数字技术创新搭建了评比交流和展示推广的舞台，营造了各类社会主体关注数据、共同开发利用数据的良好氛围，进一步夯实了部市合作、市区贯通、区域协同的数据工作体系。二是加强数据应用场景开放。落地公共数据训练基地，以政务大模型应用场景需求为牵引，整合算力资源和跨部门语料数据，赋能大模型企业数据训练与算法研发，形成了政企合作驱动"数据、算法和场景"协同创新的应用模式。定期发布北京市智慧城市场景创新需求清单，涵盖交通治理、应急安全、智慧农业、文化旅游等多个应用场景，为场景融合应用和产学研协作搭建对接平台。三是推动数据产业区域聚集。北京市引导支持各区通过数据、人才、技术资源集聚等方式，发展各具特色的数据产业生态，已率先在海淀区、朝阳区、西城区、北京经济技术开发区等地打造了一批数据产业集聚高地。

二、"北京方案"实施落地的实践经验

当前，全国各地持续加大数据工作推进力度，围绕数据资源、数据技术、场景应用的竞争日趋激烈，北京市将数据要素市场建设的比较优势转化为当下发展的竞争新优势，聚焦数据要素市场化配置的难点、痛点、堵点问题，统筹好数据发展与安全工作，围绕"国家数据战略要求与北京自身发展需求""央属数据资源与市属数据资源融合联动""自身建设和区域协同合作"等重大命题，积极承担各项试验任务，开展国家数据要素市场化配置改革北京创新实践。

（一）主动承担基础制度的落地试验，贡献"北京智慧"

聚焦数据产权确认难、数据流通监管难、数据收益分配难等痛点问题，探索完善数据基础制度与实践，形成高效互动的推进机制，整体性落实国家数据工作顶层制度安排，结合实际创新北京特色数据制度，系统性构建数据标准体系，为国家构建适应数据要素特征、符合市场规律、契合发展需要的基础制度体系贡献"北京智慧"。

（二）超前布局高性能数据基础设施，开放"北京架构"

聚焦技术体系分散、技术使用成本高、技术不适配、互联互通不足、性能不能满足发展需要等数据基础设施建设中的痛点问题，在国家数据基础设施总体布局指导下，以打造高速互联、高效调度、可信流通、安全可靠的体系化能力为目标，适度超前布局具有普适支撑能力的高性能数据基础设施，高效高质完成全国一体化算力网监测调度以及数据场、隐私计算、区块链、数据空间等数据基础设施试点任务，成为全国数据流通利用基础设施的核心节点。结合真实应用需求，加强技术创新和新技术验证，加快具有市场推广值的产品研发，推出领先的数据基础设施解决方案，为构

建国家数据基础设施开放提供"北京架构"。

（三）全面构建多模式融合数据市场，形成"北京范式"

聚焦数据资源供给不足、合规成本高、供需匹配难、流通交易追溯难、数据开发创新不持续等影响数据流通交易活跃度的痛点问题，以公共数据为引领，面向不同场景需求特点，探索相适宜的数据流通模式，推动"场内场外、线上线下、中心式分布式"等类型数据要素市场的有效融合，构建发展所需的交易规则、基础设施、技术能力、流通平台、应用场景。支持北京国际大数据交易所成为国家级数据交易所，发展一批有影响力的行业数据流通平台，推动数据高效率流通和高水平安全良性互动，打造数据供需双方和数据中介机构、数据设施运营机构等各方协同发展的产业生态，为培育全国一体化数据市场形成"北京范式"。

（四）积极培育一流的数据服务体系，提供"北京服务"

聚焦数据领域的司法服务、产业政策服务、中介服务存在服务能力短板和服务供给不足等痛点问题，发挥北京在营商环境建设以及服务业和数字经济的引领优势，积极建立健全数据司法服务、培育集聚数据中介服务，以一流服务营造便捷、公平、透明、可预期的营商环境，降低企业参与数据流通的难度和成本，吸引全国优秀的数据企业在北京创业、在北京发展。培育形成一流的数据服务体系，维护统一的公平竞争制度，为数据产业生态创新发展提供"北京服务"。

三、数据要素市场化配置改革的发展思路

结合过往数据要素市场发展历程以及实践经验，北京市需积极创新、保持优势，加快打出数据要素市场建设"组合拳"，全力助推北京市数据要素市场化配置改革取得新突破。

（一）建立健全数据基础制度，优化数据要素环境

整体性落实国家制度安排，组织开展数据要素理论研究，建立国家数据工作落地支撑体系，实施国家制度在京落地评估。此外，为深入贯彻落实"数据二十条"以及公共数据开发利用、"数据要素 ×"等政策文件要求，围绕数据基础制度先行先试这一主线，平衡制度体系构建和制度文件落实两个抓手，聚焦数据产权、流通交易、收益分配和安全治理四大领域构建数据基础制度体系，推进顶层规划、政策文件、标准规范、部门规章和法律法规五类制度文件的编制，同时加快推进数据要素标准体系建设，为加快培育北京市数据要素市场提供基础支撑。

（二）加强核心技术攻关创新，加快基础设施建设

一方面，创新建设数据流通利用基础设施。充分发挥北京市"长安链"技术优势，围绕数据流通利用最快、最优、最安全，启动数据流通利用增值协作网络建设，承接国家数据基础设施建设试点，打造国家数据流通利用核心节点，与各行业区块链网络的社会数据进行跨链互通，为数据供需双方提供数据可信流通利用途径，为数据要素提供增值服务。另一方面，探索建设数据创新孵化设施。依托首都创新资源优势和智慧城市发展基础，建设北京市智慧城市协同创新仿真实验平台，形成政府引导、社会广泛参与的场景、数据、技术联动的协同创新环境。

（三）加强供给侧结构性改革，做好数据资源建设

一是推动央属数据资源在京运营。支持央企在京设立数据运营主体，推动部属公共数据资源在京授权运营。二是有效扩大公共数据供给。统筹推进公共数据汇聚与扩面提质，全面提升公共数据开放水平，以授权运营带动行业数据汇集。三是创新企业数据供给模式。提升企业的数据资源治理能力，探索平台类数据生态合作、产业链数据整合融通和企业数据资源开放等新模式。四是探索个人数据合规供给。研究个人数据授权使用机制，

创新个人数据保护技术手段，完善个人信息权益保障机制。五是加快建设高质量数据集。围绕重点领域培育一批高质量数据集综合平台，结合热点需求推动形成一批重点领域高质量数据集，推进高质量数据集供需对接与开放共享。

（四）持续推动数据流通交易，繁荣数据要素生态

一是支持北数所打造国家级数据交易所。持续加强数据交易规则建设引领，强化技术创新驱动，培育和聚拢数据产品开发、数据合规评估、数据经纪服务、数据交付服务等全链条数商，建设全国一流的数据交易服务体系，以公共数据资源增值产品入场引领高价值、高频次数据流通交易，将北数所打造成国际数据交易市场的枢纽平台，实现数据交易量和质的大幅提升。二是分类促进多形态数据流通。依托分布式数据流通利用增值协作网络及数据交易机构，推动数据资源跨主体、跨平台的安全合规流通，鼓励各类数据主体上架流通数据产品，探索数据入股、数据信贷、数据信托和数据资产证券化等数据资产流通模式，推动数据价值实现。三是加强数据跨区域流通合作。深化京津冀公共数据共享利用、产业数据汇聚流通。四是有序推进数据跨境流通。深化数据跨境管理机制，完善数据跨境流通服务体系，积极开展数据流通国际合作。

（五）促进数据要素应用赋能，释放数据要素价值

一是推进数据赋能重点领域。推动数字经济高质量发展、数字政务提质增效、数字文化创新繁荣、数字社会精准普惠、数字生态文明绿色智慧。二是开展重点区域应用示范。支持各区结合自身基础和特色，围绕政府管理、城市治理、公共服务、科技创新、产业发展等方面开展数据资源开发利用示范。三是创新数据应用环境。完善场景开放创新机制和孵化设施建设，促进智慧城市协同创新，支持创新联盟发展。

（六）强化安全治理与监管，统筹数据发展和安全

一是健全数据安全治理机制。研究制定数据供给、流通、应用过程中的数据安全使用、匿名化处理等规则，加快出台医疗健康、自动驾驶等重点行业数据分类分级规范，为数据流通的新技术、新产品、新模式、新应用提供柔性监管机制，完善合规激励和尽职免责机制，构建包容审慎的监管模式。二是提升数据安全技术能力。强化数据基础设施安全，促进数据安全技术应用，发展第三方合规安全服务。三是营造数据行业自律氛围。发挥行业协会规范引导作用，压实企业数据安全主体责任，加强社会监督，共同维护数据要素市场良好秩序。

（七）构建数据技术创新体系，强化数据要素协同作用

一是建立数据技术创新协同机制。围绕数据采集、数据存储、数据传输、数据计算、数据管理、数据应用、数据安全与隐私保护、算力调度、算电协同等领域的技术难点和痛点，强化跨部门联合攻关和成果落地机制，支持数据技术开源生态发展，强化企业科技创新主体地位。二是推动建设数据技术创新平台。支持数据产品、技术评测机构建设，开展 AI 大模型、高质量数据集等测评认证。三是加强数据要素人才培育引进。完善数据人才服务体系，建设数据人才培养及实训基地，壮大首席数据官队伍。

（八）打造数据要素服务体系，做大做优市场生态

一是探索建立数据司法服务体系。建立数据流通交易仲裁制度，探索设立数据要素法院，鼓励律所等机构提升数据要素市场服务能力。二是培育营造数据中介服务体系。探索建立数据中介服务规范，培育一批数据中介服务机构，完善全市数据要素服务网络。三是加强数据要素宣传培训。强化数据政策宣传引导，推动开展数据创新成果推介，为推动数据要素市场高质量发展汇聚力量。

（九）培育数据要素市场主体，打造数据产业集群

一是培育一批高成长数据企业。不断完善数据企业梯度培育机制，建立数据企业评级评价机制，优化数据产业链布局，做好数据企业创新发展服务支撑。二是推动数据产业区域聚集。支持各区通过数据、人才、技术资源集聚等方式，发展各具特色的数据产业生态。三是做强数据产业发展支撑体系。完善数据产业激励政策，打造数据产业投资平台、数据供给平台、产业孵化平台和人才培养平台，为数据产业发展提供多元化、多层次的资金、数据、政策、人才支持。

北京市数据要素市场化配置改革是一项系统工程，既要谋长远之势，又要行长久之策；既要落实好以往成果，又要凝聚新的共识；既要立足优势禀赋、采取创新措施，又要精诚团结合作、共同应对挑战。北京市数据要素市场化配置改革不仅是全市数据工作的大事、要事，更是难事、新事，需要以改革创新思维和"对症下药"的务实举措，接续奋斗形成新的增长点，打造新的生产力，书写新的大文章。随着数据要素市场化配置改革的探索实践，北京市政务服务和数据管理局将在国家数据局的指导支持下，在北京市委、市政府的坚强领导下，坚持创新驱动、示范引领，坚持问题导向、因地制宜，坚持央地联动、共建共享，坚持有效市场、有为政府，坚持安全合规、统筹发展，不断夯实数据基础制度、数据基础设施，打通数据供给、数据流通、数据利用和数据安全等各环节，构筑数据技术创新、数据要素服务和数据产业发展支撑体系，努力在数据时代走在前列，形成具有全国推广示范价值的北京经验，为推动我国数据要素市场化配置改革贡献北京方案。

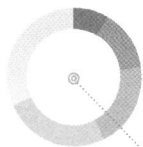

重庆市数据要素市场化配置综合改革的经验与思考

周君*

摘要：重庆市在数据要素市场化配置改革中取得显著进展。重庆市大数据局深入贯彻落实中央决策部署，探索"1361"整体架构，打造一体化智能化公共数据平台，构建三级数字化城市运行和治理中心，部署六大应用系统，筑牢基层智治体系，夯实城市数据底座；通过立法和政策引导，颁布相关条例，完善数据确权、流通、收益分配等制度；此外，重庆还积极创新服务模式，推出"数盾合规""数度寻源"等服务，解决数据交易确权、合规、定价等难题。未来，重庆将继续深化改革，完善数据要素市场体系，为全国提供可复制、可推广的经验和模式。

关键词：数据化改革；"1361"架构；"数盾合规"；"数度寻源"

当前，数字化浪潮席卷全球，数据作为一种新兴的战略性、基础性资源，已深度融入经济社会发展方方面面。近年来，以习近平同志为核心的党中央陆续在数字经济、数据要素领域作出重要部署、出台重大政策，着力释放数据要素价值。2019年10月，党的十九届四中全会首次将数据明确纳入生产要素，成为继土地、劳动力、资本、技术之后的新型生产要素。2022年12月，中共中央、国务院印发《关于构建数据基础制度更好发挥数据要素作用的意见》（以下简称"数据二十条"），系统性构建数据基础制度

---

* 周君，重庆市大数据应用发展管理局。

"四梁八柱"，明确提出要建立合规高效、场内外结合的数据要素流通和交易制度。2023年2月，中共中央、国务院印发《数字中国建设整体布局规划》，提出要畅通数据资源大循环。

2024年4月，习近平总书记亲临重庆视察调研时指出，重庆是我国辖区面积和人口规模最大的城市，要深入践行人民城市理念，积极探索超大城市现代化治理新路子，加快智慧城市建设步伐，构建城市运行和治理智能中枢，建立健全"大综合一体化"城市综合治理体制机制，让城市治理更智能、更高效、更精准。习近平总书记的殷殷嘱托，为重庆加快数据要素市场化配置综合改革鼓舞了信心、汇聚了动力、指明了方向。近年来，重庆市大数据应用发展管理局勇担嘱托使命，深入贯彻落实党中央、国务院加快数字中国建设决策部署和重庆市委、市政府数字重庆建设工作要求，深入推进数据要素市场化配置综合改革，先行先试开展重庆数据要素产业集聚区建设，从加快数据汇聚、推动数据流通、强化数据赋能、保障数据安全等方面进行探索实践，为释放数据生产力潜能、助推数字经济高质量发展提供重庆经验。

一、数据要素市场化改革中的特色与经验

（一）加强顶层设计，夯实筑牢城市数据底座

习近平总书记来渝视察时指出，强化数字赋能、推进城市治理现代化，要科学规划建设大数据平台和网络系统，强化联合指挥和各方协同，切实提高执行力。近年来，重庆对标数字中国"2522"整体框架，强化系统观念和系统思维，创新谋划"1361"整体构架，以数字变革引领全面深化改革，加快建设数字重庆，为推动数据要素市场化配置综合改革奠定了坚实基础。

1.打造一体化智能化公共数据平台

按照统一规划、统一构架、统一标准、统一支撑、统一运维原则，打造一体化智能化公共数据平台，作为数字重庆建设的基础底座和城市数字化治理共性支撑平台。建成运行一体化数字资源系统（IRS），构建算力存储"一朵云"、通信传输"一张网"、数据要素"一组库"机制，实现数据、云网、感知、能力组件等数字资源的一本账管理、一站式浏览、一揽子申请、一体化配置，支撑应用创新能力实现"大跃升"。重构优化"渝快办"、迭代升级"渝快政"两端，打造政务服务应用、政务办公应用集约入口。打造全国首个市域一体建设、两级管理、三级贯通的公共数据资源管理体系，实现上接国家，横联100余个市级部门、公共企事业单位，纵贯全部41个区县、1031个乡镇（街道），形成数据资源横向联通、纵向贯通的市域一体化数据底座，公共数据归集共享超17万类，数据共享需求满足率达95%，统筹建设自然人、法人、信用、自然资源和空间地理、电子证照、时空六大基础数据库，开展六大基础数据融合治理，全覆盖建设数据仓，赋能全市数字化应用建设，助力超大城市现代化治理。

2.构建三级数字化城市运行和治理中心

聚焦建好城市"智能中枢"，创新构建三级数字化城市运行和治理中心构架体系，已实体化建成运行1个市级治理中心、41个区县治理中心和1031个镇街基层治理中心，成功打造全国首个"三级贯通、横向协同、一体运行"的数字化城市运行和治理中心模式。将城市治理工作划分为党建统领、设施运行、社会治理、应急动员、文明创建、生态景观、生产生活服务"七大板块"，着力谋划建设"三融五跨""多跨协同"综合场景，数字化赋能全局"一屏掌控"、政令"一键智达"、执行"一贯到底"、监督"一览无余"。

3.部署"六大应用系统"

统筹建设数字党建、数字政务、数字经济、数字社会、数字文化、数字法治六大应用系统，每个系统下设置若干条跑道、子跑道，加快推进各级各部门在跑道内创造创新，以核心业务梳理、"一件事"思维、"V"模型、体系构架、"三张清单"等方法和路径谋划开发"跨六贯一"（横跨"六大应用系统"、纵贯"基层智治体系"）应用场景，形成"多点开花、百花齐放"的新格局。

4. 筑牢"141"基层智治体系

推进数字赋能与基层治理改革贯通叠加，创新建设"一中心四板块一网格"的基层治理体系。"一中心"即乡镇（街道）基层治理中心，"四板块"即党的建设、经济发展、民生服务、平安法治，"一网格"即基层网格管理。近年来，重庆结合机构改革，推动镇街内设机构、工作力量向"四板块"派驻融合，建立与基层自治组织、基层网格管理、基层综合执法等联勤联动机制；按照300~500户体量，科学划分网格、微网格，推动乡镇（街道）职能体系重构、资源力量优化、体制机制重塑。目前，全市1031个乡镇（街道）基层治理中心已全量接入1.12万个村（社区）、6.53万个网格地理信息数据，开发上线"智能要素超市"、"一表通"智能报表等应用，有效为基层赋能、为基层减负。

（二）加强制度建设，探索构建数据要素市场"四梁八柱"

重庆是全国首批要素市场化配置综合改革试点地区。近年来，围绕释放数据要素价值，深入推进数据要素市场化配置改革，积极探索构建数据基础制度体系，探索建立数据要素流通规则，着力促进数据要素安全有序高效流动。

1. 颁布实施《重庆市数据条例》

明确提出聚焦市场培育，促进数据要素市场化配置。一是规定市政府统筹推进数据要素市场化配置改革，支持、引导自然人、法人和非法人组织参与数据要素市场建设，在全国首次从地方立法层面明确数据交易主管部门。二是强调自然人、法人和非法人组织可以通过合法、正当的方式依法收集数据；对合法取得的数据，可以依法使用、加工；对依法加工形成的数据产品和服务，可以依法获取收益。三是支持和规范数据交易有序发展，明确数据交易的原则、义务以及不得进行交易的三种情形，要求建立健全数据交易管理制度，细化数据交易规则，加强监管。

2. 研究制定《重庆市数据要素市场化配置改革行动方案》

认真落实"数据二十条"，编制《重庆市数据要素市场化配置改革行动方案》，明确构筑坚实的数据资源基础、创新数据要素确权授权制度、加快培育数据交易流通市场、加强数据要素市场安全监管4项重点任务，强化数据资产登记、公共数据授权运营、数据要素合规交易流通规则、加快西部数据交易中心提档升级、培育数据交易流通生态、数据跨境流通、数据资产评估和金融创新、数据收益分配等创新性措施，提出到2025年底，初步构建数据基础制度，把西部数据交易中心建成国内领先的数据交易场所。

3. 推广实施《重庆市公共数据分类分级指南2.0（试行）》

数据分类分级是数据使用管理和安全防护的基础，是数据治理重中之重。《重庆市公共数据分类分级指南2.0（试行）》在分类维度部分，详细阐述了数据管理维度、业务应用维度和安全保护维度。在分级维度部分，考虑了公共数据对国家安全、社会秩序和公共利益的重要程度，以及是否涉及敏感信息。同时，考虑到数据安全级别并非一成不变，根据情形对安全级别进行调整变更。对数据采集、数据传输、数据存储、数据访问、数据共享、数据开放、数据销毁等全生命周期进行分级管控。此外，重庆正在建立数据收益分配制度，健全数据要素由市场评价贡献、按贡献决定报酬机制，按照"谁投入、谁贡献、谁受益"的原则，探索建立政府、企业、个人分享价值收益模式。

（三）构建数据要素市场运营体系，全力打造西部数据交易中心

于2022年7月正式运营西部数据交易中心，紧扣公益性定位，聚焦数据交易中的确权、定价、互信、入场、监管五大难题，在数据交易规则、交易系统、交易环境、交易模式等领域持续开展探索创新，已上架数据产品超8000款、引入数商超1000家，跻身全国数据交易场所第一梯队。

1.健全交易规则，提供制度保障

探索落实"数据三权"制度，遵循"不合规不挂牌、无场景不交易"的交易原则，在数据确权、交易撮合、资产评估、合规审查、登记结算、数据交付、安全保障等方面，搭建数据流通交易规则体系，为市场主体入场交易提供制度保障，推动数据交易合法合规。研究制定《西部数据交易中心合规审核指南》《西部数据交易中心参与主体管理指南》《西部数据交易中心交易实施技术指南》《西部数据交易中心安全保障规范》，在主体入驻、产品上架、交易实施、支付结算、安全保障等领域，形成较为完备的制度规则。

2.建设交易平台，打造安全环境

积极引入大数据、区块链、数据空间、隐私计算等技术，按照"数据可用不可见、可控可计量"的交易范式，以"小步快跑、快速迭代"的方式加快数据交易平台建设，为交易活动提供可信可靠的交易环境。目前，西部数据交易中心已初步形成"两平台"（数据产品交易平台、数字资产交易平台）+"一链"（数据交易链）+"一空间"（数据空间）的平台设施体系。其中，数据产品交易平台已完成数据产品交易系统和统一运营系统建设，提供数据交易主体入驻、产品上架、交易撮合、交付结算等功能，实现全链路的完整数据交易管理，支持多种数据产品形式及灵活的交割方式；数字资产交易平台已实现积分交易企业后台管理、积分交易运营、积分交易业务运行等功能；数据交易链已完成数字资产交易链部署和区块链浏览器建设，实现发行数据、交易数据上链存证，与上海数据交易所等7家省级数据交易机构共同建设联盟链，共同开展制度共创、标准共制、数链共推、服务共享、生态互联等工作。此外，西部数据交易中心还完成了数据资产登记平台的建设上线，实现数据资产登记及凭证发放等功能。依托现有平台系统及业务，西部数据交易中心为市场主体提供数据合规、寻源询价、数据产品登记、数据资产登记等服务，并持续探索数据资产入表、数据资产融资等创新服务。

3.构建运营体系，培育交易生态

坚持市场化原则，建立集数据引入、评估、确权、融合、交易、应用、服务于一体的数据流通机制。依托西部数据交易中心，引入数据服务商、会计师事务所、律师事务所、公证机构、仲裁机构，打造供需交易生态、平台技术生态、配套服务生态、行业数据生态"1+4"交易生态体系，促进数据要素规范化流通、合理化配置、市场化交易、生态化发展，服务数字经济全产业链。探索推动社会数据资产登记业务，逐步扩大生态圈。

与此同时，坚持问题导向和创新导向，陆续推出"数盾合规""数度寻源""汽车数据交易专区""消费积分自由兑换""公共数据应用实验室"等服务（开发）模式，推动重点领域数据要素合规流通及应用场景建设。

第一，针对数据交易确权合规难度大、成本高、效率低等市场痛点，首创"数盾合规"服务。2023年5月，在全国首推"数盾合规"组合式创新产品服务，形成线上可量化合规诊断模型、集"法律、技术、运营"三角协作的合规模型、行业权威标准、定制化保险四大全国首创亮点，帮助企业防范数据加工、使用、交易等各项环节中的潜藏的风险隐患，确保数据持有主体、数据加工主体、数据经营主体合法性，实现数据交易合规管理，推动解决数据交易合规难题。

第二，针对数据交易数据来源不明、定价过程复杂、供需匹配困难等行业堵点，首创"数度寻源"服务。2023年7月，上线全国首个数据交易寻源询价服务产品，首创数据交易领域搜索引擎，通过央地合作，提供数据寻源及数据询价的交易服务，为用户提供最优的数度寻源方案，实现全网数据寻源搜索，全行业数据产品智能估价，精准画像洞察客户需求，让数据精准的被需求方使用，使数据价值得到了更合理的定价参考，打破市场信息不对称壁垒，解决交易价格难界定等问题，助力破解数据交易定价难题。

第三，针对汽车数据交易行业互信难、数据孤岛多、交易服务机制不完善等难点，打造全国首个"汽车数据交易专区"服务模式。2023年6月，上线全国首个汽车数据交易专区，依托"平台＋资源＋服务"能力体系，引入中国汽研、长安汽车、T3出行等多家战略合作伙伴，整合传统汽车、智能网联汽车、新能源汽车三大产业，汇聚种类超40种、容量超900T汽车数据资源，形成超10个数据应用场景，率先完成国内首笔场内汽车数据交易，实现汽车数据价值的高效释放，助力重庆打造全国汽车数据交易市场高地。

第四，针对解决公共数据流通可信任、高效率、低成本、安全合规等难题，打造"公共数据应用实验室"。联合中国信通院，首个开展基于可信数据空间的政务数据与社会数据融合试点，落实公共数据"原始数据不出域、数据可用不可见"，加速数据流通。着眼推动公共数据和社会数据融合应用，目前已在数字金融、智能交通、生态环保、医疗健康等领域，与70余家企业、研究机构、院校、金融机构合作，探索公共数据产品确权、合规、定价、资产化路径，初步形成公共数据安全合规使用、产品合规审核等5项创新成果。

（四）试点公共数据授权运营，探索公共数据价值释放路径

重庆市依托一体化智能化公共数据平台开展公共数据资产登记，推动公共数据资产化全流程管理。长寿区先行先试建设数据要素产业集聚区，在社会数据来源合法、安全合规、授权明晰的前提下，依托西部数据交易中心，建设数据资产服务运营中心，授权国有独资平台开展数据运营服务，为市场主体提供社会数据资产登记服务，发放数据资产登记证书，形成数据资产目录，提供数据产品和核验服务。鼓励以"原始数据不出域、数据可用不可见"方式，通过数据模型、核验等产品和服务向社会提供数据服务，对不承载个人信息、不影响国家安全、不侵害组织合法权益的公共数据，推动按用途、场景逐步扩大供给使用范围。推动用于公共治理、公益事业的公共数据有条件无偿使用，探索用于产业发展、行业发展的公共数据有条件有偿使用。

1. 打造制造业数字化转型策源地

打造线上线下平台，联合市经济信息委围绕"33618"现代制造业集群

体系，聚焦产业数字化，建成投用重庆市制造业数字化转型赋能中心，构建包括场景体验、产品展示、培训实训、供需对接等功能的场景化线下实体平台，并试点建设全市"经济·产业大脑能力中心"线上平台。组建市场化运营主体，引入火石创造科技有限公司，与区属国资平台组建合资公司，进行制造业数字化转型赋能中心的市场化运作。强化技术力量支撑，成立高水平专家委员会，聘请中国科学院、清华大学、重庆大学、中国信息协会等科研院校教授和中国电信、中国移动、吉利集团等大型企业集团专家，为制造业企业数字化转型提供诊断、咨询和各环节数字化转型解决方案，赋能企业高效转型。

2. 打造数据要素产业发展生态圈

强化数字合作，与中国信息协会、中国高科技产业研究会、赛迪研究院、重庆电信、重庆移动等签订战略合作协议，与温州市共建数字经济友好城市，与宁波经开区、温州高新区共建数字经济友好园区，共同打造要素完备的数字生态。打造应用场景，围绕智能制造、交通运输、金融服务、智慧城市等领域，打造博腾制药世界级 CDMO 平台、小康动力高效节能智能工厂、中小企业"一站式"产融服务平台、"北斗 + 新型智慧城市"等典型应用场景。集聚数商矩阵，加大龙头数商、平台企业等数据链主企业引培力度，聚焦生物医药、新材料、高端装备等产业领域，引进中国电信、阿里云、腾讯云、忽米网、火石创造、和利时等58家优质数商。组建科技金融创新联合体，推动建行重庆市分行作为牵头机构，联合23家金融保险机构，探索科技、金融、数据三个核心生产要素的高效融合。

3. 打造全国性产业数据交易中心

挂牌西部数据交易中心（长寿专区）、深圳数据交易所数据要素服务工作站，着力推动交易所、数据交易供需双方、数据商等"多方协同"。大力发展数据服务产业，与北京、上海、重庆等地15家一流的资产评估公司、会计师事务所、律师事务所签订《共建重庆数据要素产业集聚区合作协议》，开展数据资产服务。先行先试数据资产入表，联合中国电信、浪潮、火石创造、数智政通、国星宇航等数商公司，聚焦金融、气象、科技、农业等行业开发出数据产品110个，在全市率先完成首单数据资产入表。

（五）强化示范引领，构建数据要素市场化配置综合改革市域范例

经过一年的探索实践，西部数据交易中心发布多项创新成果，成为数据要素流通市场配置综合改革示范引领标杆，为全国各省市推进数据要素流通市场配置综合改革提供了重庆样板。

1. 全国首发四项创新成果

一是发布全国首个"数盾护航合规评估"组合式创新可量化合规诊断服务，助力破解数据应用合规痛点。二是上线全国首个汽车数据交易专区，助力打造万亿智能网联汽车行业。同时，探索创新"一品一码"服务，每个数据产品对应唯一的"数据码"，确保数据产品在开发、登记、流通交易过程中的唯一性和可追溯性，维护数据提供方和使用方的相应权益，已为长安安驿汽车等数据产品颁发带有"数据码"的数据产品登记凭证。三是发布全国首创"数度寻源询价"系统，助力解决数据要素定价难题。四是上线全国首个数字资产（消费积分）兑换平台，助力释放千亿消费积分市场。

2. 深化落实四项机制

一是落实"三权分置"产权运行机制。形成"一领导小组、一局、一平台公司"的高效工作推进机制，布局西部数据交易中心等业务板块，加快推进公共数据"从数据可用、数据敢用到数据变现"的创新实践。二是落实数据要素流通和交易制度。数据要素市场磁场作用逐步显现，推动线上数商生态向线下集聚，助力揭牌数字重庆应用研发中心，首批入驻浪潮软件等41家生态链企业，助力推动"满天星"计划加速推进。三是落实数据要素收益分配制度。明确数商、经纪商、交易场所的收益分配方式，做到让数商有产品服务收入、专业服务机构有中介服务收入、交易场所有佣金收入，让参与数据交易的个人和企业更好共享数字经济发展成果。四是落实数据安全制度。构建形成可信、可管、可控、可查四位一体的安全保障体系。

3. 持续升级两套规则

一是围绕"主体入驻、登记上架、交易撮合、交付结算"业务流程，编制《数据产品交易规则》和《数据产品交易主体管理指南》《数据产品评估指南》《数据产品交易合规审核指南》《数据训练平台指南》《数据产品交易实施技术规范》《数据产品交易安全保障规范》"1+6"数据产品交易规则体系。二是围绕"主体入驻、积分发行、交易撮合、积分消费"的业务流程，编制《消费积分发行管理办法》和《积分发行申请规范》《消费积分兑换规则》《商户管理办法》《消费积分交易风控管理规范》《消费积分交易安全保障规范》"1+5"数字资产（消费积分）交易规则体系。这两套体系用以规范交易流程，指导交易实践，提高交易效率，降低交易成本，防控交易风险，经受住了交易市场实践的检验。

4. 市区共建特色产业数据交易专区

2024年2月5日，西部数据交易中心（长寿专区）正式挂牌。一是夯实数字化能力基石。启动建设上汽云计算中心，云晟数据中心纳入"东数西算"成渝枢纽节点城市数据中心布局。引入准独角兽企业火石创造，建设医疗健康大数据训练服务平台和数字基座。推进基于北斗3号的重卡换电网络、数字仓储、交通基础设施物联网为基础要素的交通新基建。二是打造"数据+"典型场景。启动中央军委总装备部批准的"北斗+新型智慧城市"项目，部署北斗定位终端2314套，目前正重点打造"北斗+智慧交通"应用。长寿经开区获评"中国智慧化工园区试点示范单位"。推进智慧乡村建设，与阿里巴巴（中国）软件有限公司合作共建中国西部数谷数字乡村，与中国科学院雄安创新研究院合作建设中国科学院伏羲农场重庆长寿控制中心项目，致力于打造出一个集科研、中试、生产、研学等功能于一体的丘陵地区智能农业示范基地。三是加快数字赋能产业升级。建成重庆市制造业数字化转型赋能中心（长寿），实施智转数改项目165个，培育数字化车间62个、智能工厂7家，博腾制药入选达沃斯世界经济论坛"灯塔工厂"种子企业和全国智能制造示范工厂，小康动力荣获重庆数字化车间、智能工厂评比考核第一。累计培育国家级"小巨人"企业10家、专精特新中小企业100家、创新型中小企业86家、科技型企业985家、高新技术企业220家。四是加快建设"产业大脑＋未来工厂"。紧紧围绕"1361"整体构架和西部数谷"33618"现代制造业集群体系，以产业大脑催生未来工厂，利用未来工厂促进产业大脑迭代更新，聚焦天然气化工新材料、生物医药、双碳行业等，加强数据、算力、算法、赋能应用等内容建设，打造政府侧与市场侧相结合的数据源，促进数据市场交易。

二、数据要素市场化改革中的难点与问题

（一）数据要素确权授权制度亟待明确

数据权属是数据市场培育的基石，产权明晰是要素资产化的前提。只有构建基于产权保护和约束的要素管理体系，才能实现要素价值转化和有效激励。数据产权作为新型财产权，具有独特性。"数据二十条"明确提出数据资源持有权、数据加工使用权、数据产品经营权"三权分置"的产权运行机制，在此基础上，重庆市围绕数据资产登记开展了积极探索和创新实践，但目前还存在以下数据确权难点。

一是全国缺乏对数据、信息、权利等基本概念的一致性定义、共识性理解。二是数据经营活动面临着数据主体多元、数据权利交错等难题。整个过程大致经过数据采集、数据开放、数据共享、数据加工、数据交易五个流通环节，涉及数据来源者和数据处理者等不同数据主体之间的权利平衡。如何界定各方对共同作用产生数据的权利，是数据权利主体冲突的一个分析难点。三是相关法律制度相较于数字技术的快速发展存在滞后性。数据权利需要来自于社会体制的认可与保障，但产业实践快于学术界的理论建构，主流的理论体系框架还处于探索阶段，成为引发权利体系冲突的重要原因。四是政策在数据安全、信息利用和市场规范方面需要权衡，部门间利益博弈导致制度冲突。

（二）数据交易流通市场机制亟待健全

数据交易所上线的数据产品分类明晰，但登记产品数量尚未形成规模，盈利偏低，究其原因主要还是数据交易场所需要长期持续投入大量的技术研发成本，但在此方面大部分数据交易场所市场化机制还不完善。

从供给端看，丰富且有质量的可交易数据在售是规模市场形成的必要条件，因此，对于数据供给方而言，除大型互联网企业和少数其他产业的头部企业外，数据供给方的数据收集能力普遍偏低。并且在既无一次性优厚利益激励，也无长期累积利益激励的情况下，个人信息主体作出同意表示的动力不足，尤其还有个人信息泄露、滥用个人信息、违法处理个人信息等个人信息保护隐忧。

从需求端角度看，交易数据存在合规性、合质性和合价性三大不确定性问题。这些问题使数据需求者在法律和经济上对受让数据的预期受到严重影响，从而阻碍了规模数据市场的形成。对于数据合规性，需求者因信息不足难以判断数据是否合规，可能增加交易成本甚至阻碍交易。对于数据合质性，由于数据特点，供给者通常在交易前不披露数据内容，导致需求者难以进行质量检验。对于数据合价性，需求者期望公平交易，但"数据黑箱"问题导致估值定价困难，使得拥有优质数据的供给者可能利用信息优势压制需求者，甚至垄断定价。

（三）数据金融产品创新亟待推动

"数据二十条"明确指出，支持实体经济企业特别是中小微企业数字化转型赋能开展信用融资。近年来，重庆市在政策层面积极推动了数据金融化的模式创新。然而，进一步推动数据要素与金融市场的深度融合，引导金融资本深入数据要素领域，创造多样化的创新型数据金融产品，仍面临诸多挑战。

传统的质押融资方式主要侧重于企业整体资产规模和信用状况，这使得部分拥有丰富数据资产，特别是掌握核心经营和真实交易数据的中小企业，难以通过传统的抵（质）押物方式进行有效的风险评估，从而陷入"融资难""融资贵"的困境。

此外，数据资产价值的波动性和不稳定性增加了数据金融创新的风险。随着金融科技的迅猛发展，金融风险日益复杂，不同业务间相互交织、渗透，跨行业、跨市场风险不断攀升。地方金融机构通过科技手段实现全国展业，打破了地域限制，但也带来了更大的经营波动性和风险外溢性。现有的法律体系难以有效应对这些新出现的问题和纠纷。

三、数据要素市场化改革的未来展望与发展思路

（一）创新数据要素确权授权制度

单一的确权制度难以应对复杂多维的数据权属挑战，重庆市正积极探索分类数据资产登记的新路径。一是实行公共数据资源目录统一管理，利用分类分级和产权登记工具，构建"三管齐下"的确权模式。通过一体化智能化平台登记公共数据资产，按照"一数一源"原则，编制资源清单，并制定数据分类分级制度，细分数据来源、数据主体、敏感程度、使用环境等场景，将公共数据按照开放类型分为无条件开放、有条件开放和非开放三类，推动公共数据资产化全流程管理。二是依法保障市场主体在数据流通中的各项权益，在社会数据来源合法、安全合规、授权明晰的前提下，支持西部数据交易中心为市场主体提供社会数据资产登记服务，发放数据资产登记证书，形成数据资产目录，提供数据产品和核验服务。

此外，重庆市还推动数据分类授权使用。为规范公共数据授权运营，制定管理办法，创新运营模式，鼓励以安全合规的方式向社会提供数据服务，并逐步扩大公共数据的使用范围。对于企业数据和个人信息数据，打造自然人、法人数据空间，提供便捷的数据服务，建立企业数据分类分级确权授权机制，保障市场主体在数据资源持有、加工使用、产品销售及收

益等方面的权益。同时，推动个人数据分类分级授权使用，允许个人依法依规授权数据处理者使用相关数据。政府部门在履职过程中也可依法获取相关企业和个人数据。

（二）健全数据要素合规交易流通规则体系

在数据交易所起步阶段面临经济压力时，可采用佣金收取、会员制度以及增值服务等多种模式相结合的方式，以丰富盈利渠道，缓解入不敷出的困境。但更进一步，目前的数据交易所机制还未能最优化配置数据资源、最大化释放数据价值，寻找并重构符合数据要素市场化规律的新数据交易所机制乃数据要素市场化因应之道。重庆市将进一步探索有利于数据安全保护、有效利用、合规流通的产权制度和市场体系，完善数据要素市场体制机制。

建立健全数据流通交易制度体系，研究数据交易场所管理制度。健全完善数据中介服务机构、数据商、第三方专业服务机构管理办法以及便于流通的数据交易规则，规范数据要素流通交易市场主体与数据产品准入要求，确保流通数据来源合法、隐私保护到位、流通和交易规范。推动建立健全数据要素市场价格形成机制，以数据卖方报价、第三方机构估价、数据买方与卖方议价等方式，生成"报价－估价－议价"相结合的多方市场主体参与价格。编制数据要素市场价格指数。推动用于数字化发展的公共数据按政府指导定价有偿使用、企业与个人信息数据市场自主定价工作。

同时，加快升级西部数据交易中心。推进数据交易场所与数据中介服务机构功能适度分离，加强与全国各数据交易场所互联互通，充分发挥推动数据流通、加快生态培育、赋能实体经济功能，加快构建开放互联、协同发展、面向全国的数据交易场所。

（三）推动数据资产评估和金融创新

探索建立数据资产评估工作机制，推动建立健全数据资产评估标准，开展数据资产质量和价值评估。探索建立将国有企业数据资产的开发利用纳入国有资产保值增值激励机制。建设数据资产评估服务基地，探索开展数据资产入表。在风险可控的前提下，探索银行、保险、信托等金融机构开展数据资产质押融资、数据资产保险、数据资产担保等数据资产化创新服务，探索将数据要素型企业数据资产质押贷款纳入信贷风险补偿资金支持范畴。加大数据商和第三方数据服务中介机构上市融资扶持力度，支持西部数据交易中心与证券机构合作，探索数据资本化路径。

加快建设特色产业数据交易专区，成立科技金融创新联合体，探索科技、金融、数据三个核心生产要素的高效融合，为重庆数据要素产业集聚区建设提供全方位、全链条、全周期的金融服务。创新金融产品和服务流程，面对不同类型科技企业的金融需求，定制专项科技金融产品，创新用于保障和服务科技创新的金融政策、金融制度、金融生态、金融基础设施，覆盖科技创新全链条、科技企业全生命周期的金融服务。创新巩固数据基础设施建设，积极推动数据要素在科技金融活动中的作用，加强对科技金融机构与科技企业的数据治理，提升数据信息的透明度、标准化程度。围绕《企业数据资源相关会计处理暂行规定》，推动科技产业链数据的可计量、可估值和进入财务报表，构建科技金融数据资产支撑体系。探索完善面向科技企业的信用评估机制，推动科研诚信体系建设，促使科技创新活动的参与主体能够坚持诚信原则，从而更好地符合金融支持条件。

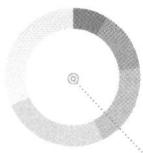

福建省数据要素市场化改革的经验与思考

刘民杰 *　　王建军 **　　杨玮君 ***

摘要：福建省在数据要素市场化改革方面取得了显著进展，成为国家数字经济创新发展试验区，并积累了丰富的实践经验。福建省建立了"1+10"省市两级公共数据汇聚共享平台，实现跨部门、跨区域的数据流通共享，并通过统一开放平台和开发服务平台，推动数据资源的开放与开发利用。此外，福建大数据交易所的成立，为数据交易提供了高效、可信赖的环境。福建省的成功经验在于较早制定了全体系的法规政策，建立集中化的公共数据运营体系，为全国数据要素市场化改革提供了宝贵经验和实践样本。

关键词：数据化改革；"1+10"平台；大数据交易所

当前，新一轮科技革命和产业变革加速推进，数字技术、数字经济正在成为重组全球要素资源、重塑全球经济结构、改变全球竞争格局的关键力量。党的十八大以来，以习近平同志为核心的党中央高度重视大数据发展，实施网络强国战略和国家大数据战略。习近平总书记指出，数据作为新型生产要素，是数字化、网络化、智能化的基础，已快速融入生产、分配、流通、消费和社会服务管理等各个环节，深刻改变着生产方式、生活

---

*　刘民杰，福建省数据管理局总工程师。

**　王建军，福建省数据管理局数据资源处四级调研员。

***　杨玮君，福建省数据管理局数据资源处四级调研员。

方式和社会治理方式，要把大数据作为基础性战略资源，加快推动数据资源共享开放和开发应用，更好服务我国经济社会发展和人民生活改善。

福建是数字中国建设战略的思想源头和实践起点。早在2000年，习近平同志在福建工作时，就洞察信息科技发展趋势，作出建设数字福建重大决策。20多年来，福建省始终牢记嘱托、一以贯之推进，数字福建建设已经深度融入经济、政治、文化、社会、生态文明等各个方面。目前，福建已成为国家数字经济创新发展试验区、公共数据资源开发利用试点省，数字政府服务能力、数字经济发展指数等多项指标位居全国前列。福建经过多年不断地全方位深化数据要素市场化改革应用实践，为我国数据要素市场化改革探索了路径、提供了样本。

一、福建省数据要素市场化改革的实践探索

福建省全面探索数据要素政策、理论与实践。目前，已制定实施了数据要素系列政策法规，全面建成省市两级"1+10"公共数据汇聚共享平台，建成省公共数据资源统一开放平台和开发服务平台，成立一体化省级公共数据一级开发公司，挂牌成立福建大数据交易平台，在数据要素化、市场化、资产化方面积累了宝贵的经验。

（一）数据资源管理制度逐步完备

福建省坚持"全省一盘棋"的原则，不断健全完善数据资源管理制度。近年来，福建先后出台了《福建省大数据发展条例》《福建省政务数据管理办法》《福建省公共数据资源开放开发管理办法（试行）》等一系列地方法规制度，建立公共数据"统一汇聚、按需共享"共享应用模式，明确实行公共数据资源分级开发模式，确立了大数据发展的基础制度和标准规范，为统筹推动数据资源管理应用和大数据发展提供政策保障。

2016年10月，福建省政府印发《福建省政务数据管理办法》，规定

"政务数据资源属于国家所有，纳入国有资产管理"，这是国内第一份明确规定政府数据权属的政策文件。

《福建省大数据发展条例》自2022年2月起施行，包括总则、数据资源、基础设施、发展应用、数据安全、保障措施、法律责任和附则等8章共50条。具有三个方面突出特点：一是明确了省市大数据主管部门是公共数据汇聚、存储、管理主体。省人民政府大数据主管部门应当通过省公共数据汇聚共享平台汇聚、存储、管理全省公共数据资源。设区的市人民政府大数据主管部门通过本级公共数据汇聚共享平台汇聚、存储、管理本地区公共数据资源，并接入省公共数据汇聚共享平台。二是明确了公共数据以共享为原则不共享为例外，将数据分为无条件共享、有条件共享和暂不共享三种类型。无条件共享类公共数据可以提供给所有公共管理和服务机构共享使用；有条件共享类公共数据只能提供给公共管理和服务机构依法履行职责的必要范围内共享使用；暂不共享类公共数据的共享，则要有法律、行政法规或者国家政策作为依据。基于这一数据共享的制度安排，福建基本形成了政府内部跨部门、跨业务的数据共享和业务协同体系。三是创新提出公共数据分级开发途径。省人民政府和设区的市人民政府设立全省（市）公共数据资源一级开发主体，承担公共数据汇聚治理、安全保障、开放开发、服务管理等具体支撑工作。公民、法人或者其他组织组成的二级开发主体，即数据使用主体，如要基于应用场景获取一级开发主体汇聚治理的数据资源，要得到大数据主管部门同意，按要求使用数据。

《福建省公共数据资源开放开发管理办法（试行）》于2022年7月印发，是全国首份公共数据开发利用的规范性文件，为全省公共数据开发利用工作建立了明确的规章制度，如制定各级政府部门的公共数据开放清单、确定公共数据资源开发的基本原则及工作流程、明确公共数据资源开发机制、建立公共数据资源开放开发安全保障机制以及建立公共数据资源促进利用措施等。

《福建省加快推进数据要素市场化改革实施方案》于2023年9月印发，确定了福建省数据要素市场化改革的量化目标，并围绕数据要素市场、数据交易场所、公共数据分级开发体系、数据应用场景、数据要素治理机制5个方面提出21项重点任务。具有五个方面突出特点：一是确定量化目标。到2025年，培育100家DCMM贯标单位，打造100个典型数据应用场景，福建大数据交易所上架产品突破2000款。二是建立公共数据运营机制。包括培育一批公共数据开发服务商，促进公共数据行业应用场景开发建设。建立公共数据开发孵化管理机制，探索价值收益共享和评价机制。建立公共数据资源开发有偿使用机制，探索将数据使用费纳入全省非税收入管理，推动将技术服务费纳入政府指导价管理。依法开展公共数据资源开发有偿使用监督检查和评估，推动有偿使用规范有序。三是探索建立数据价值评估定价体系。包括鼓励行业协会、数据商和第三方机构分行业、分类型、分场景搭建数据定价模型，探索建立数据价值评估指标体系。支持福建大数据交易所设立数据价值评估实验室，探索开展专业化的数据资产评估公共服务。四是重视数据管理应用。包括探索推行企业首席数据官制度，加大DCMM等数据安全管理国家标准贯标力度等。五是加大福建大数据交易平台建设力度。包括提升"可连可托管、可控可计量、可用不可见"的数据交易技术支撑能力，拓展建设金融、文化、公共数据、数字影视、算力服务等交易专区，推动福建省公共数据资源开发服务平台与福建大数据交易平台互联互通，推动通信、电力、金融、交通、文化、电商等领域国有企业、行业龙头企业、互联网平台企业接入，探索政务部门依托福建大数据交易平台探索开展数据产品服务采购交易等手段，持续迭代升级建设福建大数据交易平台。

《福建省一体化公共数据体系建设方案》由福建省政府办公厅于2023年9月印发，确定了全省一体化公共数据体系建设目标，从统筹管理、汇聚治理、共享应用、开放开发、流通服务、算力设施、标准规范、安全保障8个方面提出25项重点任务。具有五个方面突出特点：一是提出全省一体化公共数据体系建设量化指标。到2025年，省一体化公共数据平台的有效数据量达到1100亿条以上，向社会开放不少于7000个数据集，推出不少于100个公共数据资源开发利用典型应用场景。二是建立分工协作的公共数据管理体系。初步建立起省政府办公厅、省数字办（大数据局）、省委网信办、省经济信息中心、数字中国研究院（福建）、省直各有关部门分工明确、协同合作的公共数据管理体系，明确了省数字办（大数据局）在公共数据管理体系建设中的牵头地位。三是提出全省一体化公共数据体系架构，包括四类平台和三大支撑。四类平台为"1+1+10+N"架构。第一个"1"是省一体化公共数据平台，第二个"1"是省大数据交易平台，"10"是指10个地市级公共数据平台，"N"是指省直部门业务系统/数据平台。三大支撑包括管理机制、标准规范和安全保障三个方面。四是积极探索公共数据资源开发利用不同模式。通过拓展普遍开放类公共数据、构建公共数据资源分级开发模式、探索创新"管运分离、授权经营"的公共数据运营模式等不同方式，建立健全公共数据资源开发利用体系。五是提出多元探索数据要素市场化配置途径。探索"数据经纪人"特色服务，开展数据跨境流通和"数据海关"制度试点，培育数据集成、数据经纪、合规认证、资产评估、风险评估、人才培训等第三方专业服务机构，建立数据要素生态联盟，试点建立首席数据官制度等。

（二）公共数据平台支撑体系更加健全

依托省公共数据资源汇聚共享、统一开放、开发服务等基础平台，构建全省公共数据平台支撑体系。

1. 汇聚共享平台：实现政府部门内部的数据流通共享

福建省在2001年开始布局"福建省政务信息共享平台"建设，作为省市两级政府跨部门、跨区域的信息枢纽。至2016年底，在整合了福建省政务信息共享平台目录管理服务和数据交换功能的基础上，基于大数据和云计算技术，对信息共享平台进行全新升级，并重新命名为"福建省级政务数据汇聚共享平台"。2022年，由于数据汇聚范围从政务数据扩大到公共数据，"福建省级政务数据汇聚共享平台"正式更名为"福建省级公共数据汇聚共享平台"。目前，福建省公共数据汇聚共享平台由1个省级平台和10个地市平台构成，省、市两级平台由省、市两级分别建设运营，分布运行，数据互联互通。福建省汇聚共享平台作为全省公共数据资源中心，由省、市两级汇聚平台分别负责省市两级公共部门的数据汇聚，根据《福建省大数据发展条例》第十二条的规定，各级公共管理和服务机构都要将部门数据实时、全量上传至汇聚共享平台，任何部门、地区之间不能直接共享数据，如有数据共享的需求，必须通过省市两级汇聚共享平台进行在线申请，由此实现政府内部跨部门政务数据流通共享机制的贯通。数源单位作为公共数据的出口，可以不同意其他单位的共享请求，但必须有足够的理由和依据，最终决定数据是否共享的审核权在数据主管部门。此外，汇聚共享平台还兼具三类数据纠错功能。一是由平台运营单位对数据生产单位汇聚的数据进行稽核校验，未通过校验的数据向数据生产单位反馈。二是数据使用单位纠错，数据使用单位如在使用中发现问题数据，可以通过汇聚共享平台向数据生产单位反馈，从数据源头纠正数据。三是面向社会公众开放自有数据的纠错机制，福建省通过"闽政通"办事平台向实名认证的自然人和法人分批开放自有数据，每个数据主体可以随时发起自有数据的纠错申请，该申请会推送到汇聚共享平台，继而反馈给数源单位，由数源单位按照规定的时限进行纠错。

2.统一开放平台：针对"可用可见"数据的开放与共享

福建省公共数据资源统一开放平台成立于2019年1月，平台职能是负责面向社会开放汇聚共享平台中"可用可见"的原始数据类型。根据《福建省大数据发展条例》的规定，公共数据资源按照开放属性分为普遍开放数据和依申请开放数据。普遍开放公共数据向社会广泛公开，可以从省统一开放平台无条件免费获取。依申请开放数据的申请主体应通过省统一开放平台进行申请，明确具体应用场景、使用方式、使用要求、时限等，经数源单位同意，并签订数据使用和安全保障协议后依法获取。通过对可用可见数据的分类获取原则，以及对原始数据调用过程的严格把关，统一开放平台初步解决公共数据普遍开放问题，让全社会能利用数据产生价值、挖掘价值。

3. 开发服务平台：针对"可用不可见"数据的开发利用

福建省公共数据资源开发服务平台于2022年7月上线，平台职能是处理"可用不可见"的数据类型。目前，开发服务平台的任务以向数据使用主体提供数据加工服务为主，依托平台的建模能力和工具箱（如隐私计算、数据沙箱等）提供可视化建模工具，帮助使用主体降低开发门槛，是福建省公共数据开发利用的核心基础设施。数据使用主体通过福建省公共数据资源开发服务平台申请开发公共数据，并提交具体开发方案，明确应用场景、开发类型、数据模型、使用时限等；大数据主管部门按照"一模型一评估、一场景一授权"的原则，组织专家组对开发方案进行安全风险评估，并综合数据提供单位意见进行审核；经审核通过后，数据使用主体须签订数据使用和安全保障协议，对其使用的数据应当注明来源和获取日期。

4. 大数据交易所：服务社会数据流通及政企数据融合

2022年7月，福建大数据交易所成立，由福建大数据交易有限公司运营。福建大数据交易有限公司是福建省大数据集团有限公司下属全资一级子公司，其主要任务是通过制定交易规则和搭建交易平台等服务，为交易双方提供高效率、可信赖的保障环境，实现数据交易规范化，降低数据流通风险。福建大数据交易平台汇集了大量社会数据，很多数据的应用场景需要与公共数据相融合。交易所允许初步开发的公共数据产品与社会产品融合，形成数据使用主体需要的数据产品和数据服务，以解决公共数据与社会数据融合应用问题。目前，福建大数据交易所的数据产品以API、数据集、数据报告、数据服务为主，涵盖金融征信、风险管控、数字营销等19个主要应用场景，满足能源、金融、通信、征信等13个重点行业需求，依托福建大数据交易平台实现多品类标准化数据产品上架流通。

（三）公共数据运营架构加快构建

2021年，福建省成立福建省大数据集团有限公司，作为全省公共数据资源一级开发机构和省级电子政务建设运维单位，承担公共数据汇聚治理、安全保障、开放开发、服务管理等具体支撑工作，负责整合构建全省一体化政务大数据体系、建立全省公共数据资源目录、全面推进数据汇聚共享、提升公共数据资源治理水平、健全公共数据开放开发机制、推进全省公共数据资源一级开发和授权开放、增强开发利用技术支撑能力、构建市场化公共数据资源管理服务体系、推动数据资源交易流通、健全数据要素市场规则等，打通公共数据从政府到市场的核心关节，为公共数据市场化运营奠定基础。

福建省大数据集团有限公司结合自身"全省数字经济发展的市场化、专业化主体及主要投融资平台"的职责定位，牵头成立福建省数字经济产业生态联盟，引入数字经济产业上下游企业，积极投身数字福建建设，共同探索数字经济未来发展新模式，实现建立全省一体化数据要素交易市场、营造良好数字生态的发展目标。

（四）大数据创新应用不断深化

福建始终以信息利民、信息惠民为目标，遵循习近平总书记提出的"贴近社会、贴近群众、贴近生活"的要求，持续探索拓展大数据在政府治理、科学决策、疫情防控、经济发展、服务民生等领域的应用场景，取得丰硕的成果和实实在在的成效。

1. 大数据赋能政务服务便利化

福建大力开展网上政务服务应用创新，深入推进"一网通办""全程网办"，全力打造能办事、快办事、办成事的"便利福建"。一是建设"一人一档、一企一档"的对象档案数据库，实现个人与法人信息随手可查，支撑各部门办事过程中相关信息"一次生成、多方复用，一库管理、互认共享"，实现数据"多跑路"，群众"少跑腿"。二是推进"一件事"集成服务改革，累计推出4926个集成套餐服务事项，推行一件事一次办，通过数据共享，实现"一件事"办理部门全协同、效能全监管、流程全覆盖，最大限度减环节、减时间、减证明。2021年，全省政务服务事项全程网办比例超80.4%，"一趟不用跑"比例超90.3%，上线闽政通App，覆盖1400余项民生服务，实现高频便民事项掌上办。

2. 大数据赋能政府决策科学化

福建建设上线了"福建省经济社会运行和高质量发展监测与绩效管理平台",通过运用信息化手段,已汇聚全省60多个单位的80多万条经济社会运行关键数据,实时动态展现全省经济社会运行态势,科学做好监测预警,精准开展绩效考评,实现"用数据说话、用数据决策、用数据管理、用数据创新"。平台上线后,政务信息、各类公共信息报送、汇集、分析、应用等更加系统化、制度化,为政府决策、社会治理提供了科学的决策依据。

3. 大数据赋能疫情防控常态化

构建省市县乡村多级协同、全省涉疫系统融合联动的省疫情防控一体化服务平台,构建覆盖全省的疫情防控数字网,实时汇总防疫大数据,生成"防疫一张图",持续深化疫情防控大数据分析应用,科学、精准、高效赋能常态化疫情防控工作。

4. 大数据赋能数字经济高端化

为促进公共数据有序开发利用,充分释放数据要素价值,福建推进省"金服云"平台、"福茶网"产业平台以及智慧文旅等一批行业应用。以福建省"金服云"平台建设应用为例,"金服云"平台遵循"必要性、最小化"原则,通过批量接入和企业授权获取等方式,依托省公共数据资源统一开放平台,借助电力、税务、人社、市场监管、单一窗口等17个部门的近4400项涉企数据为企业精准画像,解决政银企间信息不对称难题,辅助银行机构快速识别企业的偿债能力,提高银行信贷决策效率。已累计为超过40万家市场主体提供融资服务,解决融资需求超过8000亿元,有效破解中小微企业融资难、融资贵问题。

5. 大数据赋能扶贫攻坚精准化

以福建省"一键报贫"应用为例,省公共数据汇聚共享平台打通省公安厅、民政厅、医保局、司法厅等10多个政府部门涉及户籍、车辆、婚姻、低保、罪犯等20余个数据服务接口,实现对福建省救助申请人员的基本经济状况的一站式实时核验,大大减轻基层工作人员对申报人情况调查的工作难度和强度,提升申报流程运转效率和帮扶工作的精准度,为全省脱贫攻坚、乡村振兴提供精准数据支撑，避免了救助申请人员"办事跑断腿""证明满天飞"的现象，也有效缓解了"坐着豪车领低保"等弄虚作假、虚报冒领问题。

二、福建省数据要素市场化改革的经验

（一）数据要素法规制定早且体系全

福建省是我国数据要素探索实践最早、制定法律法规制度层级最高、体系最完整全面的地区。早在2016年，福建省就出台了《福建省政务数据管理办法》，在全国首次提出政务数据资源属于国家所有，纳入国有资产管理。2020年又在全国率先发布了《福建省公共数据资源开发利用试点实施方案》，并首创了公共数据资源分级开发模式，为国家公共数据基础制度建设贡献了福建经验和模式。2021年出台的《福建省大数据发展条例》，在全国首次通过立法明确公共数据资源实行分级开发。2022年发布的《福建省公共数据资源开放开发管理办法（试行）》，是全国首份公共数据开发利用的规范性文件，建立完整的公共数据资源开放开发管理制度机制，明确二级开发主体获取公共数据的方式和途径等。此外，福建省还发布了《福建省加快推进数据要素市场化改革实施方案》《福建省一体化公共数据体系建设方案》等规划和方案，在数据要素法律法规的层级性和体系性等方面处于全国领先行列。

（二）构建集中化公共数据运营体系

设立省数字办作为全省数据的统筹管理部门，明确数据应用各环节数据主管部门与政府数源部门之间的权责关系。通过将数据的管理权和最终审批权由各部门收归数字办，在统一授权统一运营的模式下，有效避免了各部门因涉及自身利益而出现的推诿扯皮现象，提高了公共数据快速开发

效率。同时，成立福建省大数据集团有限公司作为全省公共数据资源一级开发主体，承担公共数据汇聚治理、安全保障、开放开发、服务管理等具体支撑工作，建立公共数据市场化运营机构。此外，福建省大数据集团有限公司还承担着省级电子政务网络、云平台等系统的建设和运维工作，是统筹省级政务系统建设和全省公共数据资源一级开发的双主体机构。在信息系统和公共数据一体化运营管理做法方面，福建采用了省属全资国有企业建设运营的方式，与广东等省采取地方投控平台与高科技企业合资的方式不同，显示出安全可控程度更高、统一集中化程度更高的特性。

（三）建设高效一体的数据基础设施

福建省已初步建设完成以福建省一体化公共数据平台为核心的"1+1+10+N"数据基础设施，形成了福建省公共数据汇聚共享、开放、开发三大数据基础设施平台，有力支撑了全省公共数据的统一汇聚共享、对外开放和开发运营，为全社会提供了大规模、高质量、高效率的数据供给。目前，平台已接入全省业务系统2000多套，汇聚1800多亿条数据记录。通过省公共数据资源统一开放平台和省市公共数据资源开发服务平台，分别提供"数据可用可见""数据可用不可见"两种模式的数据服务，省统一开放平台已建立26个主题数据开放专区，10个地市开放专区，开放5000多个数据集，5100多个数据接口；省开发服务平台已面向社会在数字金融、灾害应急、健康医疗、营商环境等多个领域开展场景建设。

（四）建设集中高效的数据交易体系

福建省大数据集团有限公司是全国唯一集政务云平台、公共数据一级开发主体、数据交易平台、数据中介机构于一身的机构。这种权利集中、角色多样的机构的优势是安全可靠、执行效率高，因此由福建省大数据集团有限公司主导设立的福建大数据交易所拥有充足的数据产品供应。同时，借助福建省大数据集团有限公司下属企业拥有的经纪、评估、登记、资产化等专业能力，可以较快打造出数据交易的各种不同业态，形成形式多样的数据交易体系。但是，福建大数据集团包打天下的做法，特别是既做公共数据一级主体，又参与开发二级市场数据产品，既搭建数据交易平台，又开展各种数据中介业务，客观上形成了对省级公共数据的行政垄断，易形成对二级公共数据市场其他经营主体的不当竞争，对其他企业进入数据市场产生挤出效应，不利于数商生态的良性发育，不利于健康数据交易市场的形成。

（五）统筹公共数据开发的不同方式

福建省将公共数据共享、开放、运营三种不同开发利用方式的一级权利全部授予了福建省大数据集团有限公司，有利于福建省大数据集团有限公司在省政务数据平台基础上统筹开发建设公共数据汇聚共享平台、开放平台和开发运营平台，有利于统筹发布公共数据共享目录、开放目录和开发运营目录，有利于实现公共数据分类分级统筹开发利用。总体来看，这种方式适应了当前公共数据开发利用还处于初级发展阶段的现状，对促进公共数据以各种不同方式"供"出来具有较好的探索意义和示范作用。但是，由福建省大数据集团有限公司一家企业统筹省级所有公共数据的开发方式，尤其是将免费开放和收费开发两种方式交由一家企业统筹，必然会造成对资源配置越来越多地从公共数据资源开放向公共数据资源开发的倾斜和转移，最终形成公共数据开放的数量越来越少，质量越来越差，而大量本应免费获取的开放公共数据，只能通过公共数据开发服务平台上交费获得，不仅增加了公众和企业获取公共数据的成本，也延缓了公共数据流通速度，减少了公共数据应用场景，提高了全社会获取和利用公共数据的总成本。

三、福建省数据要素市场化改革的思考

（一）应继续探索数据"三权分置"实施

福建省在数据要素的法律法规制定方面起步较早，起点较高，体系较

全面完整，对公共数据汇聚、存储、管理主体，公共数据分级开发利用主体、方式和途径，数字基础设施建设内容和方式，数字要素应用和数字化转型领域，数据产业发展等方面，都从立法和政策文件方面进行了探索实践，为全国数据要素基础制度的建立和完善贡献了"福建经验"和"福建方案"。但在数据资源持有权、数据加工使用权、数据产品经营权等数据三权的具体落地实施方面，还有理论性、政策性、操作性等方面的障碍没有清除，沉淀在政府部门、平台企业和其他机构的海量数据资源，还没有有效畅通地释放出来。因此，福建和全国其他领先的省区应充分发挥数据要素基础制度先行先试优势，继续探索界定数据来源、持有、加工等过程各参与方享有的合法权利，继续探索数据"三权分置"落地的法律基础，推进健全数据要素各参与方合法权益保护制度，让数据放心"供"出来，助力中国特色数据产权制度体系实践落地。

（二）应规范省级平台公司三类关系

公共数据是统一授权开发还是分散授权开发，是给一家特许经营权利还是通过市场方式竞争产生等问题，一直是公共数据开发利用的核心问题。公共数据开发主体和方式的选择，主要受三方面因素影响：一是将公共数据作为社会普惠资源还是作为财政收入来源，二是公共数据运营是考虑安全可控优先还是技术先进优先，三是公共数据运营是鼓励垄断经营还是充分竞争。对以上三类关系的不同考量，导致全国在省级数据运营平台设置上采用不同类型。目前，在全国范围内共有20个省（自治区、直辖市）成立了省级数据集团公司，可以分为省属国资企业、国有资本全资企业、国有控股企业和混合所有制企业四种类型。福建省采取了第一种方式，成立福建省大数据集团有限公司省属国企，完全由省政府投资控股，安全可信程度高，没有国有资产流失问题，在承建和运维省级电子政务网络、云平台等系统，开发省级公共数据资源一级市场等省级政务业务时，具有安全可信的天然属性。但是，也存在技术能力偏弱、对省级公共数据资源形成垄断，以及既从事公共数据一级产品开发，也从事数据交易、数据经纪、数据资产融资等公共数据二级产品生产、交易等业务，既做运动员又做裁判员的市场角色定位不清等问题。福建省和全国其他省市应统筹垄断和竞争、安全和发展、免费和收费等方面关系，继续探索中国特色的省级公共数据平台的运营主体和运营方式。

（三）培育多层次数据流通交易体系

福建省正在建立和完善大数据交易所、数据经纪人、数据资产融资等多层次多方式的数据流通交易体系。数据流通交易体系是持续释放数据要素价值动力源，只有不断提高数据的价值创造能力才能激发更多主体的积极性。福建省和全国其他省市应继续推动数据交易流通体系建设，并在现有数据产品交易、数据经纪、数据资产融资等基础上，重点探索完善公共数据和行业数据等的确权估值、登记结算、合规咨询等服务，培育发展数据生产、流通、应用等环节企业，构建数据交易流通生态体系，让更多数据活起来。

（四）建设集约化数据基础设施

福建省已初步建设完成"1+1+10+N"数据基础设施，形成了省级公共数据汇聚共享、开放、开发三大数据基础设施平台和全省数据交易流通平台，有力支持了全省公共数据的统一汇聚、共享、开放、开发、交易、流通等各项业务工作，初步形成了对数据采存算管用全生命周期各环节的全面支撑，为全社会提供大规模、高质量、高效率数据供给提供了技术平台和基础设施方面的保障。数据只有有效地流通起来才能发挥出数据的要素配置作用，才能实现对数据的高效利用，才能创造价值和增加价值，而数据基础设施是保障数据安全可信流通的关键载体，建立完善全国一体化数据基础设施，是形成全国统一数据交易市场体系，促进数据关键要素在全国流通配置的基础和关键。国家有关部门应充分借鉴福建省建设全省公共数据一体化平台方面的经验，积极推进隐私计算、数据空间、区块链等数据流通技术研发和集成应用，尽快启动建设国家数据基础设施，为数据可信、高效流通提供有力的基础支撑。

（五）数据治理难题

一般而言，行政区的数据汇聚是基于行政区域内各部门统一的数据目录来实现，相较于其他省份先行开展数据目录统一再做数据汇聚的工作思路，福建模式属于先汇聚各部门数据，再做数据目录的统一。福建模式的优势固然是汇聚数据的范围广、阻力小，如按照统一目录再做汇聚的模式，难免要在数源部门进行初步治理，且前期数据资源目录规范梳理和与各部门多次的确认、沟通会带来大量的行政负担，这些都是需要克服的难点。福建模式的问题在于，先行汇聚数据后，由于各地方、各部门的数据目录不统一，数据质量难以保障，数据解析、数据治理的工作量大，数据质量控制、二次汇聚等工作的沟通协调难度较大，整体的实施成本相对更高。

（六）慎重处理数据开放和开发关系

福建省积极探索实践公共数据共享、开放、运营三种不同的开发利用方式。但是，对公共数据共享、开放、运营三种方式的边界界定仍不清晰，对公共数据共享、开放、运营三种方式的公益属性或经济属性仍有争议。在具体实践过程中，公共数据运营对公共数据开放的"挤占"情况时有发生，出现了本应该无偿开放的公共数据只能通过收费的开发服务平台获取，即使在开放平台上开放的公共数据也经常出现投入不足、数量不多、质量不高等情况。

当前，福建省数据要素市场化改革进入了新阶段、开启了新征程。福建将深入贯彻习近平总书记关于网络强国的重要思想和关于数字中国、智慧社会的重要论述，聚焦提高效率、提升效能、提增效益，健全完善全方位、多层次的全省公共数据汇聚共享、开发利用制度体系，高水平构建赋智赋能的全省一体化公共数据体系，助力全方位推进高质量发展超越。

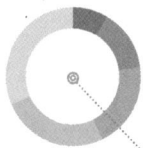

山东省数据要素市场化改革的经验与思考

苏毅* 刘心田**

摘要： 山东省积极响应国家政策，在数据要素市场化改革中取得了显著进展。山东省构建了"1+16+N"的全省一体化大数据平台体系，汇聚海量政务数据。此外，山东省成立了数据要素创新创业共同体，促进"政产学研金服用"各要素协同发展。山东省还通过"数源""数治""数用"行动，全面推进数据资源的开发利用，赋能经济社会高质量发展。全省数据要素产业链条发展均衡，涵盖数据采集、存储、加工、流通、分析、应用和生态保障七大模块，形成了领域覆盖面广、产业体系初具雏形的良好局面。

关键词： 数据化改革；"1+16+N"；"数源、数治、数用"

数据应用场景正在不断被挖掘、开发。2023年12月，国家数据局等17部门联合印发《"数据要素 ×"三年行动计划（2024—2026年）》，明确了"数据要素 × 智能制造"等十二大应用场景，并且启动"数据要素 × 应用场景"和典型案例征集工作。数据应用日益受到重视。从场景到案例，亟待在理论和实践层面建立起纽带。案例来自场景，场景来自我们的实践。基于从场景到案例的路径思考，是对数据应用工作的经验总结、提炼，是对数据应用思路的挖掘、提升，是对案例打造的分析、升华。

---

* 苏毅，山东省大数据局数据资源处处长。

** 刘心田，山东数据交易有限公司首席专家。

一、数据要素市场化改革中的特色与经验

（一）发展现状与特点特色

1. 山东省数据要素市场配置的主要举措

首先，构建全省一体化大数据平台体系。山东省采取"物理汇聚"和"逻辑汇聚"相结合的方式，加快构建"1+16+N"的全省一体化大数据平台体系（1个省级主平台、16个设区市平台子节点、N个行业分节点），分级分类分步推进政务数据统一汇聚管理、统一提供共享服务。目前，全省共发布各类数据资源服务30余万项，累计提供数据共享服务78亿余次；已开放数据目录达15万个，发布数据45.6亿余条。

其次，建立山东省数据要素交易平台。2019年，山东省成立山东数据交易有限公司，搭建山东省数据交易平台，采用"1+N"（1个省级主平台，N个地市、行业分平台的模式）的总体架构，作为山东省数据要素市场化配置平台，已上线登记160余项数据产品，总访问量达10万余次。依托山东数据交易平台，构建公共数据资源有偿使用新模式，培育数据创新应用生态。

最后，搭建数据要素市场体系。2021年9月，山东省数据要素创新创业共同体成立，有效联动"政产学研金服用"各类创新要素，促进数据生产、采集、汇聚、管理、流通、分析、应用等全产业链协同发展。同时，指导成立了山东省数据交易流通协会，由从事大数据相关技术研发、生产、销售、服务等的企事业单位和社会组织组成，推动公共数据资源交易规范化、标准化。

山东省正在开展"数源""数治""数用"行动，强化省一体化大数据平台建设，完善全省统一的公共数据资源体系，全方位推进公共数据资源开发利用，赋能经济社会高质量发展。加快推动数据要素市场化配置，建

设完善数据交易平台，用好数据要素创新创业共同体，探索公共数据授权运营、有偿使用等新模式，促进数据要素市场流通。

全省数据要素企业在数据采集、数据存储、数据加工、数据流通、数据分析、数据应用、生态保障七大模块中均有分布，覆盖数据资源、基础硬件、通用软件、行业应用、交易流通、数据经纪人、数据生态等领域，产业链条发展相对均衡，已经形成领域覆盖面广、产业体系初具雏形的良好局面。中国大数据产业生态联盟发布的《中国大数据区域发展水平评估报告（2021）》显示，2020年山东省大数据企业发展指数为43.41，居全国第五位。复旦大学数字与移动治理实验室联合国家信息中心数字中国研究院发布2021年度"中国开放数林"指数和《中国地方政府数据开放报告——省域》与《中国地方政府数据开放报告——城市》。在开放数林指数省域综合排名中，山东位居全国第二，获得"数开成荫"奖；在四个单项维度上，山东位列利用层第一；城市综合排名前十位中，山东城市占六位：青岛、烟台、济南、临沂、日照、潍坊，分别排名第二位、第三位、第六位、第八位、第九位、第十位。

具体来说，搭建数据要素市场体系有以下措施。

一是搭建数据要素生态圈。以山东省数据交易平台为抓手，聚集超300家数据需求方、数据提供方、数据监管方、技术服务方、法律/咨询/学术专家等生态参与方，引导多方数据要素流通参与主体积极参与数据要素市场。

二是建立特色产业园区。顺应大数据产业发展趋势，以济南和青岛为中心，推动16个市建成省级大数据产业园23个，布局建设特色大数据产业园30余个，大数据产业集聚能力不断提升。其中，济南高新区齐鲁软件园成为11个国家级大数据集聚区之一。升级济南、青岛两个大数据产业集聚区。

三是打造大数据产品和企业。打造了一批具备国际竞争力的大数据产品和大数据企业，从事技术研究、设计开发、数据交易、咨询培训等数据相关产品和服务的大数据企业超过3000家。

四是构建产业发展标准体系。强化顶层设计，围绕基础、数据、技术、平台、工具、治理与管理、安全和隐私、行业应用等标准，构建了以国际标准为引领、国家标准和行业标准为基础、团体标准和企业标准为主体、地方标准为补充的新型大数据产业发展的标准体系。

五是提升产业链条能级。围绕数据资源、基础软硬件、行业应用等方面，梳理重点大数据技术产品、服务产品，绘制大数据产业图谱，建立"强链延链补链"产品清单。

六是推动数据要素高效配置。在重点行业开展要素市场化配置改革试点示范，充分发挥数据要素在连接创新、激活资金、引育人才等方面的价值倍增作用，培育数据驱动的产融结合、协同创新等新模式。

七是构建数据要素流通平台和服务体系。高水平建设山东省大数据交易中心，鼓励有条件的市参与建设区域数据交易分中心或分平台，支持数据要素流通的政策、体制、机制创新，初步建成数据生态新体系。推进数据要素政策、体制、机制创新，促进数据生态新体系建设；建设数据枢纽工程，布局数据枢纽总中心和区域节点，提供数据收集与存储、数据清洗、数据分析与挖掘、数据呈现与可视化等技术支撑；建设数据要素创新创业共同体，整合"政产学研金服用"全要素资源，推动全产业链协同发展，实现技术创新、成果转化、人才培养、企业孵化、金融保障、产业提升等各功能的有机聚合。

2. 山东省数据要素配置的赋能成效

《山东省2022年数字经济"重点突破"行动方案》中提出，要完善数据要素供给体系、培育数据要素交易体系、健全数据融合应用体系。山东省正在积极推动数据要素与人工智能、物联网、区块链等新一代信息技术深度融合，并首先在数字基础设施建设和数据交易流通方面有着引人注目的成就。目前全省已培育26个大数据发展创新实验室、67个大数据产业创新中心、29个大数据创新服务机构、47个大数据创新人才基地，初步形成领域布局合理、功能层次明晰、创新链条完整的创新平台体系。此外，山东16个市的市区及县城城区已全部实现5G网络连续覆盖，交通枢纽、重点高校、医院、大型商超、5A 级景区、经济园区等重点场景实现针对性覆盖，乡镇镇区 5G 覆盖比例达到100%，这些举措都为山东省在数据要素技术发展方面奠定了坚实的基础。

山东省是我国重要的经济大省和制造业大省，拥有众多高新技术企业，涵盖电子信息、智能制造、生物医药、新能源等领域。这些企业在数据采集、存储、加工、分析、应用等方面都有着丰富的经验和优势，为山东省数据要素产业链技术链的发展提供了坚实的基础和条件。同时，山东省也是我国重要的农业大省和海洋大省，拥有海量的农业数据和海洋数据，为山东省发展数据要素产业链技术链提供了广阔的空间和机遇。

在政务领域，山东省政务数据的采集、存储、分析和应用已经形成了较为完整的体系。政府作为高价值数据的持有者，在政务数据开放创造价值的过程，通过增加监管力度和采取适当激励措施，充分发挥了协同带动的作用，并且通过推进移动互联网、云计算、大数据、人工智能、虚拟现实等技术与城市建设发展深度融合，切实提升了政府城市管理能力。政府部门通过数字化建设，实现了政务数据的电子化、网络化、智能化管理，如政府大数据中心、电子政务平台、智慧城市建设平台等，推动了政务服务的便利化和效率提升，更加强了政府决策的科学性和精准性。

在金融领域，山东省的金融机构在数字化转型的过程中，大量的金融数据得到了丰富和积累，金融数据要素的采集、加工、分析和应用已经实现了较为全面的覆盖。与此同时，随着大数据、人工智能、区块链等新兴技术的应用，山东省金融市场的发展以及经济的振兴迎来了新的机遇，伴随着金融科技企业的兴起和金融监管的加强，解决了金融统计监测数据庞大导致的标准不统一、统计效率低等问题，并且金融数字化以数据赋能，对金融业整体全要素进行了产业数字化转型和升级。以基于大数据技术的乡村振兴普惠金融服务平台为例，该平台融合各部门资源，将融资需求受理、线上信贷服务等多方面资源进行整合，通过以金融数据为关键要素，以数字经济与实体经济深度融合为主线，促进当地涉农实体经济的发展。

在医疗领域，虽然医疗数字化建设取得了一定进展，但整体上仍面临着数据孤岛、数据规范化程度低以及隐私安全等问题。山东省医疗行业在医疗数据的共享和协同利用方面取得一定成绩，以提供医疗保障、健康服务为主，同时均衡医疗资源和提升医疗服务效率，山东省已搭建卫生健康云平台和医疗大数据平台。在医疗数据的采集、存储、分析和应用方面，尚需加强技术链的建设和完善。目前，山东省通过发展云计算、大数据、区块链、物联网、5G边缘云、AI人工智能等技术的融合创新，同时引进国内外先进医疗科技创新成果及健康服务创新模式、吸引健康医疗大数据企业聚集，以提升医疗卫生服务的质量和效率以及推动健康医疗产业的发展。

在海洋领域，山东省作为沿海省份，拥有丰富的海洋数据资源。在数据采集方面，海洋观测站、卫星遥感技术、海洋测量设备等发挥重要作用，为海洋数据要素产业链提供丰富的原始数据。并且借助相关技术，海洋数据得以高效存储和管理，确保数据安全性和可靠性。目前，山东省在数据存储设施和技术规划方面较为完善，能够满足海洋数据要素产业链的存储需求。青岛的科研企业和高校研究院通过海洋物理、化学、生物等多学科数据融合分析，进行高质量且有针对性的海洋科学研究。在数据应用方面，涵盖了海洋资源开发利用、海洋环境保护、海洋灾害预警等多个领域。可以通过加强数据采集设备的投入、优化数据存储和管理体系、推动跨部门合作等方式来进一步完善山东省的海洋数据要素产业链技术链，促进海洋经济的增长。

3. 山东省在数据要素方面的亮点和优势

首先，国内首个数据要素创新创业共同体在山东成立，"七个一"模式打造产业生态新样板。2021年9月，山东省政府批准设立国内首个山东数据要素创新创业共同体（见图1）。数据要素创新创业共同体有效联动"政产学研金服用"各类创新要素，实现技术突破、成果转化、人才培养、企业孵化、金融保障、产业提升等各功能有机聚合，并致力于数据生产、采集、汇聚、管理、流通、分析、应用等全产业链协同发展。目前，山东正按照"一个共同体、一个研究院、一个协会、一个联盟、一个基金、一系列试点、一系列活动"的总体思路，持续推动山东省数据要素产业高质量发展。

图1　山东省数据要素共同体规划

其次，数字产业化加力提速，多品牌跻身全球市场前列。省委主要领导挂帅担任新一代信息技术产业链"链长"，提级推进数字经济核心产业发展，全年信息技术产业营收实现16266.9亿元，同比增长17.9%。软件业营收首次突破万亿大关，同比增长19.2%，高于全国8个百分点。大数据产业业务收入超过1600亿元，占全国比重达12.5%。电子信息制造业增加值同比增长17.9%，增速超出全国10.3个百分点，其中，集成电路制造业增加值同比增长38.6%。海尔、海信、浪潮、歌尔4家企业连续2年进入全国电子百强前二十，海尔大型家用电器品牌零售量、歌尔虚拟现实高端头显市场份额均居全球第一，海信电视、浪潮服务器市场占有率均居全国第一、全球第二。

最后，数据价值快速释放，数据开放水平居全国首位。山东省开通全国首个数据赋能中小企业数字化转型服务平台，打造形成"丰富传统工业产品＋全量新兴数字产品"的新优势、新引擎。国家工信安全中心以山东为试点，发布《数据解析创新应用建设指南》，依托 Handle 全球辅根节点

（青岛），构建数据解析创新应用体系。山东省组织数据管理能力成熟度模型（DCMM）贯标试点，178家企业通过DCMM贯标评估，数量居全国第一。全面深化公共数据共享开放，累计开展数据共享服务340亿次，有效数据集数与数据容量均居全国首位。

4. 构建法律法规体系，完善数据交易制度框架

近年来，山东省围绕数据要素保障创新，持续加强顶层设计，加大统筹力度，在完善数据领域法规制度、强化数据共享开放应用、推动数据交易流通等方面进行探索。

山东省出台了地方法规《山东省大数据发展促进条例》，政府规章《山东省电子政务和政务数据管理办法》《山东省公共数据开放办法》，为数据资源统筹管理与共享开放应用提供支撑。会同山东省卫生健康委等出台政府规章《山东省健康医疗大数据管理办法》，明确各方"权责利"，为健康医疗数据合规开放应用提供了依据。为加快推动山东省大数据产业高质量发展，全面推进大数据与经济社会深度融合，省工业和信息化厅2021年12月编制印发《山东省"十四五"大数据产业发展规划》。同时，持续完善管理制度，制定《山东省公共数据共享工作细则》等制度规范，加快构建覆盖公共数据全生命周期的制度保障体系，为激发数据要素活力提供制度保障（见表1）。

表1　山东省关于数据交易政策汇总

发布时间	文件名	核心内容	发布单位
2019年12月25日	《山东省电子政务和政务数据管理办法》	明确了电子政务和政务数据管理工作的责任主体，对纳入管理应用的政务数据提出具体要求，对政务数据的共享和开放作出规定，规定了通过电子政务和政务数据推进"放管服"改革的具体措施，强化了对电子政务与政务数据的安全和保障	山东省人民政府
2020年8月20日	《山东省健康医疗大数据管理办法》	对山东省行政区域内健康医疗大数据的采集、汇聚、存储、开发、应用及其监督管理等活动，给出了明确规范	山东省人民政府

发布时间	文件名	核心内容	发布单位
2020年10月10日	《山东省公共数据资源开发利用试点实施方案》	探索融资服务、健康医疗、生态环境、交通出行、教育、经济运行等领域的公共数据资源开发利用，大力培育专业化企业、开发应用产品、开展数据交易，强化数据安全管理，高质量完成公共数据资源开发利用试点任务	山东省人民政府办公厅
2021年7月17日	《山东省"十四五"数字强省建设规划》	对"十四五"时期山东省数字强省建设的目标任务、重大项目、重大工程、推进措施等做了整体设计，从数字基础设施、数字科创高地、数字经济、数字政府、数字社会、数字生态6个方面提出了"十四五"时期数字强省建设的重点任务	山东省人民政府
2021年9月30日	《山东省大数据发展促进条例》	规定了加强数字基础设施建设，推动实施国家大数据战略、强化数据采集汇聚和治理，推动数据资源共享开放、强化大数据应用，服务经济社会发展、加强数据安全保护，保障数据运行健康有序、加强扶持和培育，促进大数据创新发展的主要措施	山东省人民代表大会常务委员会
2021年12月28日	《山东省"十四五"大数据产业发展规划》	聚焦大数据产业短板领域，实施"夯实产业发展基础支撑、加速提升产业链条能级、加快培育数据要素市场、构建繁荣有序产业生态、筑牢数据安全保障防线"五大重点任务	山东省工业和信息化厅
2022年1月31日	《山东省公共数据开放办法》	一是关于公共数据的范围，二是关于公共数据开放的具体要求，三是关于对公共数据开发利用的促进措施，四是关于公共数据安全保护	山东省人民政府
2022年10月12日	《关于深化改革创新促进数字经济高质量发展的若干措施》	第一部分为建立数字设施支撑能力提升机制，第二部分为创新产业数字化赋能机制，第三部分为健全数字产业创新发展机制，第四部分为探索数据要素市场化机制，第五部分为优化多维数字治理机制，第六部分为完善数字经济发展保障机制	山东省工业和信息化厅

续表

发布时间	文件名	核心内容	发布单位
2022年10月25日	《山东省大数据局支持推进全省数字经济高质量发展的若干措施》	从强化工作统筹协调、加大"三招三引"力度、释放数据要素价值、深化数字政府建设、加速数字社会建设、夯实数字基础底座6个方面推出20条举措,推动山东在数字经济发展新赛道上跑出加速度	山东省大数据局
2022年12月6日	《山东省地理空间数据管理办法》	进一步细化了全省地理空间数据的生产汇聚、共享开放和创新应用的规则,明确了地理信息公共服务平台的基底定位	山东省自然资源厅、山东省大数据局
2023年1月29日	《山东省数字政府建设实施方案》	立足政府管理和服务两大基本职能,提出了推进政务服务、公共服务、社会治理、宏观决策、区域治理5个方面的数字化转型任务	山东省人民政府
2023年4月7日	《烟台市激活数据要素潜能发挥数据要素作用行动方案(2023—2025年)》	基于数据基础支撑、数据要素供给、数据融合应用、数据流通交易、数据安全保障5个方面,实施15项重点工作,构建数据要素市场供给、流通、应用、监管"四位一体"体系,建立全市统一开放的数据要素市场	烟台市人民政府办公室
2023年4月25日	《青岛市公共数据运营试点管理暂行办法》	围绕公共数据运营中涉及的关键主体、环节和流程,明确了职责分工、平台建设、数据供给、数据管理、数据应用、数据安全、评估和退出机制	青岛市大数据发展管理局
2023年9月11日	《山东省数据开放创新应用实验室管理办法(试行)》	加强全省数据开放创新应用实验室建设,对实验室的原则职责、工作体系、申报审核以及建设与运行等作出明确规定	山东省大数据局
2023年10月9日	《山东省深化数据"汇治用"体系建设 加快推进数据价值化实施方案》	以数据价值化为主线,建设数据"汇、治、用"体系,在保障数据安全的前提下,加快培育数据要素市场,从加快推进数据资源化、资产化、资本化,完善制度保障、平台保障、安全保障等方面作出部署	山东数字强省建设领导小组办公室

发布时间	文件名	核心内容	发布单位
2023年10月26日	《济南市公共数据授权运营办法》	探索性地提出了"大数据主管部门综合授权、数据提供单位分领域授权"的授权方式，通过明确实施政策、建设运营平台、创新应用场景等构建公共数据授权运营架构和体系，对公共数据授权运营的程序及要求进行了详细规范	济南市人民政府
2023年12月5日	《青岛市数据要素市场化配置改革三年行动方案》	以数据资源化、数据资产化、数据产业化为主线，开展数据基础制度建设、数据开发利用创新、数据流通交易增效、数据合规安全护航行动、加强数据合规管理等5项专项行动，推进数据要素市场化配置改革	数字青岛建设领导小组办公室
2023年12月18日	《青岛市公共数据管理办法》	包括明确适用范围和管理职责，规范公共数据收集与汇聚，完善公共数据共享、开放，促进公共数据利用，强化公共数据安全保障等5项重要举措，规范公共数据管理，保障公共数据安全，促进公共数据共享、开放和利用	青岛市人民政府
2024年5月11日	《山东省公共数据共享工作细则》	从工作体系、采集汇聚、数据服务、供需对接、申请审核、安全保障、监督评估等方面进一步明确公共数据共享要求，规范和促进山东省公共数据汇聚共享工作	山东省大数据局
2025年2月6日	《山东省公共数据开放工作细则》	从工作体系、数据开放与审核、数据获取与审核、数据利用、监督保障等方面进一步明确公共数据开放要求，推动公共数据面向社会开放应用	山东省大数据局

5. 济南数据要素市场化模式实例：政保通数据服务平台

为深入贯彻落实习近平总书记关于"要加强政企合作、多方参与，加快公共服务领域数据集中和共享，推进同企业积累的社会数据进行平台对接，形成社会治理强大合力"的重要指示精神，近年来，济南市大数据局积极推进政务数据的社会化利用，赋能经济社会发展。采取市场化运营的模式建设开通了政保通数据服务平台，目前已经接入7类政务数据、9家商业保险机构，实现商业保险的无纸化、线上化快速结算等承保、理赔全流程行业数字化服务，开创了公共数据赋能行业发展的新模式。

一方面，坚持民生需求导向，保医通模式因时而生。社会医保已经实现出院即结算，但商业医保在全国仍然采用人工理赔的结算方式，存在手续繁杂、周期长的问题。商业医保需要理赔时，群众要到医院排队打印发票、处方、检查报告、病历等相关资料，再将厚厚的一大宗材料送往保险公司。保险公司需要人工审核，并将纸质数据转成电子数据处理后才能进行理赔。据统计，2019年仅济南市就发生健康险保险理赔案约110万件，每家保险公司对理赔数据的标准和要求各异，结算环节复杂，风控标准不一。这些就导致健康险理赔结算流程慢、手续多、时间长，有时候需要二三十天甚至更长时间，用户体验度、满意度低，迫切要求"一站式服务"和"数据结算"等快速结算方式。2020年，济南市大数据局联合市医保局坚持问题导向，积极探索创新，建设保医通数据服务平台，实现医保结算数据向商业保险公司的开放。群众在办理健康险理赔时，线上提交授权书，保险公司后台调取群众社会医保结算数据，核验通过后支付理赔金。济南市率先实现了商业保险理赔从"线下"到"线上"的转变，缩短了理赔时间，减少了理赔材料。同时，线上数据传输从根本上避免了理赔造假，维护了社会公平正义。

另一方面，坚持创新发展理念，政保通模式顺势而立。在总结保医通数据服务平台建设运行经验的基础上，根据保险公司需求，济南市扩大政务数据开放范围，将现有保医通数据服务平台升级为政保通行业数据服务平台，推动车险、医疗险等更多险种的快速承保理赔。重点做到五个创新。

一是创新数据开放模式。传统公共数据开放平台模式下，没有个人授权，敏感数据无法开放，商业保险机构也无法直接接入市大数据平台获取数据。通过政保通数据服务平台，实现医保结算数据向商业保险机构的开放，解决了保险公司"痛点"，实现商业医保的快速承保理赔，方便了广大商保消费群体，切实提高了人民群众对数据赋能的获得感和幸福感。

二是创新数据开发利用模式。2020年10月，山东省首个以政府令形式出台的公共数据管理地方规章《济南市公共数据管理办法》，明确"将公共数据作为促进经济社会发展的重要生产要素，发展和完善数据要素市场，培育数字经济新产业、新业态和新模式"。通过政保通服务平台的建设与成功运营，厘清了数据产生方、汇集与主管方、运营服务方、需求方之间的关系，建立了"政府依法授权、企业合法运营、部门依规监管、确保数据安全"的公共数据社会化开发利用、赋能行业发展的新模式。

三是创新公益服务运行模式。政保通服务平台由山东政保公司建设运维，该公司作为信息系统开发、运维和提供服务的主体与保险公司无直接利益关系。政保通数据服务平台初步探索了基于付费使用的运行模式，按次向保险公司收取平台使用服务费用，能够较好地调动运营公司工作的积极性，有利于实现常态化运营。

四是坚持数据利企惠民，政保通模式迅速起势。政保通数据服务平台的建设应用，打破了政企之间数据壁垒，实现商业医保与社会医保数据互通共享和融合应用，有效破解了商业保险"理赔慢""理赔难""承保难"等社会难题，实现了"放管服"改革从政务服务向社会服务的延伸，打通了商业保险行业服务的"最后一公里"，是数据利企惠民的具体生动实践。

截至2024年3月底，平台已经完成与中国人寿、平安人寿、平安产险、平安养老保险、太平洋人寿、新华人寿、泰康人寿、众安保险、中国人保等9家主流保险机构的业务系统对接，实现广大参保市民商业保险的无纸化、线上化快速结算，其中企业补充医疗保险已可实现即时结算，普通健康保险平均赔付时间由10余天压缩到1天，最快赔付时间为2分钟。通过社会医保与商业医保信息交互利用，促进了济南市不同保障体系的深度融合，加速构建更为合理、有效的保险保障服务系统；目前该模式已在德州、淄博、东营推广落地，临沂、潍坊、泰安已启动实施，平台服务范围和服务人群不断扩大，服务功能不断完善，服务创新的社会效益开始凸显。

五是公共数据授权运营，促进公共数据价值释放。同样的，在政保通中，创新数据授权和运营模式也是一大亮点，为促进公共数据价值释放提供了便捷。传统数据开放模式采取"申请－调用"的方式，涉及个人隐私的数据，由社会企业自行在企业信息系统中进行个人确权并留存确认证据，无法实现"一数一授权"，政府数据开放部门只能通过签订安全协议、现场检查、事后监督的方式保障数据安全，存在数据被"扒库"的风险。政保通数据服务平台通过建立 CA 认证中心，采取"一事一授权""一数一授权"模式，商业保险机构在每次调用数据时，需要理赔群众签署电子授权书，并由商业保险机构上传政保通数据服务平台，才被允许调用其个人社会医保结算信息，保障了群众的知情权和个人数据的处置权，避免出现单次授权被反复使用的情况，保障了数据安全。

在公共数据授权的同时，山东坚守安全底线，创新了数据安全监管模式。敏感政务数据开放，安全是底线和前提。济南市大数据局采取购买第三方服务的方式，建设数据安全监管平台，进行数据安全监管。政保通数据服务平台被纳入了第三方监管范畴。公共数据安全监管平台可实现以下能力。

首先是基础设施监管。对济南政务云及相关网络设施进行持续性监控，及时发现各类网络以要求各服务商提交有关安全控制措施有效性的交付件，通过对交付件进行分析、审核的方式，确保政保通数据服务平台基础设施安全控制措施的持续有效。

其次是业务场景监管。对政保通数据服务平台数据的流通共享过程进行安全监管，利用监管平台自动化的获取数据流转和业务操作相关日志信息，根据政保通数据服务平台业务规则，结合数据使用流程，针对性开发监管模型，制定监管规则，从而对数据流转情况以及相关方的业务操作行为进行有效的记录和审计，确保每一条数据的来源、流向和被执行的处理操作（计算、分析、可视化等）均能被有效地记录和查询，确保共享数据来源合法、流向合规、授权使用等。

最后是人员操作监管。对政保通数据服务平台各数据供应链服务商进行安全监管，利用监管平台的行为审计分析功能，对参与数据共享开放的相关方业务人员进行的数据访问操作行为进行监督审核，确保相关业务人员的操作及行为在权限范围内，操作合理合规，同时可对越权行为及高危操作进行告警和记录。针对一些特权账户的使用（如云平台系统管理员账户），进行定期审计，判断特权账户使用的必要性和合理性。以上做法维护了授权后的公共信息安全，为数据要素市场化发展提供了有力保障。

6. 结合当地特色经验，形成多元发展格局

基于对场景的深度认知，山东省在数据应用上独辟蹊径，在国内率先提出数据创新应用（数创）理念。2021年，山东省数据要素创新创业共同体（以下简称共同体）正式组建。作为由省政府主导建设，省科技厅、省大数据局协同管理，山东数据交易公司牵头建设的新型机构，共同体融合"政产学研金服用"各要素资源，以实现数据要素市场化配置为方向，以建设山东数据交易流通大市场为目标，聚焦大数据产业生态、技术突破与政策保障，以产业数字化带动数字产业化为路径，以数字产业化促进产业数字化的发展，释放数据资源价值，激发数据要素市场活力，助力数字强省建设。共同体具有政策、资金、人才、技术、数据等各项资源禀赋，是开展数据应用的理想主体。事实也是如此，共同体成立后，先后承办了山东省大数据局主办的山东省第四届、第五届山东省数据应用创新创业大赛，承接了山东省300家数据开放创新应用实验室的建设运营工作，深度参与了山东省数据创新应用平台（场景库、产品库）的建设工作，举办了3次数创论坛，开展了20余场企业行、高校行活动，组织了30余场数据创新应用主题沙龙，直接参与者破万，覆盖人群超千万，对接场景逾千，成果转化落地百余项，投入资金3000余万元，带动直接经济转化过亿元，促进数字经济体量百亿级。

（二）经验总结

共同体模式之所以行之有效，来源于数据要素场景的应用转化。共同体成立之初，就将数据要素价值释放作为宗旨。针对数据价值化的政策、标准、技术、人才、资源、资金等种种矛盾，共同体开展了政策破题、标准制定、人才培育、产业汇聚、基金建设等各项有效工作。正是这些工作，成为生态建设、企业孵化的大土地，成为数据流通、要素集成的反应器，成为场景转化、案例落地的催化剂。

在具体做法上，共同体形成了自己规范的场景方法论和作业流程。从场景挖掘到场景辅导再到场景发布、场景跟踪、场景宣传，共同体依托揭榜挂帅，把重心放在成果转化、案例打造上。共同体组建了专家咨询委员会，设立了合规、技术等专委会，借助专家资源，共同体公开、公正、公平的组织技术突破、成果转化等专项揭榜挂帅。面向省数创场景评选和省数创大赛获奖的场景，共同体敞开绿灯，优先主动对接，并吸纳相关主体加入共同体。截至2024年4月，共同体成员单位已突破170家，其中半数已建立与共同体不同程度的合作，更有点滴云等多家被共同体孵化的企业。

共同体的建设模式、工作开展方式与"数据要素 ×"的目标理念高度契合，即发挥我国超大规模市场、海量数据资源、丰富应用场景等多重优势，推动数据要素与劳动力、资本等要素协同，以数据流引领技术流、资金流、人才流、物资流，突破传统资源要素约束，提高全要素生产率；促进数据多场景应用、多主体复用，培育基于数据要素的新产品和新服务，实现知识扩散、价值倍增，开辟经济增长新空间；加快多元数据融合，以数据规模扩张和数据类型丰富，促进生产工具创新升级，催生新产业、新模式，培育经济发展新动能。

除了开展常规的数据应用工作，共同体还在区域和行业两个维度上下了功夫。区域维度上，共同体与地市、区县建立紧密联系，深入调研，绘就了山东省数据要素产业链与技术链图谱，洞悉了"数据要素 ×"的发展路径。举例来说，共同体与青岛市城阳区大数据局合作，建设全国首个数据要素产业集聚区建设规范；与济南市章丘区合作，打造以铁锅、大葱为代表的场景元素。共同体建设2年多，与其建立合作的园区已近10家；行业维度上，共同体积极响应山东省工信厅建设产业链数字经济总部的号召，建立了"四层三化二轴一核"模式，即"数据层、场景层、业务层、价值层"对应"数据资源化、产品化、资产化"，以"数据要素价值化"为核心，围绕"产业轴、数据轴"做文章。该模式在以轴承为代表的制造业和以化工为代表的大宗商品领域已开始应用，得到了相关机构、企业的认可（见图2）。

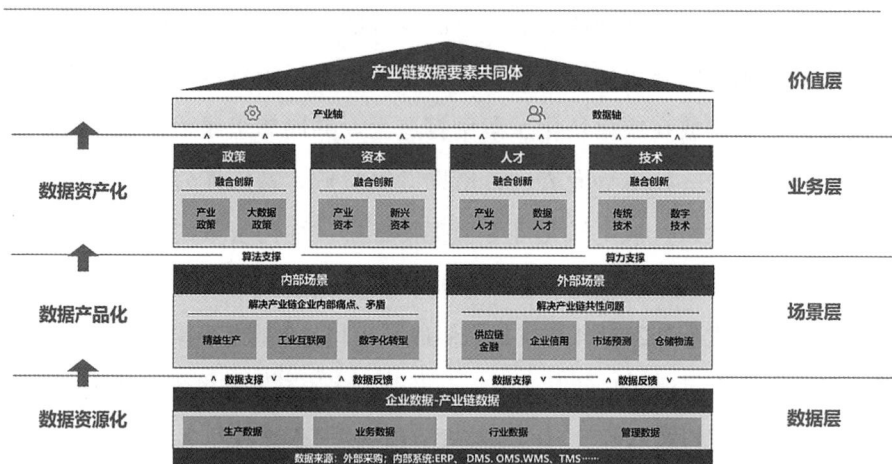

图2 "四层三化二轴一核"模式

"数据要素 ×"是山东省数据要素共同体的行动指南和工作重点。共同体将聚焦"数据要素 ×"12个大方向中的工业制造、交通运输、科技创新、医疗健康等重点领域，结合山东实际，切实开展点线面体各项工作，打造一批国家级"数据要素 ×"的山东特色的优秀场景、典型案例。同样的，发展经验中的政保通案例也为数据要素市场化作出了社会贡献并提供了宝贵经验。

一是创新了商业保险赔付模式。政保通数据服务平台的应用，改变了商业保险"先垫付后赔付"的传统服务模式，有利于充分发挥商业保险社会"稳定器"的功能，减轻了就医群众的经济压力，减少了因病致贫、因病返贫的现象，缓和了车险人伤事故双方的矛盾关系，有利于构建社会主义文明城市。

二是提升了医保基金使用效能。政保通数据服务平台可以充分利用商业保险在风险控制领域积累起来的有效经验和先进技术，及时发现在群众就医环节出现的套取医保基金违规、违法行为，全面提升医保基金的使用效能。

三是打造了商业保险新业态。通过政府数据开放，引导商业保险机构优化承保理赔模式，在济南发展"互联网＋商保"全流程服务，并在全国率先构建数据赋能保险行业发展新业态。

四是促进了数据要素流通。由山东数据交易公司牵头建设的政保通数据服务平台的建设运营，有利于探索数据要素市场化改革模式，为更多的公共数据开发利用、行业发展服务提供了一个可复制的经验样本，不断提升公共数据价值，促进大数据产业快速、健康发展。

山东省"数据要素 ×"典型场景、案例

场景：区块链劳务服务平台保障农民工权益

根据《保障农民工工资支付条例》要求，基于区块链与隐私计算技术，建设可信劳务服务与监管平台，打通施工单位、劳务公司、金融机构与人力资源和社会保障、住房和城乡建设、交通运输、水利、发展改革、财政、公安等部门间数据壁垒，实现农民工实名化认证管理、区块链劳动合同、工地真实劳动、工程款支付担保、工资专用账户、工资保证金、施工总承包单位代发工资等信息的可信交互与穿透式监管。

通过隐私计算技术畅通跨主体数据协作，在链上实现农民工入场到退场全周期"合同－要件－劳动－支付"数据汇聚与存证，通过链上智能合约与风控模型，对工资延时发放、资金违规挪用、违规转包、冒领工资、工资保证金不足等异常情况进行及时预警，将风险前置，保证体系正常运转，避免重大舆情事件发生，实现基于可信数据与真实劳动的农民工治理与保障新模式。并可就农民工工作画像、精准就业证明、金融服务增信等空白领域进行探索。

案例1：能源集团ERP平台

1. 案例概述

能源ERP平台是一款专注于能源领域的企业资源规划解决方案，旨在帮助能源相关企业实现资源管理、计划和业务流程优化。该平台涵盖能源产业特有的业务需求，提供供应链管理、生产计划、财务管理、客户关系管理等功能模块，以满足能源企业日常运营和管理的全面需求。以下是关于能源ERP平台的典型案例，它们展示了平台在能源领域的广泛应用和具体效果。

管线沿线安全防护：通过建立综合油气管道风险监测与感知数据平台，创建一个统一的信息集成系统，实现对油气管道全要素的可视化管理。

智慧服务大厅：济南能源集团打造24小时"不打烊"的热力燃气服务，推进了"水电气暖信"便民业务一机办理，实现了缴费、过户、发票打印等燃气、热力全业务自助办理。

智慧灯杆：为无线城市、绿色减排、公共安全、公众服务提供了新型设施和便利条件，实现城市决策、管理、服务智慧化升级。

城市安全风险监测预警平台：能"一五一十"高效应急处置，能够一秒钟发出预警、五秒钟给出预案、一分钟下达指令、十分钟到场处置。

智能客服：提供全渠道、全流程、智能化的人机协同服务模式，极大提升了服务效率，提高了客户服务水平。

2. 案例分析

能源集团的ERP平台成功案例为其他企业在能源行业中取得成功提供了重要的启示和借鉴。其关键因素包括数据整合与共享、生产计划优化、供应链管理、客户关系管理以及持续创新和改进。具体关键因素分析如表2所示。

表2　ERP平台关键因素分析

数据整合与共享	平台实现了内部各部门数据的整合与共享，包括销售、采购、生产、库存等数据的全面管理与互通
	确保了数据的准确性、一致性和实时性
	建立统一的数据标准和规范，建立了数据集成和共享的机制，提高了信息流畅性和管理效率
生产计划优化	借助销售订单和库存信息，自动生成合理的生产计划，实现了生产计划的精细化和优化
	通过与供应链管理的紧密衔接，结合实时数据分析和预测模型，能够及时调整生产计划，确保产能和库存的平衡。这使得生产过程更加高效，降低了生产成本，提高了产品质量
紧密衔接供应链	通过数字化技术实现与供应商之间的信息互通，使采购、仓储和物流等环节实现可视化管理，提高了供应链的运作效率和准确性
	采用智能化仓储系统和物流追踪系统，实现对物流过程的实时监控和管理，提高了物流效率和客户满意度
强化客户关系管理	整合了客户信息和订单管理，通过数据分析和个性化推荐，提升了客户满意度和忠诚度
	通过客户关系管理模块，能够实时追踪客户需求和反馈，提供个性化的服务和产品定制，增强了客户与企业的互动和合作
持续创新和改进	不断追求技术创新，积极引入新技术和新方法，保持竞争优势和持续发展

总之，能源集团的ERP平台在数字经济时代发挥着重要作用，有助于企业加速数字化转型，提高运营效率、降低运营成本、提升客户满意度，从而更好地适应和融入数字经济的发展趋势。

2022年1月，国家医保局将"保医通"平台作为全国医疗保障经办服务"学党史　办实事"优秀典型案例进行推广。

2022年3月，"保医通"平台作为中国（山东）自由贸易试验区制度创新成果中的最佳实践案例进行全省学习推广。

案例2：构建"电力＋环保"污染企业精准监控数字新模式

1. 工作背景

为提升空气质量，有效降低重污染天数占比，山东省生态环境厅出台了《重污染天气重点行业应急减排措施制定技术指南》（以下简称《指南》），在重污染天气下，重点工业企业需要严格按照《指南》执行相应标准。为提高生态环境部门的工作效率，在空气质量指数超标的情况下，有效评测重点工业企业停、限产执行力度，重点管控严重违规生产的工业企业，探索采用人工智能的方法在科学评测重点工业企业是否按照停、限产预案执行停、限产标准的同时，对未执行停、限产的工业企业进行重点分级分类管理，实现空气质量指数有效低。

2. 建设内容

围绕滨州市重点工业企业构建重点工业企业生产状态与空气质量关联分析、企业告警分级分类分析应用，实现对企业在空气质量超标情况下采取"企业异常生产告警分析、告警分级推送、现场核查、执法核查反馈、消除告警、规则优化"闭环管理，针对未执行标准企业分级分类管理，避免企业违规生产现象的频繁发生，辅助各级生态环境部门开展重污染企业错峰生产管控工作。

3. 主要做法

（1）体系构建，助力重污染企业监测分析

将重污染企业错峰生产执行情况与企业用电数据进行关联，围绕生态环境部门应用需求，构建重污染企业错峰生产用电监测分析体系，从地理区域和污染企业两个视角，按照历史分析、实时监控、违规生产线上告警、告警分级4个维度，对重污染企业在重污染天气预警下的错峰生产情况进行监测告警和灵活分析，提供线上数据报表，定期发布监测分析报告。

（2）模型建立，助力企业措施执行智能判定

通过大数据和人工智能算法，综合分析企业历史用电量信息、近三年重污染天气预告警信息、重污染天气企业执行标准等信息，构建重污染企

业错峰生产识别算法模型及执行评价模型，完成企业的停产电量和限产电量的阈值确定。通过实时监控企业用电量信息，判别企业是否按规定执行应急预案措施，发挥电力数据在重污染天气防治中的潜在价值。

（3）系统研发，助力重污染企业精准治理

围绕企业历史用电数据、重污染天气预警、企业停限产用电量等数据进行综合分析，研发重污染天气企业错峰生产电力大数据分析应用，建设实时监测、应急启动、告警处理、处置记录、企业台账、统计分析六大功能模块，用于全面掌握山东省各市县工业用电变化和错峰生产总体执行情况，对未执行应急响应标准的重污染企业进行告警并精准治理，减少环保部门的现场执法检查次数，提升工作效率。

（4）政企协同，助力执法监管精准高效

通过与执法平台互动互联，电力数据与环保数据共同助力污染攻坚防治，聚焦"重污染企业错峰生产用电监测数据分析"业务主题，形成"异常告警、告警推送、现场核查/视频核查、执法/核查反馈、消警销号、规则优化"的闭环监管，解决了传统方式不能及时"看到、管到、治到"的违规生产行为，实现违规生产由"被动发现"向"主动预警"转变，提高了执法监管的精准度、穿透力。

4. 实施成效

"重污染企业错峰生产用电监测"产品部署运行后，实现在线监测重污染企业的错峰生产执行情况，对未执行应急响应标准的重污染企业进行告警并精准治理。减少环保部门60%的现场执法检查次数，缩短执法时间200余小时，每年节约人工成本60余万元。

二、数据要素市场化改革中的难点与问题

（一）数据的价值难以量化，数据权属难以界定

首先是数据权属难以界定，由于数据具有价值难确定、强场景化等属性，传统的法律理论体系不完全适用于数据产权，数据权属体系构建尚未形成共识。而数据确权作为数据交易的基石，其权属不明将制约数据交易发展。与此同时，数据交易也存在披露困难的问题，在交易前被披露实际上就意味着数据价值的丧失。由此可见，数据权属及披露与交易的悖论关系等特征交织导致数据交易困境重重。其次是数据定价难的问题，数据定价并不存在公平、均衡的价格体系，往往由需求方的使用效用和数据供给方的数据集中权利共同决定，但这样的权利优势阻碍了数据的流通。目前全国已有广东、贵州、上海等省市开展了数据权属的相关试点工作，山东在这方面尚未有实质性突破。

（二）数据要素产业链和技术链发展的后备人才缺乏

人才代表一个地区的核心竞争力，已经成为影响区域发展的重要因素。以《山东秋季人才流动报告》对人才流向地区作出的数据分析来看，山东毕业生中选择留在山东的人数仅占17.7%，不足两成，江苏成为第一流入地区，占比19.1%，其次是浙江省，占比18.3%，北上广分别为10.8%、7.8%和8.7%，山东成为人才输出大省。而人才作为未来经济发展的重要助推力，人才的流失就表明经济发展的重要资本流失，这使得山东的科技成果难以转化，无法大力发展新兴产业进行产业结构转型，限制了区域经济的可持续发展。

（三）山东省数据要素环节和地理位置发展不均衡

从数据要素环节来看，山东省较为薄弱的环节是数据流通和生态保障

环节，较为强势的环节为数据分析和数据应用环节，该环节企业占全部数据要素企业的50%以上，山东省各数据要素环节企业分布不均匀，而数据要素的各个环节是相互衔接相辅相成的，薄弱环节会拖慢山东省整体的发展进程，不利于整个数据要素产业链和技术链的迭代进步。从地理位置来看，济南市是山东省数据要素企业的第一聚集地，紧随其后的是青岛市。从山东省数据要素上市公司数据统计来看，济南市和青岛市占山东省全部数据要素上市公司的64%，而潍坊市和威海市仅分别占2%。区域分布严重不均衡，不利于资源的有效利用，将拉大地方差距，拖慢整体的发展进度。

三、数据要素市场化改革的未来展望与发展思路

（一）全面推进数据要素运营体系建设

要使数据要素能够在市场上顺畅地交易、流通以及使用，首先要通过数据供给体系的建立，保证数据资源能够得到最大限度聚合，并将数据要素整合并标准化。当前，数据的采集、加工、存储和处理面临的主要问题是数据量增长的速度远远大于处理能力增长的速度，在此背景下，需要各个相关领域的科研技术人员集中攻关，解决这一问题。尽管数据来源多元，格式不统一，但可以在现有条件下尽量整合并且标准化，这个过程虽然渐进向前发展且不可能一蹴而就，但随着相关制度、技术和人们认识水平的发展，数据要素整合和标准化的难题会得到逐步解决，从而有利于数据要素在市场上顺畅流通。

（二）全面推进数据资源化

一是规范编目。规范的数据目录标准是推进数据资源利用最大化的前提。积极推进各级各部门将产生、采集和管理的公共数据全量编目，形成

数据资源"一本账"。建立完善公共数据资源分类分级管理制度，全面开展公共数据资源调查；摸清公共数据、国企数据资源底数，编制形成数据资源目录对应清单；全面摸清社会高频数据底数并按需编制目录。

二是全量汇数。数据汇聚的数量和质量是数据价值释放的重要基础。当前，数据治理面临的主要问题是数据量增长的速度远远大于治理能力增长的速度。要充分发挥山东数据汇聚工作起步早、经验足的优势，依托省一体化大数据平台和各部门业务系统，整合建立纵向贯通省市县各级、横向连通各部门单位的权威高效公共数据汇聚通道。引导各级各部门对照数据目录，按照"按需汇聚、应汇尽汇"的原则将相关数据汇聚至省一体化大数据平台，提升数据汇聚的全面性和完整性。加大对供水、供气、供热以及公共交通等高频使用的公共数据的统一汇聚，以国企数据为抓手，推动部分热点行业领域社会数据按需汇聚。围绕"十强产业"和重点行业，加快推动工业企业在更广范围、更深层级开展数据采集、传输、存算、管理及应用，破除企业数据孤岛，推动企业数字化转型，带动全省制造业数字化水平明显提升，进一步拓展企业数据的广度和深度。构建公共数据、个人数据、企业数据、社会数据等广泛汇聚体系，争取达到全国领先的数据资源富集程度。

三是协同治理。随着数字经济社会的快速发展，数据的高效治理是促进数字经济快速发展的重要因素。要强化公共数据源头治理，提升源头数据质量。持续推进各级各部门核心业务历史数据电子化。完善部门数据协同治理机制，建立统一的问题数据异议处理业务流程，实现异议数据全流程在线闭环反馈。持续完善人口、法人单位、地理空间等基础库，按需建设各领域主题库，促进数据资源按地域、按主题充分授权、自主管理。建立较为完备的数据质量反馈整改责任机制和激励机制，基本实现公共数据"一数一标准"，建成公共数据全生命周期质量管理体系。对于数据发展带来新的技术形式，要进一步加大基础科学研究，探索更为先进的数据治理技术，比如量子计算技术等，推动数据治理效能不断提升。

（三）有序推进数据资产化

一是推动数据产品化供给。数据只有围绕市场需求，形成相应的数据产品，才能转化为可计量的数据资产进行流通。要建立完善精准高效的数据需求对接机制，根据不同行业领域数据供给和业务应用场景需求，开发供需匹配的公共数据服务，提供具有公共服务性质的隐私计算、联合计算等数据开发服务能力，支持打造高质量的数据产品和应用解决方案。鼓励社会组织和机构建设行业性数据平台，推进公共服务机构、相关企业及第三方平台等社会数据开放应用。加强公共数据治理、脱敏等基础性处理，在保障数据安全的前提下，面向社会提供高质量、大规模、多样性公共数据训练集，支撑通用大模型、细分领域小模型应用。引导产业龙头企业、互联网平台企业发挥带动作用，合理扩大数据资源开放范围。探索开展数据知识产权登记，建立完善数据知识产权登记管理规则，加强对经过一定算法加工、具有实用价值以及智力成果属性的数据产品保护，切实保障数据处理者的合法权益。

二是推动数据资产化管理。要充分认识和把握数据资产的基本规律，探索与数字生产力相匹配的价值实现机制。制定出台全省统一的数据资产登记管理制度和标准，稳妥推动公共数据资产登记，鼓励社会主体推进社会数据资产登记，规范核发数据资产登记凭证。推动将数据登记凭证作为数据交易、融资抵押、会计核算、争议仲裁的重要依据。制定数据资产登记规范，逐步形成完善的数据资产登记工作体系。探索制定数据要素资源化成本核算制度，形成数据要素研发成本核算标准，按照"市场评价贡献，贡献决定报酬"原则进行评估定价。推动建立数据资产评估规范体系，完善数据资产价值评估模型，培育数据资产评估机构和人才，探索推进公共数据资产质量和价值评估，鼓励引导企业开展数据入表。组织开展数据资产评估试点，形成完备的数据资产评估和入表标准规范。

三是推动数据规范化交易。公共数据交易流通阻力相对较小，可积极探索先行先试。探索建立公共数据政府指导定价机制，推动用于产业发展、行业发展的公共数据有条件有偿使用。支持社会数据市场自主定价，鼓励依法依规开展数据有偿交易，逐步形成由市场评价贡献、按贡献决定报酬的收益分配机制。依法开展公共数据资源开发有偿使用监督检查和评估，推动有偿使用规范有序。研究制定公共数据产品进场交易清单和禁止交易清单，推动相关数据在场内进行交易。推动数据交易机构成立数据产品合规登记委员会，规范数据产品的合规性审查。围绕数据采集、存储、传输、加工等全链条，培育一批数据商，提供数据产品开发、发布、承销等业务。促进数据商和第三方专业服务机构发展，构建数商联盟，提升数据赋能供给能力。

（四）创新推进数据资本化

一是完善数据交易场所平台。规范的数据交易场所是推动数据要素高效流通的重要保障。要优化规划布局，建设一批区域综合性、行业性数据交易场所。规范交易场所管理，突出数据交易场所合规审查、风险管理、纠纷调解等公共服务功能。推动公共数据、国企数据全部入场交易，鼓励社会数据入场交易。构建形成涵盖区域性数据交易场所和健康医疗、卫星遥感、地理空间、海洋等行业性数据交易平台的多层次市场交易体系。构建形成较为完善的"所商分离"运营模式，形成"交易所＋数据商＋第三方服务机构"协同创新的数据交易流通和服务机制。

二是推动公共数据授权运营。当前，国内广东、上海、河南、贵州等多个省市分别探索成立了省级数据运营企业，统一开展公共数据授权运营相关工作。要结合山东实际，整合现有各类数据要素企业资源，推动组建统一的数据要素型大型国有企业，更好承担数字政府系统建设、公共数据授权运营、数据交易流通、数字生态打造等工作，强化对数字生态统筹能力，打通数据价值产业全链条。鼓励各设区市结合实际成立数据要素型服务机构，稳妥推进本地区信息化服务资源整合。探索建立公共数据授权运营管理机制，强化统筹授权使用和管理，推动数据要素型国有企业作为公共数据资源运营主体，开发数据产品和数据服务。建立个人信息数据授权使用机制，鼓励市场主体以技术、数据等方式参与授权运营，鼓励各地探索公共数据授权运营新模式。在部分成熟的领域探索开展授权运营试点，基本形成公共数据授权运营工作机制。形成完备的公共数据授权运营全程监督管理、评估和退出机制。

三是打造数据要素生态。要围绕数据产业发生交互的各类组织、企业和个人，共同支撑数据产业共同体，形成统一的数据要素生态。充分发挥数据交易机构、公共数据运营机构等平台作用，集聚数据资源提供商、数据需求商、第三方专业服务机构、高校、科研机构等全链条市场主体，支持数据服务企业做大做强，带动数据产业发展，培育壮大数据产业集群。鼓励有条件的市建立数据要素产业园，设立数据要素产业基金，围绕数据要素产业链内培外引，不断发展壮大数据要素型企业。探索建立数据资本化运营制度，逐步构建数据证券化、数据质押融资和数据信托等制度，探索以股权化、证券化、产权化等多种方式运营数据资本，支持有关企业试点开展数据租赁、质押、转让等业务，推动数据要素资产保值增值。

（五）全面构建数据技术支撑体系

一是完善一体化大数据平台。完善全省一体化大数据平台，打造全省公共数据管理总枢纽、流转总通道，形成数据共享、开放服务"总门户"，进一步提升数据要素的管理服务能力。深化与国家平台的级联对接，支撑国家、省级数据"直达基层"。持续提升平台多租户、协同治理、数据监测服务、数据精准授权等功能，形成供需对接、异议处理等数据管理应用全流程在线服务体系。形成社会数据与公共数据融合治理和创新应用一体化在线服务能力。

二是建设数据流通和运营平台。搭建数据流通交易平台，提供数据产品上架、数据产品交易、数据服务商准入、数据流通交易监管等功能，支持数据交易、结算、交付、安全保障等服务。依托数据流通交易平台，提供安全可信的交易环境，支持构建合规高效的数据要素流通体系和综合服务体系。建设公共数据授权运营平台，为数据加工使用主体提供数据服务的特定安全域，支持开展安全脱敏、访问控制、算法建模、监管溯源、接口生成、封存销毁、全程审计等服务，推动形成有价值、可推广的数据产品和服务，促进数据要素市场化流通。

三是提升基础设施和技术服务能力。强化算力供给，合理布局全省大数据中心建设，提高大数据中心存储能力和数据服务能力，稳妥推动可信网络应用，构建超算、智算、边缘计算多元协同的先进算力基础设施集群。加快构建国家级、省级及边缘工业互联网大数据中心体系，深化省级区域中心建设，扩大一批省级行业中心应用、培育一批边缘级中心。强化算法供给，鼓励相关企业和研究院所建设算法开发和应用平台，沉淀一批行业知识库和算法模型库。支持建设算法训练平台，打造训练数据资源池，安全有序引入公共数据集，支持算法训练和测评。围绕数据交易流通过程中的难点堵点和共性关键技术，开展攻关突破，依托数据交易场所和平台对数据交易流通的关键技术研究成果进行转化，畅通数据价值链，盘活数据要素价值。

四是强化安全技术防护能力。目前已有的数据安全和隐私保护技术尚不能很好地解决数据安全和隐私保护问题，无论在安全性上还是在效率上仍然有很大的提升空间。因此，需要加大力度对现有算法进行优化和升级，提高其效率，使得在保证数据安全的情况下带来的效率损失在可接受的范围内。运用可信身份认证、数字签名、接口鉴权、数据溯源等保护措施和区块链等新技术，提高数据安全保障能力。强化安全可靠技术和产品应用，大力发展区块链技术和数据保密传输技术相结合的数据交易技术，加强密码服务能力建设，推动密码技术落地应用。推动个人信息匿名化处理，避免过度采集生物识别等敏感个人信息。

（六）健全完善数据基础制度

一是推进数据立法。完善数据立法，探索建立数据资源持有权、数据加工使用权、数据产品经营权"三权分置"的数据产权制度框架，明确公共数据、企业数据、个人信息数据流通、使用过程中各参与方享有的合法权利。根据国家要求及山东省实际，及时对现行法规规章进行修订完善，推动出台《山东省公共数据条例》等法规。

二是健全规范技术体系。进一步完善数据汇聚治理、创新应用、安全管理等工作规范。探索建立公共数据、企业数据、个人数据的分类分级确权授权制度。研究制定数据资产登记、数据授权运营、数据产品开发利用、数据流通交易等一系列规范。引导各市结合实际制定完善本地区数据管理制度规范。围绕数据全生命周期各环节完善技术标准，建立标准实施评价机制，提升标准应用水平。围绕公共数据运营、数据交易、数据资产评价等方面，研究制定一批技术标准。充分发挥各行业的企业、科研机构、行业协会作用，开展本行业数据相关标准的研制，推进行业数据采集、存储、流通、使用全流程规范化。围绕数据分类分级、授权运营、质量评估等发布一系列标准。发布数据资产登记、数据知识产权登记等地方标准。制定并适时修订数据技术、数据资产安全、数据资产管理和运营等相关标准。

三是强化数据要素市场监管机制。研究建立数据要素市场联合监管机制，明确数据交易监管主体和监管对象，建立健全数据供给、流通、使用全流程合规与监管规则体系。建立多层级数据流通投诉举报、争议仲裁、纠纷解决机制，充分发挥政府部门、行业协会、流通交易平台作用，保障各方数据权益。探索制定监管制度和违规惩罚措施，打击数据垄断行为和数据不正当竞争行为，实现对场内场外数据流通交易全面有效监管。按照"谁管理、谁负责，谁使用、谁负责"的原则，全面落实各级各部门数据安全主体责任，落实网络安全等级保护、关键信息基础设施安全保护、数据分类分级保护、密码应用管理等制度，健全数据安全风险评估、报告、信息共享、监测预警和应急处置机制。推进重要数据和个人信息出境安全评估，确保个人信息跨境流动效率，推动数据安全、有序跨境流通。鼓励网络运营者积极申报数据安全管理认证和个人信息保护认证。

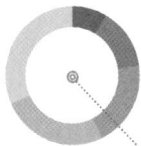

贵州省数据要素市场化配置改革探索与实践

潘伟杰 *　吴明娅 **　陈玉梅 ***

摘要： 贵州省作为数据要素市场化改革的先行者，通过一系列创新举措取得显著成效。2023年，贵州省发布《贵州省数据要素市场化配置改革实施方案》，旨在构建完善的数据要素市场体系，促进数据高效流通，赋能实体经济。贵州省率先开展数据流通交易立法，构建"1+N"法规体系，保障数据要素市场化有序进行；制定首套数据流通交易规则，确保交易安全合规。同时，建立数据要素登记制度，颁发各类登记凭证，保障市场主体权益，并通过OID节点提供全国登记服务。

关键词： 数据化改革；"所商分离"；流通交易

　　数字经济时代来临，数据的价值和地位不断提升，成为推动经济社会高质量发展的新型关键生产要素，并快速融入生产、分配、流通、消费和社会服务管理等各环节，深刻改变着生产方式、生活方式和社会治理方式。培育数据要素市场成为推动数据资源有序流通、数据价值释放的平台和有效路径，数据要素市场化配置改革亦成为面向数字智能时代加快培育和发展新质生产力的关键任务。贵州是全国比较早开展数据要素市场化探索的

---

* 潘伟杰，贵州省数据流通交易服务中心副主任。

** 吴明娅，贵州省数据流通交易服务中心工程师。

*** 陈玉梅，贵州省数据流通交易服务中心专业技术十二级人员。

地区，在数据要素市场化方面创造和保持了许多第一，在数据要素战略布局、体制机制创新、数据产业培育等方面抢得先机，数据要素已成为贵州一张耀眼的名片。近年来，贵州深入贯彻落实"数据二十条"的战略部署，研究制定改革顶层设计，统筹优化数据流通交易，探索数据资源化、资产化、资本化路径，加快数据要素市场化配置改革步伐，成为数据要素市场化配置改革的先行者，为构建全国统一的数据要素市场提供贵州样板。

贵州省推进数据要素市场化配置改革，2023年7月27日印发了《贵州省数据要素市场化配置改革实施方案》。该方案的目的是充分发挥数据作为基础性资源和战略性资源的作用，服务构建数据基础制度，推进数据确权，建立数据要素市场化配置和收益分配机制。目标是形成产权制度完善、流通交易规范、数据供给有序、市场主体活跃、激励政策有效、安全治理有力的数据要素市场体系，促进数据高效流通使用，更好赋能实体经济，有力支撑数字经济发展创新区建设。

一、数据要素市场化配置改革中的特色与经验

（一）发展现状与特色

在数据要素市场改革的潮流下，贵州以贵阳大数据交易所为载体，加快数据要素市场化配置改革，正在逐步形成日益活跃的市场交易生态。2023年，贵阳大数据交易所成为全国首个数据要素登记OID行业节点，上线全国首个"数据产品交易价格计算器"；截至2024年底，贵阳大数据交易所累计集聚数据商、数据中介等市场主体1212家，上架交易产品达2575个，完成交易4043笔，其中数据产品和服务交易额占比76.2%。目前，贵阳大数据交易所数据产品和服务、算力资源的交易较为活跃，从使用场景来看，工业农业、教育文化、气象服务、交通运输、财税金融等领域交易额较高。

1. 推动宏观顶层设计，发挥规划引领作用

为逐步形成跨部门、跨领域协同合作的数据要素市场化配置进程，贵州高度重视数据要素市场建设，围绕推动数据交易规范化发展和培育数据要素市场两大主线，不断强化顶层规划，为全省数据要素市场化全面铺开和向纵深推进提供了有力支撑。在顶层设计规划阶段，为解决在哪里交易、交易什么、市场主体如何参与等问题，2022年底，经省政府同意，省大数据局印发《贵州省数据流通交易管理办法（试行）》，明确交易场所、交易标的、交易流程、各参与方权利义务，以及贵阳大数据交易所的功能定位、业务范围等，构建"所商分离"的生态体系，为全面统筹建设省内数据要素市场整体布局奠定了重要基础。

随着"数据二十条"等一系列政策措施相继出台，数据要素市场加快发展，畅通数据资源大循环的方向愈加明确。以推动数字经济和实体经济的协同发展为目标，推动数据要素的有效配置和优化利用，破解产权界定难、收益分配难、数据供给难、可信流通难、数据定价难、进场交易难、有效监管难等难题，2023年7月，《贵州省数据要素市场化配置改革实施方案》提出要构建产权制度完善、流通交易规范、数据供给有序、市场主体活跃、激励政策有效、安全治理有力的"六位一体"数据要素市场体系，促进数据高效流通使用，更好赋能实体经济，为全省数据要素市场的健康发展提供有力保障。贵州省立足省情，随即印发《贵阳贵安推进数据要素市场化配置改革支持贵阳大数据交易所优化提升实施方案》，明确将围绕支持贵阳大数据交易所优化提升，全力推进贵阳贵安数据要素市场化配置改革，培育数据要素产业生态，壮大数据要素市场，为建设数字经济发展创新区核心区提供有力支撑。

2. 构建法律法规体系，完善数据交易制度框架

除了顶层制度规划，构建完善的法律和交易体系也是数据要素市场化改革成功运行的保障之一。推进矩阵式立法，构建"1+N"数据基础制度法规体系。为形成制度框架下的数据行为范式，贵州坚持体系化立法先行，从大数据发展、数据共享开放、数据安全等不同角度，因地制宜探索数据基础制度，推动和促进数据要素化发展的法律，为全省数据要素化探索实践提供法律保障。

在全国率先开展数据流通交易立法，积极推动出台《贵州省数据流通交易促进条例》，契合历年来为将政务数据管理纳入法制轨道出台的《贵州省大数据发展应用促进条例》《贵州省大数据安全保障条例》《贵州省政府数据共享开放条例》等一系列地方性法规，以法治方式护航和助推大数据发展，逐步形成以数据基础制度为核心，以信息基础设施、数据共享开放、数据安全保障为支撑，以促进数据流通为目标的"1+N"大数据地方性法规体系，充分激活数据要素潜能，深化对大数据领域立法的系统化布局，抢抓机遇打造国家数据生产要素流通核心枢纽，加快建设数字经济发展创新区。并将数字政府建设、公共数据、算力设施等纳入后续政府立法规划，推动形成相互呼应、相辅相成的大数据制度体系，为国家数据立法探索贵州经验。

3. 优化流通交易模式，激发数据交易创新活力

交易基础设施是贵州市场深化改革的基石，为优化提升交易所，建立流通交易全流程监管体系，贵州分别在创建权责组织架构、规范交易体系、保证安全监管三方面作出了规划与实践。

一是创建权责分明、定位清晰的组织架构。全面优化创新贵州省数据要素市场化配置组织体系，印发《贵阳大数据交易所优化提升工作方案》，改变贵阳大数据交易所原本单一的民营企业主导模式，由贵州省数据流通交易服务中心作为贵州省大数据发展管理局下属一类事业单位，开展数据商准入审核、数据要素确权登记等服务，贵阳大数据交易所有限责任公司作为国有全资企业负责交易平台日常运营，市场推广和业务拓展等工作，进一步明确交易所功能定位和任务分工。省大数据局作为行业管理部门、省金融监管局作为行业监管部门分工合作，共同探索数据流通交易安全、合规发展路径和监督管理机制，构建政府、企业、社会多方协同治理模式。

二是制定合规交易、规范管理的规则体系。全面统筹布局数据要素流

通交易制度体系，以数据确权难、定价难、市场主体互信难、入场难、监管难等痛点难点为切入点，进一步规范交易所运行机制。2022年5月，贵阳大数据交易所在全国率先发布首套数据流通交易规则体系，包括《数据要素流通交易规则（试行）》《数据交易合规性审查指南》《数据交易安全评估指南》等八项规则，从交易主体登记、交易标的上架、交易场所运营、交易流程实施、监督管理保障等方面，突出"数据供给有序、产业生态丰富、交易场所规范、安全保障有力"的特征，引导数据安全流通、合规交易，推进数据流通交易规则体系建立和发展，探索区域数据流通交易的制度规范，为实施依规交易、依规监管、依规治理提供制度保障。

三是夯实安全可信、监管有效的保障体系。全面构筑牢固有序的数据流通交易安全屏障，初步形成政府引导、企业和行业自律等多种方式共存的监管实践。组织上，行业管理部门和监管部门分离、贵阳大数据交易所运营主体和监督主体分离、数据商角色和贵阳大数据交易所分离，保证数据流通交易规划主体、监管主体、监督主体、推广主体相互分离，各司其职，避免同一主体既是裁判员又是运动员，出现监管缺位现象；制度上，制定数据交易安全评估、合规审查等规范，初步建立数据流通交易评估、审查工作机制，开展安全评估和合规审查，提出"不安全不上架""不安全不流通"的安全评估原则，实行"一主体一审查""一产品一审查""一交易一审查"的审查要求；技术上，构建安全技术保障平台，实现数据来源可溯、去向可查、行为留痕、责任可纠，确保流通的数据安全合规使用；行业自律上，探索数据交易负面清单，提高市场主体安全意识，凝聚合力，压紧压实各主体安全责任，坚守数据流通交易安全底线。

4.公共数据授权运营，促进公共数据价值释放

在强化制度创新方面，贵州努力形成富有贵州特色的数据要素资源化新体系，在保证公共数据安全、运营在合理监管之下的情况下，尽力做好公共数据授权运营，促进数据价值释放，贵州实行了以下措施。

一是建立公共数据资源体系，推动公共数据汇聚。为打破数据孤岛，贵州在政府数据资源"聚通用"上下足功夫，深入推进协同、治理、服务

一体化的数字政府建设，强化政务数据资源管理，将政务数据资源管理领域有关做法进一步拓展至公共数据全链条管理。

从政务数据出发，陆续搭建政务云平台、数据共享交换平台、数据开放平台等省级层面大平台，不断完善政务数据共享开放机制，落实省政务数据"聚、通、用"战略，实现跨地区、跨部门、跨层级的数据共享和业务协同，迄今省市两级政府部门已有上万个业务系统迁入"云上贵州"系统平台，贵州政务云数据存储总量超过53PB。2021年，贵州从省级层面系统谋划、高位推进政务服务数据融通攻坚工程，行业逐个制定政务服务数据融通攻坚方案，全力打通信息壁垒，有效推动数据资源汇聚共享，有力支撑全省数据从"云端"向政用、民用、商用落地。2023年12月，经省人民政府同意，印发《关于建设贵州省一体化公共数据资源体系的工作方案》，旗帜鲜明提出分级分类全量归集公共数据，对加快构建全省一体化的公共数据资源体系，进一步加强全省公共数据资源归集治理、共享应用和开发具有重要意义。

二是建立授权运营制度，释放公共数据价值发展成效。为挖掘和释放数据要素的价值，贵州通过落地一套符合省内实际、有效运行的政务数据开发利用机制，加强公共数据开发利用实践探索力度，数据利用成效初步显现。

依托《贵州省政务数据授权使用服务指南》《贵州省公共数据资源开发利用成效评估指标体系（修订版）》《贵州省政务数据资源管理办法》等一系列制度规范，各地各部门按要求设置"数据专员"，形成"数据使用部门提需求、数据提供部门做响应、大数据管理部门保流转"的常态化调度机制。在安全可控的前提下，省大数据局授权云上贵州公司作为省级政务数据运营商，云上贵州公司按照"一场景一申请""一需求一审核""一场景一授权""一模型一审定"的原则申请政务数据，累计开发形成包含云上社保信用、云上公积信用、云上企信、助银发等92个标准数据产品，面向银行、保险公司、消金公司、互联网金融公司、信用评级公司等30余个市场主体提供数据服务850万次，产生交易额约4600万元。2023年，在交通领域推动应用场景创新，落地"贵阳贵安网络货运监管平台"，开发"全链条税务合规性监测模型"，截至2024年底，帮助税务部门对网货平台380余万张运单进行验真，拉动11.4亿元开票规模，有效释放政务数据的数据价值。

为进一步有效规范公共数据的开发利用，结合前期发展实际，积极推动出台《贵州省公共数据授权运营管理办法（试行）》，鼓励更多社会力量对公共数据进行增值开发利用，发挥公共数据在推动数据要素流通中的引领作用，带动更多商业数据参与流通，赋能省内数字经济健康发展。

三是建立数据要素登记制度，保障市场主体权益。为保护数据要素市场参与主体合法权益，促进数据有序流动和开发利用，释放数据价值，贵州深入研究数据要素特性，综合考虑数据权属的确立和保障，构建确权标识体系，探索数据产权登记新模式。

借鉴其他生产要素登记体系的建设模式和经验，贵阳大数据交易所深入探索数据要素登记体系建设新模式，通过权属分置，分权流通交易和运营，开展市场主体和数据要素登记服务，颁发凭证承认和保护数据要素各参与方的合法权益，界定数据要素市场各参与方的权利和义务。颁发数据商登记凭证和数据中介登记凭证，明确市场主体服务范围和权责；颁发数据要素登记凭证，进行数据要素或数据产品登记，明确数据产品经营权，涉及电力、通信、医疗、交通等重点领域；颁发数据信托凭证，实现数据加工使用权流转，探索数据提供方和数据加工方不一致时数据合规转移的路径；颁发数据用益凭证，探索数据资源所有权、数据加工使用权、数据产品经营权分置制度下，数据要素的分配、抵押、使用、收益、监管等各种权限的运用方法及路径。

2022年12月，贵阳大数据交易所获得国家OID注册中心正式授权，成为全国首个数据要素登记OID行业节点，开展数据要素登记OID节点和数据要素确权登记平台建设，探索OID标识与数据要素登记凭证等贵州模式和做法的联合运用，通过颁发数据商、数据中介、数据要素等登记凭证并赋OID码，形成对市场主体或产品的唯一标识。从制度、机构和服务等方面协同发力，探索构建契合数据要素登记核心业务流程需要的技术标准体系，逐步攻克数据要素确权的规范缺失、标准不一、技术支撑不完善等核心难点，充分保护数据生产、流通、使用过程中各个参与方享有的合法权利，更好地服务于国家数据要素流通交易体系。

2023年11月，省大数据局印发《贵州省数据要素登记服务管理办法（试行）》，明确登记机构的职责、登记主体的范围和义务，通过颁发登记凭证，保护登记主体依法依规部分或全部享有数据资源持有权益、数据加工使用权益、数据产品经营权益以及基于法律规定或合同约定取得的合法财产性权益，助力数据要素市场秩序的维护。截至2024年底，已累计颁发数据商、数据中介、数据要素登记等凭证3682个。以数据要素登记支撑数据要素确权、流通、分配各环节的有序开展，正逐步成为全国数据要素确权登记探索的重要范式。

5. 结合当地经验特色，形成多元发展格局

在市场化改革中，聚力数字驱动赋能，打造安全可控的数据要素流通核心枢纽是贵州市场改革的特色和主要发展目标，在平台搭建、创新安全屏障方面总结了以下特色宝贵经验和做法。

一是强化基础支撑能力，搭建安全可信数据流通交易平台体系。为提供高效、便捷的数据交易服务，贵州立足于构建支撑数据跨行业、跨区域、跨领域流通的新型信息基础设施，夯实信息基础设施，在助力数据要素流通发展方面提供贵州"智慧"。

以安全可信的开发利用环境为底座，搭建省数据流通交易平台，包含数据产品上架、数据产品交易、数据商准入、交易监管等子系统，实现数据"可用不可见""可控可计量""可信可追溯"。目前，平台主体认证、确权登记、凭证管理、智能撮合、产品交易和资金结算等核心功能已经全部上线运行，包含100多项业务主流程，300多项细分流程。

基于全国首个数据要素登记OID行业节点，运用区块链、标识解析等关键技术，建设数据要素登记OID服务平台，面向全国提供数据要素登记服务。

建设数据交易智能撮合平台，构建涵盖4大主体、3大交易标的，包含6大分类、117项指标系数的数据交易评级模型，从企业实力、可信指数、专业服务质量、交易活跃指数等方面综合描绘数据交易主体画像，从内容质量、合规程度、安全系数、可信指数等方面对数据交易标的进行评级评分，通过画像与评级评分进行智能撮合，正在开启"不见面撮合"新模式。

二是创新数字技术应用，筑牢数据交易流通安全屏障。为优化数据流通环境，贵州瞄定数据基础设施的可信可靠，深化数据空间、隐私计算、联邦机器学习、区块链、数据沙箱等技术应用，为保障数据使用和流通的可信安全贡献贵州"力量"。

安全可信流通技术方面，省数据流通交易平台以流通链业务系统为核心，已实现数据产品的开发交付和全生命周期的管理，包括数据资源目录的配置、数据交换模型的配置、加密算法的配置等，支持"可信交换""加密传输""隐私计算"三条数据流通通道，用户可以根据对数据的安全需求自由选择，产品创建完成后以统一服务网关（API）的方式对外提供服务，做到了对API的计量计费和限流的管理。

区块链技术方面，依托贵州区块链中台，通过多个参与计算的节点共同参与数据计算和记录，并且互相验证其信息有效性，既可进行数据信息防伪，又提供了数据可追溯路径，在省数据流通交易平台中将涉及数据交易、数据流通等重要环节数据进行上链存证，当前已完成交易信息、用户信息、产品信息、算法信息等近30类信息的上链。

隐私计算技术方面，省数据流通交易平台完成多方安全计算、联邦机器学习的隐私计算能力接入，在充分保护数据本身不对外泄露的前提下完成数据分析计算的技术集合，实现数据"可用不可见"，在充分保护数据和隐私安全的前提下，实现数据价值的转化和释放，当前已内置了200多种算法，基本支撑多数场景下的数据开发和模型训练。

（二）经验总结

在搭建基础平台和规范数据应用之后，贵州还在创新运营管理模式，激活数据要素资产化新契机方面总结出了以下经验和做法。

1. 探索交易价格形成机制，助力数据要素公平交易

为建立公平竞争的市场环境，防止数据垄断和价格操纵等行为，贵州立足省情，积极探索数据交易价格形成机制，护航数字经济发展，为构建全国数据价格形成机制提供贵州思路。

贵阳大数据交易所以数据价值为导向，推进开展数据价格形成、产品定价、价值评估探索，研究发布《数据产品成本评估指引1.0》《数据产品价格评估指引1.0》《数据资产价值评估指引1.0》，基于研究成果在国家发展改革委价格监测中心指导下，参考成熟要素市场价格机制，2023年2月贵州自主研发并上线使用了全国首个数据产品交易价格计算器，从价格形成原理出发，以数据产品开发成本为基础，综合考量数据成本、数据质量、隐私含量等多重价值修正因子对产品价格的影响，评估计算数据产品参考价格，为数据交易双方提供议价参考基础，补全了"报价—估价—议价"价格形成路径的关键环节，对全国数据资产交易具有引领作用和示范意义。

2023年8月，贵阳大数据交易所获得国家发展改革委价格监测中心授牌成为全国首个数据要素行业价格监测定点单位，并与中国信通院共同研究编制发布数据要素交易指数，为数据交易有序发展提供最新指引，为行业数据产品交易提供价值评估和价格参考，为数据资产评估和入表提供定量化支撑。

2. 构建数据要素资产化贵州路径，激发市场主体创新动力

为提升数据可用性、增强其商业价值，贵州聚焦数据要素型企业认定和数据要素价值评估，推动数据资产抵押融资，积极探索数据资产入表，为数据资产化路径提供贵州方案。

早在2016年，贵阳银行就为贵州东方世纪科技股份有限公司发放了金额100万元的首笔数据贷。2023年5月，以贵阳大数据交易所"数据产品交易价格计算器"为数据价格评估工具，联合律师事务所等第三方机构对相关数据产品开展数据产权登记、合规评估、价值评估等各项工作，成功帮助贵州东方世纪科技股份有限公司、贵阳移动金融发展有限公司、贵州北斗空间信息技术有限公司三家企业分别获得贵阳农商行 1000 万元、光大银行 1000 万元、交通银行 200 万元的融资授信，为全省大数据、软件等轻资产企业融资难题提供了新的解决方案。

2023 年 11 月，《省大数据发展领导小组办公室关于开展数据要素型企业认定试点工作的通知》印发，选定贵阳贵安、铜仁、黔南为贵州首批数据要素型企业的试点地区，开展数据要素型企业认定工作，支持金融机构在金融资源分配等方面对数据流通交易产业给予倾斜，支持数据要素型企业通过数据资产质押等方式进行融资，加速经济社会的数字化转型进程。

2024 年 1 月，在贵阳大数据交易所助力下，贵州勘设生态环境科技有限公司实现"污水厂仿真 AI 模型运行数据集 / 供水厂仿真 AI 模型运行数据集"作为数据资产入表，成为贵州首单实现企业数据资产入表的实践案例，验证了数据资产化路径的可行性以及数据要素市场带来的广阔前景，为贵州乃至全国同质企业探索挖掘数据要素价值提供了范本。

3. 创新数据专区建设，积极探索多元化交易模式

为实现数据资源的优化配置，贵州坚持以开放之姿，扩大有效供给和需求，丰富数据专区类型，探索多层级数据要素市场的形成，激发企业的创新活力。

2023 年 4 月，贵阳大数据交易所发布以"百万激励星星之火，数据交易可以燎原"为主题的"交易激励计划"，合法合规对符合条件的数据流通交易市场主体发放激励资金，结合"数据经纪培育计划"，发挥数据经纪在数据中介服务、数据流通交易等方面的专业优势，带动更多数商入场交易，为参与数据交易的各方提供专业、高效、规范、公正的服务，实现数据要素活起来、动起来、用起来，推动数据要素行业高质量发展，助力数字经济和实体经济的深度融合。

通过吸引行业龙头企业入驻贵阳大数据交易所，加速培育数据要素市场，以行业为划分，打造"数据专区"面向全国提供服务，解决有效供给不足难题。目前围绕气象、电力、算力资源、时空、电信、交通、地理信息、乡村振兴等 11 个行业专区，高效利用数据经纪、安全审查等中介服务

体系，快速匹配不同主体个性化需求，推进行业领域供需对接和生态聚集。以电信专区为例，2023年11月该专区正式上线测试，12月就引入中国电信全国数据交易近1.5亿元，首批上架的13个电信产品数据，涵盖数据能力、AI能力、平台能力、高性能算力等类型，推动企业"上云用数赋智"。

二、数据要素市场化配置改革中的难点与问题

数据要素市场化配置改革是一项复杂的系统工程，不能一蹴而就，需根植于经济社会发展现状，因地制宜下好数据要素"改革棋"，找到并加快破解阻碍数据要素释放活力的各种"疑难杂症"，找到数据要素推动高质量发展的"金钥匙"，让数据破圈，让业务跨界，持续为发展数字经济提供新动能。目前，贵州在深入推进数据要素市场化配置改革实践中仍然面临一些难点与痛点，一定程度上限制了数据要素赋能作用的发挥。贵州深入推进数据要素市场化配置还面临一些桎梏。

（一）亟待破解公共数据高质量汇聚难题

一方面，由于公共数据顶层统筹管理力度不足，政务数据虽通过授权运营的方式，在安全可控的前提下释放数据价值，但在实际推进中，政府部门数据出现"多头管理、各自授权"的问题，制约着数据要素市场规模的扩大，不足以有力支撑经济高质量发展和数字化转型升级的需求；另一方面，公共数据资源池尚未建成，部分数据共享开放依靠行政约束仍难以推进，相关主体数据供给质量和运作效率不高，数据资源目录标准尚未统一，导致数据有效供给规模不足，有的部门不愿意拿出来，有的部门出于利益关系、怕出风险等原因，拒绝授权运营或形成"数据垄断"。例如，医院、交通、供水、供电、燃气等企事业单位的数据，由于缺乏国家层面的明文规定，数据汇集难、共享开放难、交易流通难等问题依然存在。

（二）尚未形成数据流通交易基础制度共识

统一、合规、高效的数据要素流通规则和交易制度是促进数据高效流通使用不可或缺的"密钥"。目前，国家层面的数据流通交易规则、可信流通、定价机制、资产评估、技术体系、授权运营等尚未建立，各地在数据流通交易基础制度上并未达成共识，阻碍了数据要素市场的进一步发展。以数据要素登记为例，贵州开展了数据要素登记制度的探索，深圳开展了数据产权登记制度的探索，但相互之间规范标准不统一；北京、上海、浙江、江苏、山东、福建等地开展了数据知识产权登记探索，虽然从法理上简单化，但只关注到数据要素的某一特定属性，登记的功能定位、登记内容、适用范围等规则实际各不相同，没有兼顾数据要素权益属性、资产属性、流通属性等，完全照搬著作权、知识产权、不动产等传统要素登记体系模式。

（三）缺乏有效的数据要素市场培育政策

现有数据要素市场培育的配套政策大多围绕科技创新、人才引进、招商引资等传统政策，而真正对培育数据要素市场行之有效的激励和监管政策还很少，难以调动数据企业参与数据要素市场的积极性。例如，政府如何指导公共数据作为公共资源进行进场交易定价等问题仍为探索盲区，难以从制度层面加固数据流通交易市场行为的保护屏障，导致场内数据交易发育不充分。"数据二十条"提出"探索用于产业发展、行业发展的公共数据有条件有偿使用"，实践中虽在初次分配阶段，可按贡献参与分配，但在二次分配、三次分配阶段，地方部门难以突破现行财税制度，尚未形成符合市场规律的收益分配机制。此外，数据要素相关政策宣贯力度不足，致使市场主体在数据要素意识的树立上有所欠缺，导致市场主体入场交易意愿不高，数据交易生态发育受限。

三、数据要素市场化配置改革的未来展望与发展思路

为持续深化贵州数据要素市场化配置改革探索并解决目前存在的难点，下一步，贵州将深入贯彻落实党的二十大精神，落实习近平总书记"在实施数字经济战略上抢新机"重要指示，抢抓《国务院关于支持贵州在新时代西部大开发上闯新路的意见》政策机遇，全面落实"数据二十条"的部署，在国家数据局的指导下，围绕数字经济发展创新区建设，锚定建设国家级数据交易场所目标，聚焦算力、赋能、产业"三个关键"，大力推进数据资源汇聚融通、流通交易和融合应用，充分激活数据要素价值，加快培育发展数字经济新质生产力。

（一）强化数据要素优质供给，丰富市场数据产品

一是建设公共数据平台，推行"数据专员"制度，推动公共数据物理归集，加强行业数据进一步汇聚，打造高质量数据集，抢抓人工智能"风口"机遇，为行业大模型培育、数据训练提供支撑。二是加大公共数据授权运营开发利用力度，出台省级层面公共数据授权运营政策文件，通过公共数据供给为牵引，激发企业数据、个人数据供给活力。三是积极争取国家相关部委、央企等数据开展本地化授权运营，不断丰富可流通交易的数据产品和服务。

（二）规范数据流通交易，培育数据要素产业生态

一是不断完善流通交易制度规则体系，研制数据要素登记、数据要素评估等系列标准规范。二是打造国家数据生产要素流通核心枢纽，优化省数据流通交易平台的数据交易全生命周期管理流程，构建数据流通交易生态闭环。三是积极探索公共数据授权运营长效评估机制、适配数字经济规律的估值和定价模式等，解决数据权属、安全责任、估价定价、收益分配

等重点难点，同步加强数据要素宣贯工作，激发企业参与数据要素市场化配置改革的积极性。四是围绕数据流通交易上下游产业链，以场景应用为牵引，着力培育引进一批数据商、数据中介，提升数据流通和交易全流程服务能力，进一步构建协同创新、错位互补、供需联动的数据流通交易多元生态体系。

（三）创新数据要素政策，深度挖掘数据资产价值

一是加快推进地方立法探索，推动颁布《贵州省数据流通交易促进条例》，规范数据流通交易行为。二是持续开展数据要素登记服务，保障市场主体通过使用数据和经营数据获得收益的权利，按照"谁贡献，谁受益"的原则，探索形成数据要素由市场评价贡献、按贡献决定报酬的机制。三是持续数据资源化、资产化改革探索，开展数据资产入表、数据要素型企业认定等创新工作。四是加快建设公共资源（数据要素）交易中心，推动全省各级政府部门、公共企事业单位的数据交易全部进入贵阳大数据交易所进行交易，做大场内交易量。

（四）完善数据安全及流通技术标准体系，强化数据要素市场安全治理

以安全交易标准化建设为工作中心，充分发挥省部共建公共大数据国家重点实验室等科研院所、大型企业技术创新优势，完善数据安全及流通技术标准体系。制度上，完善数据交易安全评估、合规性审查等规范，开展安全评估和合规性审查，打造数据流通使用全过程监测跟踪、警示预警、应急处理、安全可控的安全底座，促进数据流通交易安全技术标准体系建设和技术研发转化及应用。技术上，构建安全技术保障平台，夯实和完善数据流通交易平台安全防护能力实现交易数据来源可溯、去向可查、行为留痕、风险责任可究，确保流通的数据安全合规使用。行业自律上，制定数据交易负面清单，压实企业主体责任。

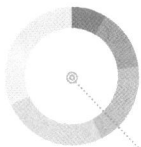

杭州市数据要素市场化改革的经验与思考

方建军[*]　何丹^{**}　沈春悦^{***}

摘要： 杭州市积极响应国家数据要素市场化改革号召，以"中国数谷"为核心品牌，推进数据要素潜能激活。杭州市通过加强顶层设计，编制实施意见，明确数据产权、流通交易等基础制度，并出台相关条例和扶持政策，为数据要素市场化提供法规保障；同时，夯实公共数据底座，实施数据"全量全要素"归集和治理，提升数据质量；此外，深化公共数据开放利用，并探索公共数据授权运营模式，打造高能级数据交易场所，提供数据登记、交易撮合等服务，并探索特色专区建设。

关键词： 数据化改革；"中国数谷"；"三数一链"

数字化发展是近年来席卷全球的浪潮，而数据作为其中最为基础且关键的资源，正深刻影响并逐渐融入经济与社会发展的各个方面。以习近平同志为核心的党中央高度重视数据的潜力，实施重要战略着力激活数据价值。2019年10月，党的十九届四中全会首次将数据确立为新型生产要素。2022年12月，中共中央、国务院印发《关于构建数据基础制度更好发挥数据要素作用的意见》，进一步明确数据治理和发展的顶层设计，搭建数据产

---

* 方建军，杭州市大数据管理服务中心副主任。

** 何丹，杭州市大数据管理服务中心数据管理科工作人员。

*** 沈春悦，杭州市大数据管理服务中心数据管理科工作人员。

权、流通交易、收益分配、要素治理四项基础制度，明确提出数据资源持有权、数据加工使用权、数据产品经营权"三权分置"的产权运行机制。

杭州市是数据要素市场化改革的积极响应者。为积极贯彻落实发掘数据要素价值的指示，杭州市立足产业优势，立志打造以"中国数谷"为代表的数字要素领域的标志性品牌，推进以制度设施为基础，以资源、市场、生态为路径，以多个行业领域为主攻方向的数据要素潜能激活场景。争取把杭州市在2026年前打造为数据全产业链聚集地和数据创新应用策源地。这些数据要素市场化改革的实践将以服务中国、放眼世界的战略高度，为全力助推数字经济的高质量发展贡献杭州经验。

一、数据要素市场化改革中的特色与经验

（一）发展现状与特点特色

1.探索数据基础制度建设，数据发展进入法规保障时代

加强顶层设计，编制《杭州市关于高标准建设"中国数谷"促进数据要素流通的实施意见》。聚焦探索数据制度体系构建（新制度）、推进数据基础设施布局（新设施）、推动数据资源高效供给（新供给）、加快数据市场产业集聚（新市场）、探索数据跨域合作协同（新生态）、强化数据应用场景引领（新应用）6方面加快探索数据要素市场化配置改革。加强法规保障探索，2020年杭州市出台《杭州城市大脑赋能城市治理促进条例》，促进数据产业全业态协调发展；《杭州市数据流通交易促进条例》也已经颁布，明确构建数据交易市场，支持引育数据服务商。在数据立法层面，杭州边探索边实践边谋划立法，推进杭州市数据交易促进条例制定工作。制定数据要素产业高质量发展政策，在加快培育数据要素市场主体、鼓励企业通过"三数一链"体系参与数据要素市场化改革等五方面提供政策扶持，如支持中央企业、省市属国有企业、互联网平台企业以及其他有条件的单位，

设立或迁入数据集团、数据公司或数据研究院，且具备认定为"基石数商"条件的，项目特别重大的，可进行"一事一议"，给予资助等。

2. 夯实公共数据底座，推动公共数据全生命周期管理

聚焦数据高质量供给，实施数据"全量全要素"归集，按照"需求导向、急用先行，有标贯标、无标立标，以标控质、达标入库"原则推进数据治理，从经验管理到循数治理，通过"数据质量"反映工作质量，高效整合跨部门数据，推进数据开放与数据质量提升。推动数据编目，摸清数据资产底数。通过建立"自动识别、动态更新、应编尽编"的编目新模式，支撑一体化、动态化、高质量、全闭环的公共数据资源体系构建。全市在用数据目录3.96万个［其中市本级5635个，区（县、市）级33991个］，2023年新增1231个，其中通过数据探查工具补增273个，较2022年底增长53.11%。推动数据归集，"有数好用"。按照"先易后难、循序渐进，急用先行、保障重点，先归存量、再归增量，源头管控、制度保障"的原则，依托一体化智能化公共数据平台，推进公共数据"全量全要素"归集工作。市本级在用数据表3562个，归集数据518.14亿条，2023年新增276.12亿条，较2022年底增长114.09%。加强数据治理，"有好数用"。按照"需求导向、急用先行，有标贯标、无标定标，以标控质、达标入库"的原则，开展公共数据治理工作。印发《杭州市公共数据治理工作细则（修订版）》，突出公共数据源头治理，强化组织保障，理顺治理职责和治理闭环管理。

截至2023年底，已在数据标准系统中增加编制38类国家级证照标准，涉及964个数据项标准。在数据质量管理系统累计编制209个校验规则，稽核校验2131张数据表。已下发67家单位1151张数据表4807个数据项的数据治理任务，全部完成治理，平均数据合格率从80.90%提升到97.27%，有效提高了数据质量。深化数据共享，用数解难题。按照全省数据资源"一体化管理、一揽子申请、直达基层"的要求，完成市级共享网关优化，完成全市数据回流直达基层改造，实现部委、省级数据区（县、市）部门直接申请。市公共数据平台累计共享批量数据1003.56亿条，较2022年底增长1.14倍；接口调用服务达271.58亿次，较2022年底增长6.76%。

3. 深化公共数据开放利用，促进公共数据价值释放

数据开放全国领先，以"打造一流公共数据开放环境"为目标，持续推进公共数据开放利用，截至2023年底，向社会发布了3489个数据集，3931个数据接口，数据量达到165.41亿条。在2023年国家信息中心联合复旦大学发布的《中国地方公共数据开放利用报告》中，杭州在全国204个测评城市中位列全国第一。全市7项数据开放成果进入"浙江省2023年之江杯数据治理及创新利用大赛"决赛，其中1项获得一等奖，2项获得三等奖，占全省获奖数量的1/4。探索公共数据授权运营，建设公平高效工作机制，遵循着"建机制、搭平台、组专班、推运营"的建设思路，杭州致力于构建具备自身特色的公共数据授权运营实践模式：印发《杭州市公共数据授权运营实施方案（试行）》，成立市公共数据授权运营工作协调机制，组建专家组，依托公共数据授权运营平台，将提供数据的公共管理服务机构和需要数据的杭州数据交易所连接的所有企业联结起来，为供需双方搭建起数据权属、数据开发、数据价值、数据安全、数据场景等方面数据活动的桥梁和纽带。目前已明确对金融、医疗健康、交通运输等7个领域的非禁止开放的公共数据，开展公共数据授权运营。

4. 打造高能级数据交易场所，优化流通交易环境

2023年8月，杭州数据交易所揭牌成立，以探索公共数据授权运营试点和多领域数据交易场景试点为突破口，面向全国数据供需双方提供数据登记、数据交易撮合、商品交付、资金结算、争议处理等服务。目前已与200余家数商建立合作关系，累计登记交易量22亿元，数据接口和数据集合计7000多个，数据产品涵盖金融、能源、通信、舆情、交通、生物、医药等行业数据。建设数据要素供需大厅，将单纯的卖家挂产品、买家下单购买，变更为供需双方皆可依托杭州数据交易所发布数据需求清单和供应清单。需求通过平台审核后，在需求大厅可见，供方可主动寻找意向客户，并通过平台人工和智能相结合的方式撮合匹配，实现最优撮合。探索特色专区建设，针对专业行业领域与行业头部企业、重点区域相关单位合作建立专区。如与科研信息领域的头部企业合作，共建"创新服务特色行业专区"，

面向企业研发创新、科技成果转化、科创金融服务、政府创新决策四大场景，为科技企业、高校和科研机构、新型研发机构、政府园区、金融机构、资本市场、服务机构7类用户提供一站式全链条创新服务数据。在2024年第七届数字中国建设峰会主论坛上，杭州数据交易所与其他23家数据交易机构联合发布《数据交易机构互认互通倡议》，助推构建统一开放、活跃高效的数据要素市场。

5. 构建"三数一链"数据可信流通基础设施框架和数据要素治理体系

数据交易场所是推动实现数据要素合规高效流通的重要载体和抓手。杭州数据交易所与"数联网"、"数据发票"、区块链跨链互认机制融为一体，形成"中国数谷"数据要素改革"三数一链"框架体系，有效服务支撑数据要素合规高效流通和价值创造。"数联网"为数据流通提供低成本、高效率、可信赖的网络环境，高速稳定链接数据交易场所和供数、用数主体，保障数据安全合规流通使用。随着"数联网"应用推广，其有望成为数据要素流通的"安全合规网络、数算协同网络和价值共创网络"，真正实现"让数据放心'供'出来，让更多数据'活'起来，让数据安全'动'起来"。"数据发票"（数据合规流通数字证书）是基于数据交易特征设计的低成本合规、存证监管的制度性工具和软件基础设施。通过数据确权交易全链路纳规纳管的标准化、工具化，有效降低企业数据合规、验证和交易过程存证成本，满足存证、稽查需求的同时，具备良好技术兼容性和合规拓展能力，可成为全流程弹性包容监管机制的重要载体。区块链跨链互认机制是"三数一链"各组成部分有序协同的重要底层机制，充分发挥区块链不可篡改、不可伪造、可溯源等技术特性，构建分布式多方信任体系。基于区块链跨链互认机制，数据交易场所承担数据流通入口以及合规监管、基础服务职责；"数联网"高效链接交易各方，推动数据要素价值释放和价值共创；"数据发票"（数据合规流通数字证书）全流程记录存证，无代码实现安全高效抽检，共同构建数据来源可确认、使用范围可界定、流通过程可追溯、安全风险可防范的数据可信流通体系。"三数一链"的框架体系已在金融、生物医药、多媒体等行业的6个场景中应用，并率先在同花顺的商圈客群洞察、孚临科技涉农普惠金融服务场景中完成应用贯通。

6. 统筹谋划"中国数谷"核心载体，构建多元生态

聚焦"中国数谷"为试点示范的数据要素市场化配置改革，打造杭州数字经济二次攀登新引擎、产业转型新地标、制度创新新高地。制定数商高质量发展文件，开展数商认定、发文、授牌，壮大杭州数商群体规模，招引优秀数商在杭设立区域总部、研究机构、专业服务机构。支持有条件的国有企业、互联网平台企业等发展数据业务，成为基石数商企业。成立杭州国际数字交易联盟（以下简称联盟）。联盟积极打造数字交易方向下的"1+2+N"运营机制，即1个联盟、2大板块、N个内容，围绕杭州数据交易所的建设使命，双轮驱动，齐头并进。联盟成员目前已达103家，包括了蚂蚁数科、新华三、网易、安恒信息、趣链科技、中国移动、中国联通、中国电信等数据要素头部企业，发布《数据资产价值实现研究报告》和《全球隐私计算图谱报告》等多份研究成果。成立"中国数谷"数据产业发展联盟，已有中国软件评测中心、中移动信息、华为等75家优秀数商企业加入。首创开展数商企业认定标准及梯度引育政策研究，提出基石数商、星火数商、星海数商等概念。

产业生态建设方面，连续高规格、高质量举办"中国数谷"杭州峰会系列活动，联合承办2023年全球数贸会数据要素治理与市场化论坛、数字经济知识产权国际治理论坛。与浙江大学、北京航空航天大学等高校合作，公益开展"数据要素通识秋季讲堂"，培训学员超200人次。在第七届数字中国建设峰会上，蓝象智联（杭州）科技有限公司、蚂蚁集团、新华三集团3家杭州企业在开幕式和主论坛上发言。国家数据局发布首批20个"数据要素 ×"典型案例，杭州2个案例入选。

（二）经验总结

1. 聚焦数字经济，因地制宜推动数据要素市场化配置改革

杭州是历史文化名城、创新活力之城、生态文明之都，是2016年 G20

峰会举办地，第19届亚（残）运会举办城市。2023年，全市实现生产总值20059亿元、增长5.6%。杭州是在习近平总书记亲自关心指导下快速发展起来的数字经济先行城市：总书记在浙江工作期间就高瞻远瞩地鸣响了建设"数字浙江"的发令枪，要求杭州打造"硅谷天堂、高科技的天堂"。2023年，杭州市数字经济核心产业实现营收18737.48亿元，同比增长7.9%；数字经济核心产业增加值5675亿元，比上年增长8.5%，占GDP的比重为28.3%，新经济、新业态、新科技拉动力越来越大。杭州成功获批全国中小企业数字化转型试点城市，战略性新兴产业集群建设获国务院督查激励。在工信部组织的全国14个软件名城首次评估中，杭州获得三星，力压北京、上海，排名全国第二（深圳第一）。良好的数字产业生态为数据要素发展提供坚实的基础和源源不断的动力，作为全国"数字经济第一城"和科技创新中心，杭州明确提出要加快数据要素市场化配置改革步伐，发挥数据要素创新对数字经济的带动作用，高标准建设"中国数谷"，将"中国数谷"打造成为杭州数字经济"往高攀升、向新进军、以融提效"的重要引擎。

2. 聚焦公共数据，推动数据价值释放

数据资源高质量供给能力进一步提升，加强数据常态化治理。按照"需求导向、急用先行，有标贯标、无标立标，以标控质、达标入库"的原则，对智慧交通、住房、一老一小等领域存量数据开展专项治理。印发《杭州市公共数据治理工作细则（修订版）》，突出公共数据源头治理，强化组织保障，理顺治理职责和治理闭环管理。数据分析挖掘深入推进。开展疫情防控、项目评价、民生实事、一网通办、住房保障、一老一小、交通出行、数据安全等8个领域数据分析，助力政府决策。开展公共数据授权运营，出台首个城市级政府规范性文件——《杭州市公共数据授权运营实施方案（试行）》，建立了公共数据授权运营工作协调机制，组建专家委员会，不断探索公共数据的价值创造与实现。

3. 紧抓数据资产入表机遇，探索数据资产化

制定数据资产管理相关制度，指导市属国有企业合规推进数据资产入表工作，鼓励民营企业探索开展数据资产入表。依托杭州数据交易所已形

成数据资产入表流程，为企业提供"数据产品化—数据资产化—数据资本化"的全流程闭环服务，已指导杭州市金投集团完成首单市属国有企业入表案例。依托"中国数谷"，公益开展"数据资产入表高级研修班"，举办"中国数谷"数据要素产业生态共建系列活动，不断普及推广数据资产入表专业知识。参与编制团体标准《资产管理　数据资产登记导则》，填补数据资产登记标准空白，进一步推进数据资产合规化、标准化、增值化。

4. 聚焦人才培育，打造数字人才矩阵

试点推行首席数据官制度，在全市115家市直部门、市属国有企业设立首席数据官、数字专员，为数字政府建设整体推进提供了重要人才保障。会同市委组织部制定《关于进一步加强杭州市首席数据官数字专员队伍建设的实施意见》，在资格认证、考核评价、培训、容错免责等方面为首席数据官履职提供保障。首席数据官制度获国务院推进政府职能转变和"放管服"改革协调小组办公室下发政府职能转变和"放管服"改革简报（第240期）点赞。2023年，杭州启动"杭州数字工匠"认定工作，聚焦物联网、大数据、云计算、工业互联网、区块链、人工智能、虚拟现实和增强现实等数字经济领域重点产业，选树高素养劳动者先进典型，为杭州高水平重塑数字经济第一城提供高质量人才支撑，助推杭州数字经济行业高质量发展。

二、数据要素市场化改革中的难点与问题

（一）数据要素流通相关制度体系尚未形成

数据要素流通制度体系的不完善是数据要素市场化配置改革面临的最大挑战之一。现有的法律法规体系大多是在传统经济模式下建立的，对于数据这种新型生产要素的权属界定、流通规则、跨境流动等方面缺乏明确而具体的法律规定，难以适应数据要素市场快速发展的需要。在没有明确

上位法指导的情况下，探索数据"三权"（所有权、使用权、收益权）划分、数据交易所运营模式、数据登记服务等新领域，需要在保障数据安全与隐私的前提下，鼓励数据流通和价值挖掘，这要求立法工作既要有创新性，又要兼顾稳定性和可执行性。杭州在探索数据要素立法工作中，由于上位法缺失，数据"三权"、数据交易所制度、数据登记服务等创新突破工作暂无先例，在具体条目确定，避免与现有法律冲突，与国际国内标准、协议兼容，"法言法语"规范表述等方面，均存在较多困难。

（二）数据流通场内交易不够活跃

市场规则与机制不成熟，受限于场内规则未明、场外监管缺位等问题，数据交易呈现场内冷清与场外活跃现象，企业数据进场意愿不足，场内交易尚未形成规模，场外数据黑灰产盛行，市场主体的数据产品化开发能力弱，高价值、有吸引力的产品和服务有待进一步开发。究其根本，有多方面的原因：一方面是缺乏统一、明确的数据交易规则和标准，包括数据定价、质量评估、权益保障等方面，使得市场参与者难以预测交易成本与风险，降低了进场交易的积极性；另一方面是场外监管缺位，相比于规范化的场内市场，场外数据交易因其灵活性和匿名性而更加活跃，但同时也伴随着数据安全、隐私侵犯等问题，监管难以有效覆盖。

（三）数据交易价格机制尚不成熟

数据价值难以准确衡量，交易活动就难以规范进行。除了传统的接口核验类数据产品，目前数据要素流通市场上的产品标准化程度低，市场上的数据产品普遍为个性化的非标准产品，即使是同一数据产品，不同需求方对于价格的预期也会根据其应用的场景不同而产生差异。在开展公共数据授权运营过程中，不同企业开发的相似产品收费模式均不相同。此外，数据提供方数据治理能力参差不齐，数据质量、时效性等也有较大差距。交易双方多采用"一事一议"方式进行交易，场内交易规模效益难以实现为交易所买卖双方提供准确且有效的估价依据，而通过第三方评估机构对数据产品进行价值评估的方式则会大大增加交易成本，不利于数据要素高效流通。

（四）数据产业生态体系有待完善

第三方服务机构能力与市场规模不匹配，限制了数据资源的有效转化与增值应用。数据集成、数据经纪、合规认证、安全审计、数据公证、数据保险、数据托管、资产评估、争议仲裁、风险评估、人才培训等面向数据要素市场需求的专业第三方服务机构生态发展仍不充分，涵盖"数据供给－数据需求－产品开发－第三方服务"的完整产业生态难以集聚。数据处理、分析、安全保护等专业服务领域的发展滞后于市场需求，导致数据资源的高效转化和增值应用受限。数据合规、价值评估等工作成本高，标准不统一，机构良莠不齐。数据产业的快速发展对专业人才的需求激增，但目前在数据科学、数据分析、数据法律等领域的人才培养和供给不足，制约了整个生态体系的建设和发展。

三、数据要素市场化改革的未来展望与发展思路

（一）探索数据制度体系构建

创新确权登记制度，积极衔接国家数据局建立的数据产权公示体系，规范数据产权登记行为，保护数据要素市场参与主体的合法权益。依托全省数据知识产权登记平台，对具有商业价值的数据产品予以登记。制定数据资产管理相关制度，指导市属国有企业合规推进数据资产入表工作，鼓励民营企业探索开展数据资产入表。优化安全合规流通体系，协助市场主体和监管机构在实践中依法探索合规评估、合规跨行业互认、公开数据确权、善意取得风险隔离等工作，构建包容审慎监管制度。

（二）开展数据交易流通立法探索

探索通过地方立法明确数据交易参与主体及其权益、数据交易场所建设、数据产权登记、数据授权运营、数据交易定价及分配、数据交易生态培育、数据交易产业引导等内容，以破解数据产权登记服务缺失、流通交易成本过高、参与方责任边界不清等堵点难点问题，为国家层面制定相关制度和法规提供经验。

（三）优化数据基础设施布局

制定数据基础设施建设方案，构建数智融合的高质量数据基础设施，建设数据交易流通专网、可信流通平台，建设数据流通监管平台。打造数据能力服务超市，为数据应用方提供通用化的智能决策、辅助设计、智慧管理等能力，帮助数据应用方优化设计、生产、管理、销售及服务全流程，不断降低数据应用门槛，提升行业数字化水平。构建可信流通体系，完善可信流通交易平台，促进供需精准匹配，实现清算结算、审计监管、争议仲裁等功能，通过"平台＋规则"协同联动，支撑数据要素高效配置。构建数据合规流通存证体系，打造"数据发票"，降低数据合规验证和交易过程记录存证的成本，促进弹性包容审慎监管。探索数据技术创新，构建区块链跨链互认机制，为数据要素收益分配和司法救济提供底层技术支持。

（四）持续推动数据资源高效供给

加强公共数据开发利用。建立公共数据开放清单制度，完善公共数据开放目录管理机制和标准规范。开展公共数据授权运营，支持企业积极参与公共数据授权运营，开发一批可靠、丰富的数据产品和服务，打响杭州公共数据产品品牌。探索开展长三角、长江经济带、运河保护带等跨区域公共数据联合授权运营，逐步实现"一地授权、全国互认、数据互通"。激发企业治数用数活力。推动各类企业强化数据运营管理能力，推动在杭央企及省属、市属国企建设企业数据中心、企业级数据治理体系。推动企业数据管理能力贯标规模和等级双提升，提升企业用数水平。引导互联网平台企业、行业龙头企业与中小微企业双向公平授权，共同合理使用企业数据。鼓励龙头企业向中小微企业开放用户、流量、接口、技术等创新和应用资源，组建一批产业链上下游共同体（产业联盟），开展产业链协同创新，形成大中小微企业融通发展的格局。

（五）推动产业集聚区建设，构建多元生态

打造"中国数谷"产业集聚区，构建"一核引领、全域联动、跨域共建"数据产业空间布局，释放数字生态集聚价值。构建多元主体市场生态。开展数商认定、发文、授牌，引导各类数商进入"三数一链"框架体系。在数据流通服务、加工生产、场景应用等关键环节，有序招引培育技术型、应用型和服务型数商，形成一批技术领先、创新度高、引领性强的大数据产业项目。推动跨区域数据流通交易。推进数据资源跨区域合作，与长三角、长江经济带、运河保护带等区域实现数据资源汇聚融通，持续建设"一带一路"空间信息走廊，探索数据跨域"团购"合作，提高跨区域数据要素配置效率。